LE TRANSPORT DE LA FORCE

PAR L'ÉLECTRICITÉ

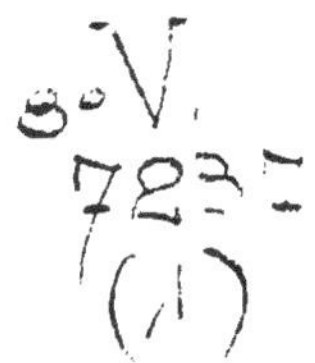

Transport de la force par l'électricité, installation de la maison Heilmann, Ducommun et Steilen, de Mulhouse, à l'Exposition d'électricité de Paris.

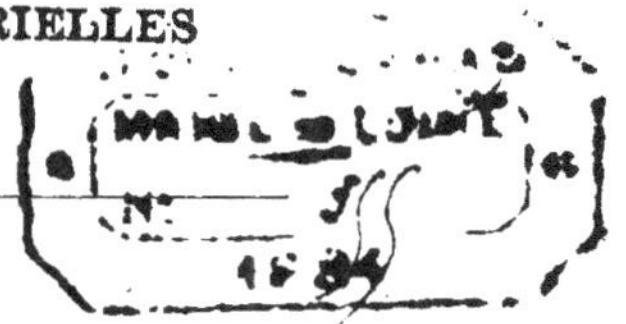

LE TRANSPORT DE LA FORCE

PAR

L'ÉLECTRICITÉ

PAR

ÉDOUARD JAPING

ingénieur électricien

TRADUIT DE L'ALLEMAND PAR CH. BAYE

AVEC NOTES ET SUPPLÉMENT PAR MARCEL DEPREZ

Ouvrage illustré de figures dans le texte.

PARIS

BERNARD TIGNOL, ÉDITEUR

45, QUAI DES GRANDS-AUGUSTINS

1885

ANGERS, IMP. BURDIN ET Cie, RUE GARNIER

PRÉFACE

Il y a un charme spécial dans tout ce qui concerne l'électricité et le magnétisme, ces deux forces jumelles, si mystérieuses qu'elles semblent appartenir à un autre monde que le nôtre.

Vous êtes au foyer domestique au milieu de votre famille, et votre pensée remonte le cours des années; elle s'arrête sur un de vos familiers d'autrefois, parti depuis longtemps, mort peut-être? On frappe à la porte, un facteur apparaît sur le seuil, une dépêche à la main : vous lisez avec joie quelques mots de souvenir que vous adresse cet absent qui vous est resté cher; ces quelques lignes, il vient de les écrire dans une contrée lointaine. En peu d'instants sur les ailes d'une fée magique sa pensée amie a franchi 3000 lieues, un océan, un monde.

Voilà l'œuvre du télégraphe électrique.

Dans une cellule étroite, nous percevons la voix étrangement modifiée, il est vrai, mais bien reconnaissable d'une cantatrice applaudie, nous écoutons les accords d'un grand orchestre, et les artistes qui nous procurent ces jouissances musicales sont à plusieurs heures de distance, devant un public brillant, il ne soupçonnent pas que loin d'eux, grâce à un fil métallique que suit le son de leur voix, un amateur se contente du plaisir de les entendre sans avoir celui de les voir.

Entrez dans les ateliers d'un de ces immenses ma-

gasins de modes, comme il n'en existe que dans les
grandes capitales ; nous entendons le cliquetis et le
ronflement de 50, 60, 100 machines à coudre, elles travaillent pour une des plus puissantes souveraines de
ce temps : la mode. Une lumière douce et claire remplit
ces vastes salles et fait paraître les couleurs plus chaudes
et plus éclatantes.

Qui fait mouvoir ces machines? Qui produit la bril-
lante lumière de ces merveilleuses petites lampes suspendues au plafond, écartées en candélabres ou réunies
en grappes? Nous ne voyons ni poulies, ni courroies,
ni bougies, ni huile, ni tuyaux de gaz; bref, rien de ce
que nous croyions indispensable pour faire fonctionner
ces machines, pour produire cette lumière, seulement
un réseau de fils est suspendu sur nos têtes et à notre
regard d'étonnement interrogateur, on nous dit : C'est
la transmission de la force par l'électricité.

Un torrent mugit au sommet d'une montagne dont
nous voyons à peine les cimes blanches à l'horizon de
la ville, ce torrent ne servait qu'à déraciner des fo-
rêts, qu'à déplacer des rochers, cette puissance, jadis
sauvage, aujourd'hui domptée, fait mouvoir de grandes
roues hydrauliques. La force ainsi obtenue est transformée en électricité et, conduite jusqu'à la ville par de
longs fils métalliques, elle éclaire nos rues, fait marcher
nos machines!

Qui parmi nous ne prendrait plaisir à apprendre tout
ce que l'ingéniosité humaine a mis en œuvre pour obtenir des résultats aussi merveilleux, pour tirer de telles
forces de la nature inanimée!

Ce livre est un guide qui mènera pas à pas le lecteur
à travers les lois naturelles d'où sont sorties ces fécondes découvertes.

Nous avons cherché avant tout à conduire au but

attrayant en suivant le chemin le plus facile, évitant autant que possible les définitions arides et les théories mathématiques.

Le public spécial, les adeptes de cette nouvelle science remarqueront peut-être dans cet ouvrage quelque faiblesse, quelque manque d'homogénéité; l'auteur réclame toute leur indulgence en les priant de considérer que la matière traitée est toute nouvelle, et que son ouvrage a du moins le mérite d'être le premier dans lequel soit exposé ce difficile sujet.

EDOUARD JAPING.

TABLE

Grandeur des forces non utilisées. — Anciens essais d'utilisation de forces naturelles. — Utilisation de l'énergie accumulée dans la houille. — Utilisation des forces naturelles, au moyen du transport de la force par l'électricité. — Exemples de transport de la force par le courant électrique. — Division des sujets qui seront traités dans cet ouvrage.

Travail des chaudières et des machines à vapeur. — Systèmes convenables de machines à vapeur. — Autres moteurs. — Utilisation du flux et du reflux. — Assemblage du moteur et de la machine électrique.

Généralités sur les machines magnéto-électriques. — Machines dynamo-électriques. — Avantages et désavantages des deux systèmes pour le transport de la force par l'électricité. — Machines électriques pour retransformer le courant électrique en énergie mécanique. — Électromoteur de Fromont. — Électromoteur de Trouvé. — Électromoteur de Deprez. — Moteur électromagnétique de Borel. — Électromoteur de Bürgin. — Prix de revient de la force électromotrice, quand on emploie des piles pour produire le courant. — Prix de revient, quand on se sert de machines électriques pour produire le courant.

Loi de Joule et loi de Ohm; démonstration de ces lois. — Lois concernant la chaleur à produire en un point déter-

DEUXIÈME PARTIE

PAR

M. MARCEL DEPREZ

UNITÉS ÉLECTRIQUES

Unités servant aux mesures électriques.

I. *Unités absolues ou unités* C. G. S. *(centimètres, grammes, secondes.)*

1. *Unité de longueur* $= 1$ centimètre.

2. *Unité de temps* $= 1$ seconde.

3. *Unité de force.* L'unité de force est la force qui, en agissant pendant une seconde sur une masse librement mobile et pesant un gramme, donne à cette masse une vitesse de 1 centimètre par seconde.

4. *L'unité de travail* est le travail accompli par l'unité de travail quand celle-ci parcourt une distance de 1 centimètre. Cette unité est, à Paris, de 0,00101915 centimètre-gramme. En d'autres termes, pour soulever d'un centimètre le poids d'un gramme, il faut 980868 unités de force.

5. *L'unité de quantité électrique* est la quantité d'électricité, qui exerce sur une quantité de même grandeur, à la distance d'un centimètre, une force égale à l'unité de force.

6. *L'unité de potentiel ou de force électromotrice* existe entre deux points, quand l'unité de quantité électrique, dans son mouvement d'un point à un autre, a besoin de l'unité de force pour surmonter la répulsion électrique.

7. *L'unité de résistance* est l'unité qui ne permet qu'à une unité de quantité de franchir, en une seconde, deux points entre lesquels existe l'unité de potentiel.

II. Unités dites *pratiques* pour les mesures électriques.

1. Weber, unité de quantité magnétique	$= 10^8$	unités C. G. S.		
2. Ohm[1])	»	» résistance	$= 10^9$	» »
3. Volt[2])	»	» force électromotrice	$= 10^8$	» »
4. Ampère[3])	»	» force du courant	$= 10^{-1}$	» »
5. Coulomb	»	» quantité	$= 10^{-1}$	» »
6. Watt[4])	»	» force	$= 10^7$	» »
7. Farad	»	» capacité	$= 10^9$	» »

[1]) Un ohm est égal à peu près à la résistance de 48,5 mètres de fil de cuivre pur, d'un diamètre de 1 mm., à une température de 0° Celsius (ou centigrade).

[2]) Un volt est de 5 à 10 °/₀ inférieur à la force électromotrice d'un élément de Daniell.

[3] Le courant qui, par l'unité de force électromotrice, peut traverser en une seconde l'unité de résistance, est égal à 1 ampère.

[4]) 1 watt = 1 ampère $\times$ 1 volt ; 1 H P $= \dfrac{\text{amp.} \times \text{volt}}{746}$; un cheval-vapeur $= \dfrac{\text{amp} \times \text{volt}}{735}$.

INTRODUCTION

**Du transport de la force en général, et en particulier
du transport de la force par l'électricité.**

La supériorité de l'homme civilisé sur l'homme à
l'état de nature consiste surtout en ce que le premier
connaît plus exactement les forces naturelles, et en ce
qu'il sait les faire servir à la satisfaction de ses besoins.

Les résultats déjà obtenus en ce sens sont considérables : les machines, les travaux d'art attestent
l'habileté de nos constructeurs et l'intelligence de nos
ingénieurs. Cependant, quoi que l'on ait déjà fait, il
reste encore davantage à accomplir; les forces les plus
importantes n'ont été que peu utilisées, ou ne l'ont
pas été du tout. Il me suffira d'indiquer l'immense
quantité de chaleur que le soleil nous envoie d'année
en année : on l'estime égale à celle qui serait produite
par la consommation de cent quatre-vingt billions de
tonnes de charbon de terre. Je pourrais également
signaler les forces colossales que le soleil et la lune
exercent sur les masses d'eau de la surface du globe
et qui se manifestent sur nos côtes par les marées,
le flux et le reflux. Dans les pages suivantes je dési-
gnerai par le nom d'énergie toutes les forces natu-

relles. La chaleur et l'électricité, l'affinité chimique et le travail mécanique, seront également considérés comme de l'énergie ; seulement je distinguerai l'énergie sensible ou cinétique de l'énergie latente ou cachée, comme celle qui repose par exemple dans les poudres fulminantes et dans la dynamite.

Il n'est pas nécessaire d'aller chercher dans les grands corps célestes des exemples de forces perdues : il y en a d'autres, bien plus près de nous. Quelle force immense représente le mouvement de l'eau dans nos torrents et dans nos grands fleuves. Le débit de la cataracte du Niagara, dans l'Amérique du Nord, est de cent millions de tonnes d'eau par heure ; ce poids tombant d'une hauteur de quarante-cinq mètres développe annuellement une force de seize millions huit cent mille chevaux-vapeur, qui n'ont pas maintenant d'autre effet que d'élever d'un neuvième de degré la température au pied de la chute. C'est à peine si, en brûlant toute la houille qu'on extrait de la terre, on produirait une force motrice suffisante pour ramener cette masse d'eau au moyen de pompes jusqu'à sa hauteur primitive.

Si une seule cataracte représente une telle perte d'énergie, quelle quantité ne perd-on point sur toute la surface du globe. C'est avec raison que Siemens dit : « N'est-ce pas violer les principes économiques qui nous invitent à utiliser toutes les forces naturelles? »

La principale difficulté qui s'oppose à l'utilisation des forces naturelles, c'est qu'elles se produisent, presque exclusivement, loin des grandes agglomérations humaines, et qu'il est rarement possible de transporter les foyers de l'activité industrielle jusque dans les régions souvent montagneuses où l'on trouverait ces forces motrices à bon marché.

Il faut donc chercher à transporter la force motrice

directement ou à l'accumuler sur les lieux mêmes, sous une forme transportable, telle qu'il soit facile de puiser dans cette réserve, quand on le désire.

La première solution est celle qu'adoptèrent nos ancêtres. Nous ne pouvons considérer sans étonnement les immenses travaux hydrauliques qu'ils ont accomplis pour transporter la force motrice ainsi que pour l'appliquer à l'extraction et au travail des minerais.

Étudiez l'aménagement des eaux du Harz supérieur; observez avec quelle sagacité on a su choisir les places les mieux appropriées à l'installation des centaines de réservoirs; comment de ces bassins on a conduit l'eau motrice par des circuits de fossés de plusieurs kilomètres de longueur, jusqu'aux lieux les plus élevés; comment ensuite on a utilisé chaque mètre de pente de la chute d'eau, dans une longue série d'ateliers pour le traitement mécanique et pour le traitement chimique des minerais, ateliers installés par étages de plus en plus bas jusqu'à la plaine du nord de l'Allemagne : vous ne pourrez refuser votre admiration aux constructeurs de ces travaux hydrauliques pour l'ingéniosité et l'extrême économie avec laquelle ils ont mis des forces naturelles au service de l'industrie.

Les moulins à vent de la Hollande : autre exemple d'emmagasinement et d'utilisation des forces naturelles.

Toutes les personnes qui ont parcouru la Hollande savent que c'est le pays des moulins à vent; les peintres hollandais les font, du reste, assez souvent figurer sur leurs toiles pour que nul n'en ignore. Une partie seulement de ces grands appareils travaillent directement pour l'industrie ou pour l'agriculture : les uns, par exemple, tournent la meule qui broie le blé, les autres pompent l'eau d'irrigation des champs et des prairies. Comme ces derniers, la majorité puise de l'eau, il est vrai ; mais cette eau ne sert qu'à actionner de petits moteurs industriels. Les moulins, dans ce dernier cas, ne servent donc qu'à fournir plus loin de la force motrice. Ces curieux procédés imaginés par nos ancêtres pour utiliser les forces naturelles sont de plus en plus délaissés depuis l'invention et les perfectionnements successifs des machines à vapeur. Ainsi, dans le Harz supérieur, elles font maintenant concurrence aux moteurs à eau qui jusqu'en 1866 étaient, ou à peu près, les seuls employés. On rencontrait bien çà et là quelque machine de construction archaïque, mais elle ne servait que dans les cas d'extrême nécessité, de grande pénurie d'eau ; et encore, si l'on avait recours à ses services, ce n'était guère qu'à regret, presque avec dédain et méfiance. On est revenu aujourd'hui de ces préjugés ; on se sert de la vapeur autant que de l'eau ; en quelques endroits même les anciennes roues hydrauliques avec les étangs de réserve et les fossés de distribution ont complètement disparu. C'est que les machines à vapeur ne coûtent pas cher et que grâce aux moyens de transport modernes on peut se procurer le charbon à bas prix.

La provision de houille enmagasinée dans les profondeurs du sol est énorme assurément, mais elle n'est pas inépuisable ; et, s'il est vrai que l'on découvre constamment de nouvelles mines, d'autre part la consommation va sans cesse en croissant. Il est donc certain que, dans un laps de temps relativement court, le charbon de terre sera entièrement consommé. Au fur et à mesure que ces trésors souterrains s'appauvriront, le prix de la houille augmentera, et les populations industrielles seront les premières à ressentir les effets de cette cherté. Certes, nous n'assisterons pas à ce renchérissement. Est-ce une raison pour ne pas aviser dès aujourd'hui aux moyens d'obvier aux funestes conséquences qu'entraîneront la diminution et la disparition du charbon ?

Les procédés employés par nos ancêtres pour utiliser les forces naturelles ne peuvent être appliqués qu'à de petites distances, à cause des frais qu'ils entraînent. Quant au transport de l'énergie par les appareils hydrauliques proposés récemment, ou par l'air comprimé, il est cher également, et les pertes de forces augmentent rapidement avec la distance; on ne peut donc l'employer que pour des usages spéciaux, tels que le transport pneumatique des dépêches et des paquets. Le courant électrique, au contraire, fournit un excellent moyen de transporter l'énergie, à n'importe quelle distance, du lieu de production à la place même de consommation.

Cette méthode et ses applications, voilà ce qui va nous occuper dans les pages suivantes.

L'énergie transportée par le courant électrique s'emploie tantôt sous sa forme primitive, tantôt après transformation. Exemple du premier cas : l'emploi de la pile électrique en galvanoplastie. Ici, en effet, l'énergie chimique de la pile, après avoir été transformée en un courant électrique qui traverse les fils conducteurs, réapparaît, dans le bain galvanoplastique, à l'état d'énergie chimique. Second cas : transmettre l'énergie chimique de la pile, à l'état de courant électrique, au moyen d'un fil conducteur, et la convertir, à l'autre extrémité du fil, en énergie rayonnante, comme dans les lampes électriques.

Dans ces deux cas il y a transport de force; mais il ne faut pas prendre cette expression dans son sens rigoureux. Il n'y a transport d'énergie mécanique que quand, au moyen de l'électricité, on rend disponible cette énergie en un lieu éloigné du point de production. Nous nous occuperons surtout, dans ce volume, de

tous les moyens par lesquels de l'énergie mécanique
produite à un bout de fil reparait à l'état d'énergie
mécanique à l'autre bout; nous passerons rapidement
sur les cas où elle est transformée en énergie chimique
ou en énergie rayonnante.

La plus simple et la plus connue des diverses formes
de transport de force mécanique, c'est, à ce qu'il me
semble, la télégraphie au moyen des machines électriques. L'énergie mécanique qui sert à faire mouvoir
l'armature de la machine devant les électro-aimants
est transformée en courant électrique : quand on
ferme le circuit, ce courant traverse les fils télégraphiques, puis il fait le tour des électro-aimants de l'appareil enregistreur et attire un morceau de fer qui, dans
l'appareil écrivant de Morse, par exemple, exerce, une
pression mécanique sur une bande de papier et produit de cette façon le signe télégraphique.

Il y a pareillement transport de force mécanique dans
toutes les sonneries, tous les appareils à signaux de
chemins de fer, tous les déclanchements électriques, etc.,
où l'énergie mécanique d'une machine éloignée, fait
mouvoir un marteau, un clavier, une aiguille, etc.
Nous ne ferons que glisser sur les cas de ce genre,
car, dans ces transformations, et dans les transformations analogues du courant électrique, en énergie,
on emploie généralement l'énergie chimique d'une
pile et non l'énergie mécanique d'une machine dynamo-
électrique ou magnéto-électrique.

Le chemin de fer électrique de Siemens et Halske à
Berlin nous fournit un exemple de transport de force
par l'électricité dans le sens étroit de cette expression.
Une grande machine fixe, à vapeur, fait tourner une
machine dynamo-électrique; le courant passe dans des
rails isolés reposant sur des piliers; de là il pénètre

par les roues de fer du wagon dans le fil d'une seconde machine dynamo-électrique, installée sous le plancher de cette voiture. Cette seconde machine se met à tourner et, au moyen de poulies et de courroies, fait tourner les roues. La voiture s'avance alors sur la voie avec la vitesse d'une locomotive.

Nous reviendrons, dans un des derniers chapitres de cet ouvrage, sur les applications de la transmission de force par l'électricité, effectuée pratiquement : par exemple, pour décharger les bateaux comme on l'a expérimenté à Sermaize, — pour labourer le sol au moyen de charrues mues par l'électricité, comme en divers endroits dernièrement à Eundenburg en Moravie, — pour faire marcher des machines-outils comme on l'a fait avec succès à Greenwich, etc., etc.

Il me reste à vous indiquer les desiderata de la transmission de force par l'électricité. Que l'on aille prendre les forces hydrauliques inutilisées, pour les conduire ailleurs au moyen de moteurs appropriés et que l'on établisse beaucoup de moulins à vent dans des contrées très exposées au vent; que l'on installe, dans les centres des régions houillières, des stations centrales avec des batteries entières de chaudières et de puissantes machines à vapeur aussi perfectionnées que possible; que l'on concentre, avec de grandes lentilles, les rayons calorifiques du soleil, et qu'on les emploie à chauffer les chaudières des machines calorifiques, etc.: il sera facile alors, à en juger d'après les dernières applications industrielles de l'électricité, de transformer en courants électriques toute l'énergie mécanique ainsi obtenue. Il suffira pour cela d'employer les machines dynamo-électriques qui auront été reconnues les meilleures comme dimensions et comme systèmes. Ensuite on aura le choix entre deux procédés : ou bien conduire directement ces courants, par des fils conducteurs bien isolés, d'une force suffisante, aux habitations humaines, aux centres d'activité industrielle, et les faire servir, en autant de points que l'on voudra, à accomplir du travail mécanique, à éclairer, à chauffer et fondre le fer et les métaux, à cuire et rôtir nos aliments, bref à exécuter tous les travaux domestiques et industriels, ou bien encore, transformer, avec des accumulateurs ou batteries secondaires, l'énergie vive ou cinétique des courants électriques en énergie latente ou potentielle, apte à être employée, partout où on le désire et aussi souvent qu'il en est besoin, pour rendre tous les services qui viennent d'être énumérés.

Je me propose d'examiner, dans cet ouvrage, les appareils dont nous pouvons disposer aujourd'hui pour atteindre ces divers buts, d'étudier les mérites et les défauts de tous ces instruments tout en cherchant les moyens d'augmenter les premiers et de diminuer ou de faire disparaître les seconds.

Dans toutes les applications de transmission de force par l'électricité que j'ai signalées plus haut et que je décrirai plus loin, il y a lieu de distinguer les principaux facteurs suivants :

1° Les forces et substances naturelles appropriées à la transmission de la force par l'électricité et les machines propres à recevoir l'énergie mécanique (moteurs ou producteurs de force),

2° Les machines servant à transformer l'énergie mécanique en courants électriques (machines dynamo-électriques ou magnéto-électriques),

3° Les appareils servant à transmettre ou à accumuler l'électricité (fils conducteurs et accumulateurs),

4° Les machines finales, servant à transformer à nouveau le courant électrique en énergie mécanique (électro-moteurs).

Tel est l'ordre que je vais suivre dans ces considérations.

CHAPITRE Ier

**Forces naturelles propres à être transmises
par l'électricité.**

Nous l'avons vu dans l'introduction : l'énergie des forces naturelles à notre disposition comprend l'énergie latente ou potentielle (énergie au repos) et l'énergie active ou cinétique (énergie ou force vive de mouvement).

Dans le premier genre, il n'y a d'important pour nous que l'énergie calorique accumulée dans certains combustibles et particulièrement dans la houille, car c'est avec l'aide de cette énergie que nous faisons fonctionner les machines à vapeur, à gaz, à air chaud, etc.

Théoriquement, un kilogramme de charbon de terre, contenant la quantité moyenne d'humidité, de cendre et d'acide carbonique absorbé, peut, en brûlant complètement, produire 12000 unités de chaleur ou calories. Une unité de chaleur correspond à 424 kilogrammètres. En réalité, nous n'obtenons que la neuvième partie de ce travail mécanique, même en employant nos meilleurs systèmes de chaudières et nos machines à vapeur les plus perfectionnées. Les huit autres neuvièmes sont perdus parce que le combustible n'est pas brûlé complètement dans le foyer, parce que les gaz chauds se dégagent par la cheminée, parce que la force de la vapeur n'est pas suffisamment utilisée dans nos machines, parce que les mécanismes en mouvement subissent des frottements, etc., etc. Il y a également des pertes analogues dans le fonctionnement des moteurs à gaz et des machines à air chaud, etc.

Parmi les différents systèmes de chaudières en usage aujourd'hui, on emploie rarement les chaudières cylindriques simples, parce que la quantité d'eau à chauffer est très considérable relativement à la surface de chauffe. Les chaudières à bouilleurs conviennent mieux pour produire rapidement des masses de vapeur. On obtient des résultats meilleurs encore avec les chaudières à foyer intérieur, spécialement les chaudières de Cornwall, et avec plusieurs autres combinaisons nouvelles ; toutefois ces dernières exigent que l'eau d'alimentation soit très pure ; si elle ne l'est pas on a bientôt à opérer des réparations très coûteuses. Parmi les systèmes de foyers perfectionnés, on a reconnu que celui de Ten Brinck est bon et économique. On a constaté que, dans la machine à vapeur, il est avantageux d'employer une tension aussi haute que possible, avec forte détente, parce que la transformation de l'eau en vapeur exige infiniment plus de chaleur que l'élévation de pression. Mais quand la pression est considérable, les pistons ne tiennent pas bien la vapeur, et même à la longue ils finissent par en perdre beaucoup. La meilleure manière d'éviter ces pertes est d'employer la machine Wolf ou la machine compound, qui utilisent dans le cylindre à basse pression la vapeur sortant du cylindre à haute pression ; en outre, on peut dans ces machines utiliser largement la détente, sans avoir à craindre l'irrégularité de marche que présente dans ce cas la machine à détente à un cylindre, à cause de la grande différence de pression. Pour ces motifs, ces machines sont celles qui convien-

nent le mieux pour les transmissions de force par l'é-
lectricité.

De même les moteurs Brotherhood à trois cylindres,
moteurs construits exceptionnellement pour actionner
les machines électriques, sont excellents pour cet
usage.

Possédant une grande vitesse de rotation, ils conviennent très bien pour être reliés directement aux
moteurs électriques; ils occupent peu de place; ils
ne produisent pas de vibrations gênantes; on peut les
faire marcher par la vapeur, l'eau ou l'air comprimé.
Avec l'eau à 50 atmosphères, la vitesse de rotation
est de 80 tours par minute; avec la vapeur à une
atmosphère, elle est de 950 tours; avec l'air comprimé
à 45 atmosphères, elle est de 2000 tours.

Ces trois cylindres sont fixés sur le même arbre;
chacun d'eux est à 120° des deux autres. Le diamètre
de chaque cylindre est de 18 centimètres, la course de
chaque piston est de 15 centimètres, la machine tout
entière ne pèse que 510 kilos. Pour une vitesse de 300
tours, elle fournit un travail de vingt chevaux-vapeur.

Nous signalerons encore comme bons moteurs ceux de
Dolgorouki, de Russie, et ceux de Grass et Schneider.
On voyait ces derniers reliés à des machines Siemens à
l'exposition d'électricité, de Paris. Ces moteurs possè-
dent un peu plus de force motrice que les moteurs Brotherhood; ils prennent moins de place et fonctionnent
très régulièrement.

Les moteurs à air chaud et à pétrole ne conviennent
que rarement pour actionner les machines électro-dyna-
miques destinées à transporter de la force par l'électricité; néanmoins elles sont très employées en Pensyl-
vanie et dans d'autres pays à pétrole.

Par contre on se sert beaucoup de machines à gaz

pour transporter la force dans l'éclairage électrique. Elles doivent cette préférence à la facilité avec laquelle on peut les faire fonctionner. Certainement, dès qu'on aura trouvé une méthode rationnelle et économiquement satisfaisante pour préparer l'hydrogène au moyen de l'eau, dès que l'on sera ainsi en possession de ce gaz qu'on a appelé avec quelque raison le combustible de l'avenir, les moteurs à gaz acquerront une grande importance pour la transmission de force par l'électricité. Parmi les divers appareils il n'y a que celui d'Otto qui convienne pour être exécuté en grand; cependant il n'a qu'une explosion pour deux coups de piston, et par suite le mouvement est très inégal. Les moteurs d'Otto à deux cylindres produisent un travail de vingt-cinq chevaux-vapeur et sont du reste plus pratiques.

Les meilleurs moteurs à gaz pour actionner les moteurs électriques peuvent être ceux de Clarke dans lesquels il y a une explosion pour chaque révolution; six moteurs de ce système fonctionnaient très régulièrement, comme on pouvait le voir à l'exposition de Paris, où un de ces moteurs accomplissait un travail de dix chevaux-vapeur.

Les seules énergies cinétiques que nous puissions songer à employer sont la force vive du vent et celle de l'eau en mouvement. On utilise le vent au moyen d'ailes qui reçoivent une partie de sa force vive et font ainsi tourner un axe. Comme la direction du vent est variable, il faut que le support des ailes soit mobile autour d'un axe vertical afin qu'on puisse amener les ailes en tout temps, dans la position la plus favorable par rapport au vent. Le moulin ordinaire tourne tout entier. Dans le moulin hollandais, la partie supérieure est la seule qui puisse tourner. Les moulins à vent américains surtout ceux du système Halladay sont bien mieux agencés : quelle que soit la direction, quelle que soit la violence ou la faiblesse du vent, les ailes se présentent de telle sorte que la force exercée effectivement sur les ailes reste toujours égale à elle-même. Le moulin produit donc toujours le même travail, ce qui est important pour l'industriel. La force du vent ne coûtant rien du tout, l'installation du moulin destiné à la recueillir ne coûtant pas grand'chose et la surveillance étant presque nulle, les moulins à vent seront toujours très employés dans les pays ouverts où le vent souffle régulièrement, et je suis persuadé qu'on arrivera un jour à les faire servir en beaucoup d'endroits pour le transport de la force par l'électricité.

Parmi les forces dont nous pouvons tirer parti, il faut remarquer la force motrice du courant de nos fleuves. la pesanteur de l'eau dans les chutes d'eau naturelles ou artificielles, enfin l'action du soleil et de la lune sur l'Océan, laquelle se manifeste par le flux et le reflux. Dès les temps les plus reculés, on a utilisé la force des cours d'eau comme dans les moulins à nef, encore usités aujourd'hui. On plongeait dans l'eau des roues à larges palettes planes. La force communiquée à leurs axes par la rotation était transmise et utilisée selon la mánière habituelle de nos jours. On a souvent essayé, mais sans grand succès, de perfectionner ces simples appareils. Ils n'utilisent, il est vrai, qu'une partie de la force, mais dans les cours d'eau larges et rapides ils fournissent souvent un moyen économique d'obtenir une force motrice constante. On obtient un meilleur effet en employant des chutes d'eau, même petites, à faire mouvoir des roues par en-dessous, notamment des roues Poncelet.

L'ancien système rend 30 à 35 pour 100 de la force

motrice de l'eau: les roues Poncelet, pour des chutes de 0^m. 50 à 1^m. 50, donnent jusqu'à 60 0/0. Les roues à auges conviennent pour des chutes de 1^m. 50 à 2^m. 50 et des débits de 0^{mc}. 3 à 2^{mc}. 5 par seconde. Les roues frappées en arrière ou à mi-hauteur conviennent pour les chutes plus hautes. Les roues frappées par en haut, enfin, conviennent pour des chutes très hautes (12 mètres et davantage) et de petites quantités d'eau (0^{mc}. 3 à 0^{mc}. 8). Cependant, pour des chutes de 10 à 100 mètres et pour de grandes quantités d'eau, on prend presque exclusivement des roues hydrauliques horizontales ou turbines ; on les appelle turbines d'action ou de pression quand on n'emprunte le travail mécanique qu'à la force vive de l'eau, c'est-à-dire quand on utilise seulement la vitesse de cette eau ; on les nomme turbines de réaction ou de contre-pression quand, tout en utilisant en partie la force vive, on fait agir surtout la pression de l'eau.

Pour la transmission de la force par l'électricité on peut employer toutes sortes de roues hydrauliques ; toutefois les turbines, à cause de leur effet utile, semblent avoir plus d'avenir que les autres, tant pour les chutes d'eau artificielles que pour les chutes d'eau naturelles. Les machines à colonne d'eau et les machines à pression hydraulique ne conviennent pas pour nos besoins, parce qu'il faudrait d'abord en transformer le mouvement rectiligne en mouvement de rotation, ce qui est impossible sans perte de force. Du reste, les moteurs à pression hydraulique n'ont, jusqu'à présent, été exécutés que sur une petite échelle.

En ce qui concerne l'utilisation du flux et du reflux, Siemens fait observer qu'il faudrait disposer sur les rives de la mer, dans les baies par exemple, de grands bassins ou réservoirs qui se rempliraient pendant le flux et se videraient pendant le reflux. Le meilleur moyen d'utiliser la force du courant montant et du courant descendant serait de recourir aux turbines pour petite chute. On trouve que la force d'un hectare d'eau de mer emprisonnée est de dix à douze chevaux-vapeur. Mais en tenant compte des frais considérables qu'entraînerait la construction de semblables bassins, en considérant de plus la grande valeur que présentent pour d'autres usages les baies ou les parties abritées du littoral, les seules du reste où la construction de semblables bassins serait possible, on comprend facilement que l'emploi du flux serait coûteux et limité par des difficultés naturelles. La force elle-même ne coûterait rien, mais l'interruption intermittente de l'arrivée de cette force, l'intérêt des dépenses d'installation, les frais d'entretien, la facilité avec laquelle ces bassins s'ensableraient, présentent de tels désavantages que nous ne pouvons guère songer pour le moment à exploiter cette source de force naturelle.

Quant à utiliser directement la force calorifique du soleil au moyen de grandes lentilles pour chauffer soit des chaudières, soit l'air de grandes machines calorifiques, on peut formuler le même jugement sur ce projet. Quelque intéressantes que soient les récentes expériences sur l'emploi de la chaleur solaire, notamment celles de M. Mouchot et de quelques Français à Alger et dans le Sahara, les résultats économiques ont été jusqu'à présent si défavorables qu'il ne peut être question d'appliquer utilement la chaleur solaire à des usages industriels, en général, et particulièrement à la transmission de la force par l'électricité.

Les seules machines dont nous puissions nous servir pour exploiter les forces applicables à notre usage sont donc uniquement les ailes de moulins à vent, les roues hydrauliques. les moteurs à gaz et les machines à vapeur. La force doit se manifester sous forme de rotation autour d'un axe horizontal et être transmise aussi uniformément que possible aux machines dynamo-électriques. et magnéto-électriques.

Les moteurs mêmes qui travaillent le plus régulièrement ne donnent tout leur effet utile que quand ils sont reliés à des machines électriques et si la connexion entre les deux moteurs est intime et invariable.

Il ne faut pas employer de courroies de transmission quand on peut les éviter, car un déplacement de la courroie produit une variation du courant des machines électriques. Le mieux est de relier directement, quand c'est possible. l'axe de l'électromoteur avec le moteur général. On emploie de plus en plus, pour les moteurs électriques. les machines à vapeur à action directe.

Ainsi Edison a relié ses grandes machines aux machines à vapeur. sur un seul et même socle. Maxim a, lui aussi, construit une machine qui est reliée directement à sa machine dynamique et peut passer pour le type de ces machines à attache directe. Cette machine (fig. 1) possède. comme l'indique la revue *Zeitschrift für angewandte Elektricitætslehre.* T. IV, n° 13. deux cylindres placés dans le même plan : chacun d'un côté de l'arbre. Ils sont attachés à cet arbre de manière à s'en rapprocher et à s'en éloigner simultanément. Par l'effet de cette disposition. le centre de gravité des parties en rotation est toujours compris dans le plan médian. La force tangentielle de l'une des pièces compense donc celle de l'autre. De même la pression de repos est partiellement éliminée. Avec cette disposition tout concourt à favoriser la rapidité de la rotation.

Le diamètre du cylindre est de 125 millimètres, la

course du piston est de 75; la vitesse de rotation est de 1000 tours par minute. Le régulateur est fixé au bout de l'axe de la manivelle, qui à cet effet est prolongé au delà des coussinets. La soupape régulatrice est placée au milieu d'un tuyau en T par lequel arrive la vapeur.

Dans la figure, la machine est réunie avec une machine dynamo-électrique de Maxim.

L'emploi de ces machines à attache directe facilite beaucoup la transmission de la force motrice aux machines électriques. Elle sera particulièrement utile. avec les grandes machines que l'on construira à l'avenir pour le transport de la force.

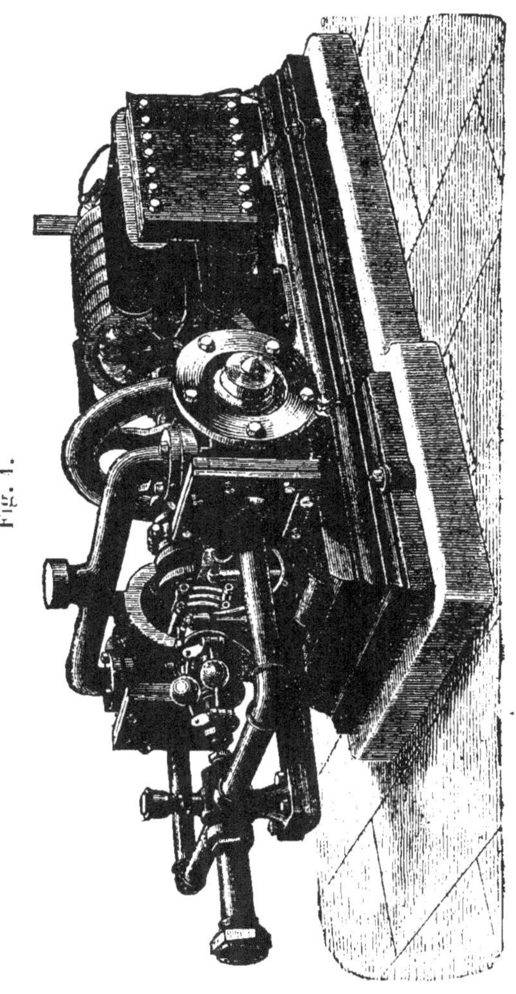

CHAPITRE II

Machines électro-magnétiques pour la production des courants, et électromoteurs.

La théorie, le développement historique et la construction des machines électriques en général ont leur place dans des ouvrages spéciaux.

Je me bornerai ici à récapituler brièvement la théorie des deux genres principaux de machines électriques.

Le principe des *machines magnéto-électriques*, c'est que des aimants qu'on fait mouvoir au voisinage d'un circuit fermé induisent, dans les fils de ce circuit, des courants soumis aux mêmes lois que les courants d'induction provoqués par des fils conducteurs fermés. Si, par exemple, on introduit un barreau aimanté dans une bobine creuse, dont le fil est fermé à ses deux bouts par un galvanomètre, la déviation de l'aiguille du galvanomètre montre immédiatement que le fil est traversé par un courant de sens inverse à celui des courants qui, d'après la théorie d'Ampère, circulent autour de l'aimant. Mais ce courant induit ne dure que pendant le mouvement de l'aimant ; lorsqu'on laisse l'aimant immobile à l'intérieur de la bobine, l'aiguille retourne, après quelques oscillations, à sa position de repos. Lorsque ensuite on retire l'aimant de la bobine, il se produit dans cette dernière un courant dont la durée est également très courte. Ce second courant est de même sens que celui qui cir-

cule autour de l'aimant : la déviation de l'aiguille
aimantée se produit, cette fois, en sens inverse. D'après
les lois de l'électro-dynamique, le courant qui se
forme par induction quand on approche l'aimant le
repousse, celui qui se forme quand on éloigne l'aimant l'attire ; de plus, chacun de ces courants d'induction oppose au mouvement de l'aimant une résistance,
qu'on ne peut vaincre qu'en dépensant une certaine
quantité de travail, correspondant à l'énergie du courant d'induction produit.

Au lieu d'introduire le barreau aimanté dans la
bobine, et de l'en retirer, on peut aussi mettre dans
la cavité de la bobine un barreau de fer doux, mais l'y
laisser et le rendre tour à tour magnétique et non
magnétique en approchant et en éloignant un pôle magnétique. Il est avantageux de donner à l'aimant d'acier
et au barreau de fer doux la forme d'un fer à cheval. Les
deux branches parallèles du fer doux de cette forme
sont entourées de deux hélices de fil métallique isolé,
reliées ensemble. Pour approcher et éloigner alternativement les pôles magnétiques, on fait tourner l'aimant
autour de la ligne centrale parallèle à ses deux branches. Il vaut mieux, du reste, laisser l'aimant en repos
et faire tourner rapidement le fer doux. Les spires de
fil conducteur isolé qui l'entourent sont traversées par
des courants, alternativement inverses, dont la direction change toutes les fois que les pôles du fer doux
passent en face des pôles de l'aimant. Pour donner,
dans le circuit, la même direction aux deux courants
inverses qui alternent dans les bobines, on insère un
commutateur sur l'axe de rotation. Je ne puis entrer
ici dans les détails de construction de cet appareil.

Voici maintenant le principe des machines dynamo-
électriques.

Concevons deux électro-aimants qui se regardent par leurs pôles de noms contraires et qui font partie du même circuit. Si l'on écarte ces pôles, il se forme un courant d'induction, lequel, par son action électro-dynamique, tend à les rapprocher. Du reste,ils s'attiraient déjà auparavant. Le courant induit est donc de même sens que le courant existant et le renforce. Comme ce renforcement du courant a lui-même pour conséquence un renforcement du magnétisme de l'électro-aimant et par suite un renforcement de son action inductrice, il en résulte que, lorsque l'on continue ce mouvement, la force du courant augmente rapidement jusqu'à une certaine limite; on peut donc, sans diminuer l'action, séparer ou même omettre dès le début la source qui fournissait le courant primitif et qui rendait magnétiques les noyaux de fer doux, car le faible magnétisme *rémanent* de ces derniers suffit pour amorcer la machine. C'est là le principe des *machines dynamo-électriques* auto-excitatrices de Siemens. Ces excellentes machines se distinguent des machines magnéto-électriques en ce que, au lieu d'avoir, comme ces dernières, un aimant d'acier, de magnétisme déterminé, elles sont munies d'un électro-aimant dont le magnétisme augmente avec la vitesse de rotation.

Lorsqu'il se forme des courants dans les spires conductrices d'une machine magnéto-électrique ou d'une machine dynamo-électrique, l'attraction qui a lieu entre eux et l'inducteur est un obstacle au mouvement; il faut donc, pour vaincre cette résistance, employer du travail; la machine électrique transforme ce travail en énergie électrique.

Quand on ferme la machine électro-magnétique au moyen d'un fil métallique, ce fil s'échauffe, car les électricités qui se réunissent dans le courant se transforment en chaleur, dont la quantité est équivalente à l'énergie du courant ou du travail qui a été consommé pour le produire. Si l'on insère dans le circuit un voltamètre, rempli d'eau acidulée, il se produit moins de chaleur ; mais en échange il y a accomplissement de travail chimique, une partie de l'eau se décomposant en ses éléments : oxygène et hydrogène. Ce travail est comme emmagasiné, à l'état d'énergie de tension (énergie potentielle, latente ou de repos) dans les éléments séparés. Il reparaît à l'état de chaleur, lorsque ces éléments se combinent à nouveau pour reconstituer de l'eau, c'est-à-dire lorsque l'oxygène brûle ; la chaleur de combustion de l'oxygène est, en effet, égale à la chaleur qui a disparu du circuit.

Si enfin on fait passer le courant à travers les spires conductrices d'une machine électro-magnétique (et c'est le cas que nous avons à examiner), il la met en mouvement, en produisant un travail mécanique, tandis que la quantité de chaleur correspondante disparaît du circuit.

Pour ce qui concerne le travail des machines électriques des nombreuses constructions qu'on a réalisées et la possibilité de les employer aux transports de force, je prierai le lecteur de se reporter à la proposition fondamentale : l'énergie ne se perd jamais, elle ne fait que prendre une autre forme. Par suite, de quelque système que puisse être la machine électrique que l'on emploie, il faut toujours que toute l'énergie mécanique fournie par le moteur soit transformée en énergie de courants électriques. Néanmoins, dans les machines à courants alternatifs, les courants devant être immédiatement redressés par un commutateur, une partie considérable de leur énergie est toujours perdue par cet organe, et de plus ce dernier s'use très rapidement sous l'influence des étincelles qui s'y produisent. Cette usure entraine des troubles de fonctionnement. Pour les transports de force par l'électricité, on choisira donc des machines exemptes de ces défauts : c'est-à-dire des machines produisant des courants continus.

En outre, l'expérience a montré que les machines dynamo-électriques ont de graves défauts dont sont exemptes les machines magnéto-électriques. On n'a pas trouvé le moyen d'y remédier radicalement. Comme le magnétisme des électro-aimants inducteurs dépend de l'intensité du courant qui se développe dans les spirales de l'armature et que cette intensité dépend, à son tour, de la vitesse de rotation, l'intensité des champs magnétiques varie avec chaque changement de la vitesse de rotation; de là naturellement réaction sur les courants qui se forment dans les spirales de l'armature. Par suite, l'intensité du courant ne peut rester constante, tant que l'on ne maintient pas une parfaite régularité dans la rotation de cette armature; mais il n'est guère possible d'obtenir cette régularité, même avec les meilleures machines à vapeur ou avec d'autres moteurs; car, d'une part, leur mouvement n'est pas tout à fait uniforme, et en second lieu il est très difficile de transmettre le mouvement d'une manière uniforme, au moyen de courroies. Or toute irrégularité du genre de celle qui peut se produire par le glissement de la courroie de transmission, etc., est accompagnée d'une irrégularité correspondante, dans la force du courant de la machine dynamo-électrique.

Une autre cause de perturbations dans l'intensité du courant des machines dynamo-électriques consiste dans les changements de résistance du fil extérieur :

parfois l'intensité du courant s'affaiblit au moment où l'on aurait besoin d'un courant énergique, elle augmente quand on n'en a pas besoin. Du reste, tous les autres changements de résistance du circuit font varier l'intensité du courant de la machine. Que de l'huile ou de la poussière arrive d'aventure entre les brosses et le commutateur ou que les vis de contact viennent à être salies, la résistance du circuit augmente et le courant de la machine faiblit. Il est vrai qu'on peut réduire tous ces inconvénients au minimum, en employant des moteurs et des transmissions aussi uniformes que possible, en observant une propreté minutieuse et en ayant recours à des précautions spéciales; mais il n'en est pas moins fâcheux que l'intensité du courant dépende de la résistance du circuit, inconvénient dont sont exemptes les machines magnéto-électriques à aimants d'acier. Les machines magnéto-électriques à électro-aimants elles-mêmes ne sont pas influencées par les perturbations du circuit, pourvu que le courant des électro-aimants provienne de machines séparées. Ce qui plaide aussi en faveur de cette dernière construction, c'est cette circonstance qu'on ne peut obtenir une grande intensité des champs magnétiques dans les aimants inducteurs des machines dynamo-électriques que moyennant une importante production de chaleur ou une perte d'énergie mécanique, perte qui affecte le transport par l'électricité. On diminuerait, certainement, beaucoup cette regrettable production de chaleur en supprimant les noyaux de fer doux des spirales des armatures, comme on a fait maintenant pour les dernières machines de Siemens; il il est toujours préférable, cependant, de se servir d'une machine séparée pour aimanter les électro-aimants d'induction.

De ce qui précède il résulte que, de toutes les machines connues jusqu'à présent, c'est aux machines magnéto-électriques qu'il nous faut donner la préférence pour le transport de la force. Quant au choix à faire entre les machines magnéto-électriques de Gramme, de Siemens et Halske, etc., il est difficile, jusqu'à présent, de se prononcer en connaissance de cause.

Les machines Siemens et Halske sont un peu plus compliquées, mais à prix égal elles paraissent être plus efficaces que les machines de Gramme. Je reviendrai du reste sur les moyens de faire ces comparaisons.

Passant sous silence, pour le moment, les appareils servant à transmettre et à accumuler l'électricité, j'arrive à l'examen des machines électriques qui servent à retransformer le courant électrique en énergie mécanique, notamment dans le cas où l'on veut obtenir, au moyen du courant électrique, un travail considérable et durable.

On y a pourvu au début par la découverte des moteurs électro-magnétiques; mais on n'a eu la solution économique que quand on a connu la possibilité d'avoir des machines dynamo-électriques *réversibles*.

Une des formes les plus simples de moteur électro-magnétique est celle du moteur de Fromont (fig 2). Il se compose de quatre aimants en fer à cheval, A, B, C, D, fixés sur un bâti en fonte. Un tambour sur lequel sont fixées plusieurs barres de fer doux parallèles à l'axe tourne devant les pôles de ces électro-aimants. L'électrode positive d'une pile électrique entre en K ; le courant passe de là à un commutateur qui se trouve sur l'axe de la machine, puis de ce commutateur il entre dans les spires des électro-aimants. Le commutateur est construit de telle sorte que le courant change vingt-quatre fois pendant une révolution du tambour, et passe toujours par l'électro-aimant qui se trouve le plus rapproché de l'une des barres de fer. Celle-ci est donc attirée jusqu'à ce qu'elle se trouve vis-à-vis des pôles de l'électro-aimant. Le courant entre ensuite dans l'électro-aimant voisin ; la tige opposée à cet électro-aimant est attirée, etc. Le tambour se met à tourner d'une façon continue, et on peut transmettre son mouvement à un appareil quelconque. Il est dans notre figure utilisé à faire mouvoir une meule à chanvre.

Dans d'autres moteurs électro-magnétiques, un piston constitué par une tige aimantée est tour à tour attiré dans une bobine traversée par le courant ou en est repoussé comme un piston.

Il y a aussi des moteurs magnéto-électriques qui mettent en mouvement une roue dentée, laquelle mord sur un engrenage et transmet ainsi le mouvement. Au fond le principe de tous ces moteurs d'aspect différent est le même.

Le premier moteur électro-magnétique qui ait été employé dans la pratique est celui que Jacobi, le cé-

lèbre inventeur de la galvanoplastie, construisit en
1839. Il servait à employer le courant d'une pile de 128
éléments de Grove, pour faire marcher un petit bateau sur la Néva. Dans les ateliers d'artillerie de Saint-
Thomas d'Aquin, deux machines de Gramme, actionnées
par une machine à vapeur très éloignée, font marcher
depuis 1876 une machine à diviser.

On a beaucoup perfectionné les moteurs électriques
depuis quelque temps ; le petit moteur de Trouvé et le
moteur de Marcel De-
prez sont particulière-
ment remarquables.

Le moteur de Trouvé
a été décrit par l'inven-
teur, dans un Mémoire
présenté récemment à
l'Académie des sciences.
Il est représenté dans
les figures 3 et 4. Ce
n'est, au fond, qu'une
petite machine dynamo-
électrique de Siemens,
modifiée en ce que,
dans la rotation de l'ar-

Fig. 3.

mature, il ne se produit pas de points morts. Trouvé
est arrivé à ce résultat en donnant aux surfaces polaires de l'inducteur de Siemens la forme de spirales,
de sorte qu'à chaque instant de la rotation une partie
de ces surfaces est soumise à l'influence des aimants
inducteurs. En se servant d'un moteur de Trouvé de
cette construction, de grandeur quadruple de celle de
la fig. 3, il est facile avec le courant de quelques éléments de Bunsen, de faire fonctionner des vélocipèdes,
des machines à coudre ou d'autres petits appareils. La

fig. 4 représente cette machine reliée à une machine à coudre.

M. Trouvé s'est servi d'un appareil de ce genre pendant l'exposition d'électricité, à Paris, pour faire marcher son petit bateau le *Téléphone*. Ce bateau avait une longueur de $5^m,50$, une largeur de $1^m,20$, et pesait 80 kilogrammes. Au milieu se trouvait une pile formée de douze éléments de Bunsen et pesant 24 kilogrammes, reliée par deux câbles flexibles et conducteurs, avec le mo-

Fig. 4.

teur qui se trouvait au-dessus du gouvernail. Ces câbles servaient aussi à régler le mouvement du gouvernail.

Pour produire la rotation de l'armature du moteur, une partie du courant entre dans les spirales de l'armature et une autre partie dans les spirales des électro-aimants ; elle fait naître ainsi dans le noyau de l'armature et dans le noyau des électro-aimants des polarités contraires, qui s'attirent. Cette attraction produit une rotation partielle de l'armature ; le courant est ensuite changé par un commutateur qui se trouve sur l'axe de la machine, et la rotation se continue dans la même direction tant que le courant entre dans la machine. C'est exactement le contraire de ce qui a lieu dans une machine dynamo-électrique ; dans cette dernière l'attraction magnétique entre les aimants inducteurs et l'armature est transformée en courant, tandis que dans le moteur électro-magnétique, le courant électrique est changé en attraction magnétique et par suite en mouvement de l'armature.

Dans le moteur de Trouvé, décrit plus haut, ce mou-

Fig. 5.

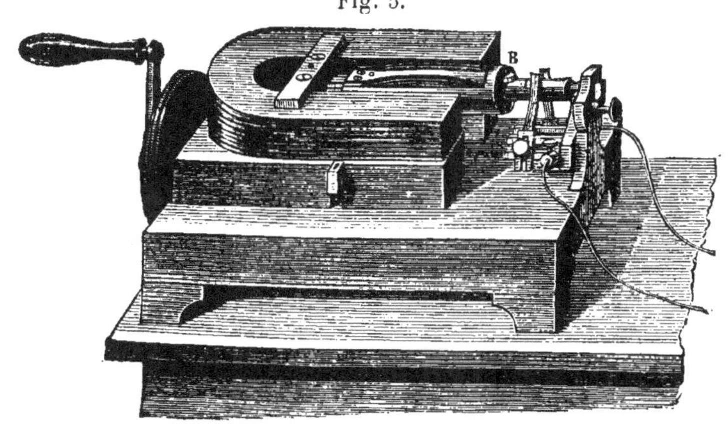

vement est transmis par une courroie à l'hélice de propulsion, qui se trouve dans un évidement du gouvernail. Les expériences faites sur la Seine, en juin 1881, avec le bateau Trouvé, ont fait constater qu'il pouvait remonter la Seine avec une vitesse de 1 mètre et la descendre avec une vitesse de $2^m,50$ par seconde.

Le moteur de Deprez n'est également qu'une modification de la machine de Siemens ; il est représenté fig. 5. Ce qui le caractérise, c'est que l'inducteur cylindrique tourne parallèlement aux branches de l'aimant, et que par suite l'action de ces derniers est mieux utilisée.

Voici les dimensions de ce moteur :

Longueur de l'aimant en fer à cheval, mesurée depuis les surfaces polaires jusqu'au faîte de la partie courbe. . . . . 145 millim.
Distance intérieure des branches . . . . 33 —
Épaisseur du faisceau magnétique. . . . 25 —
Diamètre du cylindre inducteur. . . . . 32 —
Longueur du noyau de fer doux . . . . 60 —
Poids de l'aimant inducteur . . . . 1 kil. 70
Poids du moteur entier . . . . 2 kil. 85

Fig. 6.

Le principe du moteur électro-magnétique de Borel (fig. 6) est ce fait découvert par Ampère : si l'on suspend une aiguille aimantée dans une bobine traversée par le courant, cette aiguille tend à se placer perpendiculairement à l'axe de la bobine, et de telle sorte qu'un personnage nageant dans le courant et regardant l'aiguille aurait toujours le pôle nord à sa gauche. Lorsque l'aiguille a pris une position perpendiculaire aux spires du fil (ce qu'il est facile de produire au moyen d'un courant d'une certaine force) et quand ensuite on renverse le courant, le mouvement qui a mis les aiguilles en croix avec la bobine se continue; il s'arrête aussitôt que les deux pôles ont réciproquement changé de position.

On voit donc que, en renversant constamment le courant quand il le faut, on peut produire une rotation continue de l'aiguille. Par conséquent, si l'on augmente les dimensions d'un galvanomètre ordinaire, si l'on met à la place de l'aiguille un fort barreau aimanté un électro-aimant ou un barreau de fer doux et que, sur l'axe, on adapte un commutateur, on obtient un véritable moteur électro-magnétique; car, si l'on fait passer un courant dans les fils de ce grand galvanomètre, le barreau de fer doux, par exemple, s'aimantera et se mettra à tourner, et si, par sa rotation, il produit au moyen du commutateur un changement continu de courant dans le galvanomètre, le mouvement restera continu. Bref, ce qui a lieu est ce qui se passe dans tous les moteurs électriques que j'ai déjà décrits. Voilà, je le répète, le principe du moteur de Borel représenté fig. 6. L'avantage de ce moteur, c'est qu'il ne s'y produit pas de changement de pôle : le noyau de fer doux garde, pendant toute la durée de la rotation, la même polarité.

C'est aussi l'avantage du moteur de Bürgin (fig. 7 et 8), dont la construction est analogue et évite également le changement de pôles. Dans ce moteur, la masse de fer doux, B. qui doit tourner, a la forme sphérique et est entourée de spires enroulées autour d'une sphère creuse dans laquelle tourne le noyau.

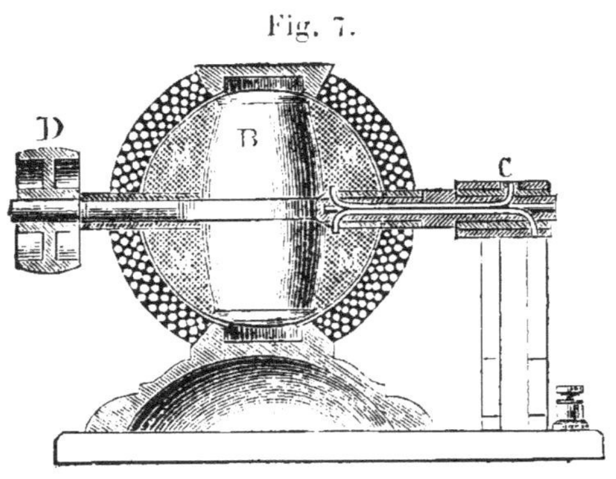

Fig. 7.

Le courant entre par les brosses reliées au commutateur G.

Il suffit, du reste, de faire passer un courant dans une machine dynamo-électrique quelconque, pour pouvoir l'employer comme moteur. Toutefois, la question importante pour la pratique n'est pas la construction de l'électro-moteur, mais la manière de produire le courant nécessaire pour faire marcher le moteur.

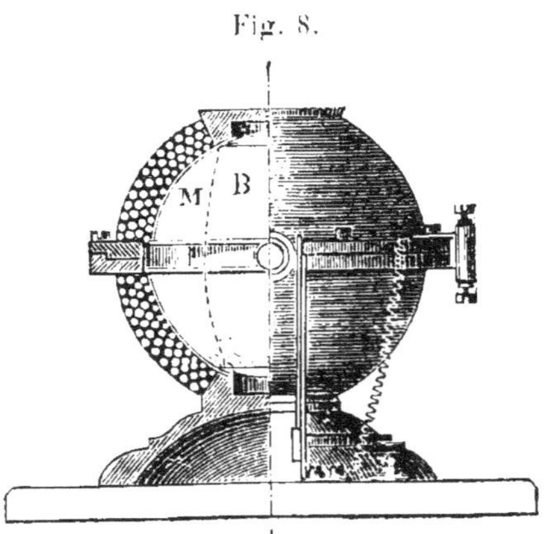

Fig. 8.

Tant qu'on n'a pu le produire qu'au moyen de piles, les moteurs électro-magnétiques n'avaient absolument aucune importance pratique et ne pouvaient être employés, puisque les meilleurs moteurs électromagnétiques ne peuvent restituer que 25 0/0 du travail fourni par la pile, et les frais d'entretien d'une pile sont considérables. La consommation théorique de zinc, dans une pile de

Bunsen, par cheval et par heure, s'élève en effet à un demi-kilogramme : et, comme l'électromoteur ne convertit en travail que 25 0/0 de cette force, le cheval-vapeur coûte 2 kilogrammes de zinc par heure. Si l'on ajoute 8 kilogrammes d'acide nitrique (la perte d'acide sulfurique consommé est insignifiante, car on peut tirer parti du sulfate de zinc qui s'est formé) le cheval-vapeur revient à 10 fr. 50 par heure, si le zinc coûte 1 fr. 90 le kilogramme, et l'acide nitrique 0 fr. 85. Il faut compter en outre le salaire d'environ six ouvriers pour le service de la pile de 213 éléments de Bunsen, nécessaire pour un cheval-vapeur : ce n'est pas exagérer que de l'estimer à 0 fr. 30 par heure. Tout cela fait monter les frais, par cheval et par heure, à 12 fr. 30, soit 123 fr. par jour si le moteur doit travailler dix heures par jour. Une machine à vapeur fait le même travail pour 1 fr. 85 par heure.

Même si les moteurs pouvaient restituer toute la force de la pile électrique, les frais de leur fonctionnement seraient à peu près seize fois aussi considérables que ceux de la machine à vapeur. Il ne saurait donc être question d'employer les piles dans la pratique, pour produire le courant des électromoteurs ; ces dernières n'ont donc acquis leur importance que depuis qu'on se sert des machines dynamo-électriques et magnéto-électriques pour produire le courant. On l'envoie dans les spires des moteurs, soit directement, soit indirectement, c'est-à-dire après l'avoir accumulé dans des réservoirs d'électricité (piles secondaires).

Le courant qu'on lance dans les machines dynamo-électriques ou magnéto-électriques, provenant d'une transformation de travail mécanique, il faut, pour tirer de ces machines le meilleur parti possible : d'abord, chercher à obtenir au plus bas prix possible le travail mécanique qu'on emploie dans les machines productrices de courant, et en second lieu s'efforcer de récupérer la plus grande partie possible du travail dépensé.

On atteindra le premier but en employant, pour faire marcher les générateurs de courant, des forces naturelles, par exemple celles qui sont fournies par l'eau en mouvement; — le second, en construisant rationnellement les machines et les conducteurs de courant. Ces deux points seront traités dans les chapitres suivants. Mais avant tout il sera nécessaire de connaître les lois sur lesquelles repose la production et la transformation du courant électrique.

CHAPITRE III

Théorie de la transformation du courant en travail.

La loi physique la plus importante pour la transmission de la force se rattache directement à la théorie, bien connue, de la conservation de l'énergie. On l'a vérifiée par d'innombrables expériences. Elle se formule ainsi : Quand on emploie une énergie mécanique déterminée pour mettre en mouvement un générateur de courant, toute l'énergie employée se convertit ou en une forme nouvelle et équivalente d'énergie, ou simultanément en diverses formes d'énergie, telle que chaleur, énergie chimique, lumière, etc., dont la somme est exactement équivalente à l'énergie génératrice du courant. Cela revient à dire qu'il ne se perd pas même la plus petite fraction de l'énergie employée, mais que cette énergie reparaît sous diverses formes dans le circuit. Le problème pratique consiste donc à récupérer, à l'endroit que l'on veut, et sous la forme dont on a besoin pour un but déterminé, la plus grande partie possible de l'énergie employée.

Les principales formes d'énergie en lesquelles on peut transformer le courant électrique sont la chaleur et la lumière, ou énergie rayonnante, l'énergie chimique et l'énergie mécanique.

Toujours une partie du courant qui traverse le fil conducteur apparaît sous forme de chaleur, et toute l'énergie est transformée en chaleur quand on ne de-

mande aucun autre travail en dehors du courant.
D'après la loi démontrée expérimentalement et théoriquement, de diverses façons, par Joule et par d'autres
savants, selon laquelle le dégagement de chaleur produit par un courant électrique dans l'unité de temps
est directement proportionnel au carré de l'intensité
du courant et en même temps à une grandeur qui
dépend de la nature du conducteur et qu'on nomme
résistance du conducteur, la quantité Q de chaleur
qui se développe dans un conducteur, par unité de
temps (seconde), c'est-à-dire, dans le second cas, toute
l'énergie produite peut être exprimée par l'équation

$$Q = I^2 R$$

dans laquelle I exprime l'intensité du courant, R la
résistance. C'est ce qu'on appelle la loi de Joule.

Pour la comprendre mieux, qu'on réfléchisse que,
quand le zinc s'oxyde dans un élément de pile, il
se dégage dans cet élément une certaine quantité de
chaleur. Cette quantité est proportionnelle à la consommation de zinc ou, en d'autres termes, à l'énergie
chimique qui apparaît dans l'élément. Or, d'après une
loi découverte par Faraday, l'énergie chimique produite
par un courant est proportionnelle à l'intensité du
courant. D'autre part, d'après la loi de Ohm [1] on a :

$$I = \frac{E}{R}$$

1. Vu l'importance de cette loi pour l'utilisation pratique du courant électrique, qu'il me soit permis de rappeler brièvement ici en
quoi elle consiste : Quand on ferme, par un fil conducteur, une
pile électrique ou un autre générateur de courant, un galvanomètre
inséré simultanément dans le circuit extérieur montre que le
courant est d'autant plus faible que le fil extérieur est plus long. Nous
attribuons l'affaiblissement du courant à une résistance que le fil op-

équation dans laquelle I représente l'intensité du courant, E la forme électro-motrice et R la résistance totale. On reconnaitra donc l'exactitude de l'équation

$$Q = I^2 R$$

d'après le tableau suivant qui représente le travail respectif d'un certain nombre d'éléments d'une pile montée en quantité.

NOMBRE des éléments.	RÉSISTANCE totale du conducteur.	INTENSITÉ du courant. $= \dfrac{E}{R}$	CONSOMMATION de zinc dans chaque élément proportionnelle à I.	CONSOMMATION totale de zinc.	
1	1	1	1		1
2	1	2	2	4	(2×2)
3	1	3	3	9	(3×3)
4	1	4	4	16	(4×4)

pose au passage du courant, et nous admettons que cette résistance croit en proportion de la longueur du fil. Quand on a inséré une longueur de fil assez longue pour que la résistance subie par le courant traversant l'élément soit très insignifiante par rapport à la résistance du fil, on constate, à partir de ce moment, que pour diminuer de moitié l'intensité du courant en continuant d'allonger le fil, il faut introduire encore une fois la même longueur de fil et par conséquent *doubler* la résistance. L'intensité du courant est donc inversement proportionnelle à la résistance du circuit extérieur. D'autre part, on trouve que, à résistance égale du circuit extérieur, l'intensité du courant devient deux fois aussi considérable quand on fait agir deux éléments semblables, réunis ensemble comme dans la pile de Volta, quand par conséquent on double la force électromotrice qui pousse le courant dans le circuit. De là résulte la loi à laquelle on a donné le nom du savant qui l'a découverte : L'intensité du courant est directement proportionnelle à la force électromotrice et inversement proportionnelle à la résistance. On peut également la formuler ainsi : l'intensité du courant est égale à la force électromotrice divisée par la résistance.

De ce tableau il résulte que, dans chaque élément, la consommation de zinc, la chaleur dégagée est proportionnelle à l'intensité du courant, et que, dans chacun des quatre éléments de la pile montée en quantité, l'intensité $\frac{E}{R} = \frac{4}{1} = 4$. Par conséquent, la chaleur ou la consommation de zinc doit être également égale à 4; elle doit donc être égale à 16, dans l'ensemble des quatre éléments. En d'autres termes, la chaleur dégagée est proportionnelle à l'intensité du courant.

Réunissons maintenant ces éléments en tension, c'est-à-dire changeons la résistance de la pile. On reconnaîtra, à l'inspection du tableau suivant, quel est le rapport entre la consommation de zinc ou le dégagement de chaleur, d'une part, et la résistance, d'autre part.

NOMBRE des éléments.	RÉSISTANCE totale du courant.	INTENSITÉ du courant. $= \frac{E}{R}$	CONSOMMATION de zinc par élément proportionnelle à 1.	CONSOMMATION de zinc totale dans les piles.
1	1	1	1	1 (1×1)
2	2	1	1	2 (1×2)
3	3	1	1	3 (1×3)
4	4	1	1	4 (1×4)

Dans l'ensemble des quatre éléments réunis en tension, l'intensité $= \frac{4}{4} \times 4 = 4$. De même pour la consommation de zinc, qui est proportionnelle à l'intensité. Or cette consommation de zinc est, comme le montre le tableau, directement proportionnelle à la résistance.

Par conséquent, si, comme plus haut, on désigne la chaleur par Q, ces deux tableaux donnent clairement le résultat déjà mentionné :

$$Q = I^2R.$$

Si l'on combine cette formule de Joule avec la formule d'Ohm $I = \dfrac{E}{R}$, on obtient :

$$Q = \frac{E^2}{R} = EI.$$

Cette équation ne s'applique pas seulement à ce qui se passe dans la totalité du circuit; elle est valable pour n'importe quelle partie du circuit. Soit r la résistance d'une partie donnée du circuit, e la différence de tension aux deux bouts du circuit (l'intensité I est toujours la même dans tout le circuit), la chaleur qui apparaît dans cette partie du courant est

$$q = rI^2 = \frac{e^2}{r} = eI.$$

Supposons que l'on ait intérêt à produire le maximum possible de chaleur en un point déterminé du courant. Des deux équations précédentes, il résulte que la chaleur q en ce point sera avec Q, dans le rapport de $\dfrac{r}{R}$ ou de $\dfrac{e}{E}$. On voit donc immédiatement que, au point où l'on désire la chaleur, il faut faire la résistance aussi grande que possible relativement à la résistance totale du conducteur, et que, si l'on a fixé une résistance pour cette partie du circuit et pour le circuit tout entier, si en outre on désire que $\dfrac{e}{E}$ reste constant et si q ne doit pas varier, il faut rendre constant Q ou. ce qui revient au même, $\dfrac{E^2}{R}$.

Il nous faut maintenant noter les lois suivantes :

1° *La chaleur qui se développe dans la totalité du circuit est égale à* EI; *pour une intensité donnée, elle est donc proportionnelle à* E;

2° *Le travail effectué en un point déterminé du circuit est égal à* eI, *c'est-à-dire que, pour une intensité déterminée, il est proportionnel à* e;

3° *L'effet utile est exprimé par* $\dfrac{e}{E}$;

4° *L'énergie employée à la production du courant, la chaleur disponible en un point déterminé de ce courant et l'effet utile restent invariables, quelle que soit la longueur du conducteur, lorsque* E *et* e *varient proportionnellement à la racine carrée de la résistance totale.*

Dans tout ce qui précède il s'agissait des lois concernant la chaleur à produire en une partie déterminée du circuit. Nous allons maintenant passer aux formules relatives à la transformation du courant pour la production d'un travail mécanique.

Admettons à cet effet que, dans un circuit (fig. 9) il y ait une pile de n éléments, dont le courant agisse sur un galvanomètre relié au conducteur. Ce galvanomètre sert à mesurer l'intensité du courant. Dans divers petits appareils c, c' c'', le courant électrique est converti en diverses formes d'énergie : en chaleur, énergie chimique ou travail mécanique. Admettons que, dans le cas présent. l'intensité du courant, accusée par le galvanomètre, soit A. et que la quantité de zinc consommée dans chaque élément de la pile soit Z. Elle sera donc nz dans les n éléments.

Excluons du circuit les appareils c, c' c'', et insérons

à leur place un nombre, P, de résistances suffisant
pour que I redevienne égale à A. La force électromotrice E reste invariable. Or, comme d'après la loi de
Faraday, la quantité de zinc consommée par unité de
temps est proportionnelle à I, cette quantité reste
également invariable. Comme, en outre, l'énergie développée dans le courant est mesurée par la consommation de zinc dans la pile, l'énergie apparaissant

Fig. 9.

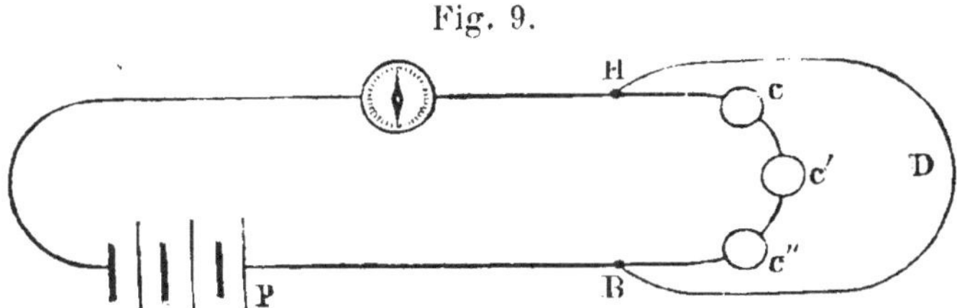

dans le circuit reste également invariable; c'est-à-dire
que, les appareils c, c' c'' étant ou n'étant pas dans le
circuit, l'énergie développée dans ce circuit est toujours mesurée par EI. En outre, si l'on mesure la
différence de potentiel aux points H et D du conducteur, on trouvera que cette différence, elle aussi, reste
invariable lorsqu'on remplace les appareils c, c' c'' par
des résistances. De tout cela, il résulte que l'on peut
remplacer par une résistance passive la résistance
active des appareils insérés. Il est facile de déterminer
la valeur de la résistance à insérer. Considérons que

$$\frac{E - e}{R} = \frac{E}{R + x}.$$

De cette équation nous tirons

$$x = \frac{eR}{E - e}.$$

En omettant e et en insérant x, nous ne changerons pas le conducteur.

Si l'on applique les lois que nous venons de trouver aux cas où il n'apparaît dans le courant que deux formes d'énergie, chaleur et travail mécanique, l'effet produit dans le circuit peut s'exprimer par

$$EI = RI^2 + L$$

équation dans laquelle RI^2 désigne, d'après la loi de Joule, la chaleur qui se développe dans le courant et L le travail mécanique.

Lorsque $L = 0$, toute l'énergie apparaît dans le circuit, à l'état de chaleur.

Mais de l'équation précédente, il résulte

$$RI^2 - EI + L = 0,$$

D'où

$$I = \frac{E \pm \sqrt{E^2 - 4RL}}{2R}.$$

Cherchons les diverses valeurs que prend I quand on fait varier L. Quand $L = 0$ on a pour I

$$I = \frac{E}{R}.$$

Nous retrouvons la loi de Ohm. Cette équation nous montre que I est maximum dans un circuit où l'on n'exige aucun travail du courant. Mais, plus la valeur de L augmente, plus la valeur de I diminue. Toutefois cette diminution ne peut dépasser une certaine limite. I atteint son maximum lorsque

$$E^2 - 4RL = 0,$$

c'est-à-dire lorsque

$$L = \frac{E^2}{4R}.$$

Dans ce cas, on aura

$$I_2 = \frac{E}{2R} = \frac{I_0}{2}.$$

On voit que, quand L atteint son maximum, l'intensité du courant n'est que la moitié de ce qu'elle était pour $L = 0$. On peut exprimer ce résultat en disant que, dans un cas donné, quel qu'il soit, l'intensité I est égale à l'intensité I_0, dont il faut retrancher une certaine quantité i, dépendant de la valeur de L.

$$I = I_0 - i.$$

Or, $I_0 = \frac{E}{R}$. Si nous remplaçons I_0 par sa valeur et i par $\frac{x}{R}$ nous obtenons :

$$I = \frac{E}{R} - \frac{x}{R} = \frac{E - x}{R}.$$

Il résulte de là que x, indiquant une diminution de la force électrique, se comporte comme une *contre-force électromotrice* que l'on peut désigner par e.

La précédente équation revient à

$$I = \frac{E - e}{R}.$$

D'autre part, il est facile de trouver la valeur de e. On a

$$\frac{E - e}{R} = \frac{E \pm \sqrt{E^2 - 4RL}}{2R},$$

D'où

$$e = \frac{E \mp \sqrt{E^2 - 4RL}}{2}.$$

Revenons à la formule

$$EI = RI^2 + L.$$

Nous en tirons

$$L = EI - RI^2,$$

équation dans laquelle EI désigne toute l'énergie qui apparaît dans le courant. L'effet utile N dépend donc du rapport entre L et EI; par conséquent

$$N = \frac{L}{EI} = \frac{EI - RI^2}{EI} = i - \frac{RI}{E}.$$

Cette équation peut s'écrire :

$$N = i - \frac{1}{\left(\dfrac{E}{R}\right)}$$

et, comme $\dfrac{E}{R}$. ainsi que nous venons de le voir, est égal à I_0. on a :

$$N = i - \frac{1}{I_0}.$$

D'autre part. nous avons vu que

$$I = \frac{E - e.}{R}$$

On a donc :

$$N = i - \frac{\dfrac{E - e}{R}}{\dfrac{E}{R}},$$

On voit donc que l'on peut employer aussi pour le travail utile la formule $\dfrac{e}{E}$ trouvée plus haut, et que, quelle que soit la forme d'énergie que l'on veuille obtenir à l'autre bout du conducteur, l'effet utile sera toujours exprimé par le rapport entre la force électromotrice e et la force électromotrice E.

On peut, par suite, trouver la valeur du travail réellement fourni.

Le travail total est

$$L = EI = \frac{E(E - e)}{R},$$

et l'effet mécanique utile

$$= NEI = eI = \frac{e(E - e)}{R};$$

l'énergie qui se développe dans le circuit, à l'état de chaleur, est

$$C = RI^2 = \frac{(E - e)^2}{R}.$$

Or, comme $N = \dfrac{e}{E}$, on a aussi

$$L = (i - N)\frac{E^2}{R}$$

$$e = N(i - N)\frac{E^2}{R}$$

$$C = (i - N)^2\frac{E^2}{R}.$$

Par conséquent, *pour modifier la résistance N sans faire varier N, non plus que l'énergie employée et l'énergie récupérée, il faut faire en sorte que* $\dfrac{E^2}{R}$ *reste constant, c'est-à-dire que E varie comme la racine carrée* de R; et, si $\dfrac{e}{E} = N$ doit rester constant, il faut naturel-lement que e varie dans le même rapport.

Nous voici donc arrivés à cette conclusion impor-tante : *On peut maintenir sans changement l'énergie mécanique et l'effet utile qui se développent en un point quelconque du circuit, quelle que soit la distance à laquelle on veuille transporter la force, pourvu que l'on ait soin de faire varier les forces électromotrices E et e, comme le carré de la résistance totale dans le circuit.*

CHAPITRE IV

Considérations théoriques concernant le transport de la force à de grandes distances.

D'après le chapitre précédent, on reconnait que, si l'on maintient les conditions prescrites, la grandeur de la distance n'a absolument aucun effet sur la transmission de la force; il y a lieu maintenant d'examiner quels sont les obstacles qui, dans la pratique, modifient la valeur de cette théorie.

La principale objection que la plupart des spécialistes présentent contre la possibilité pratique de transporter la force à de grandes distances, c'est qu'il faudrait peut-être employer, à cet effet, des fils conducteurs ou des câbles d'une force extraordinaire et, par suite, d'un prix si élevé que le transport de la force serait impossible dans la pratique.

Cette appréhension n'est pas légitime. Le Dr William Siemens l'a déjà montré en 1878, et c'est ce qui résulte des considérations suivantes :

La résistance intérieure d'une bonne machine electrique ne devrait jamais être supérieure aux 3/7 de la résistance extérieure [1]. Admettons, pour plus de sim-

---

1. En opposition avec la règle contenue aujourd'hui encore dans la plupart des traités, et d'après laquelle « la résistance intérieure doit être égale à la résistance extérieure ». Uppenborn démontre, dans sa revue *Zeitschrift für angewandte Elektricitætslehre* (T. IV, n° 17), que les machines électriques ne réalisent jamais cet effet utile idéal de 50

plicité, que pour le transport de la force la résistance intérieure soit $\frac{1}{3}$ de la résistance extérieure. Si, pour le transport, on réunit par le conducteur, comme on fait habituellement, deux machines absolument égales, la résistance de chaque machine sera, dans ce cas, égale à 1, et celle du conducteur sera égale à $\frac{1}{2}$, car par rapport à chacune des deux machines, le conducteur avec l'autre machine, c'est-à-dire $1 + \frac{1}{2}$, forme la résistance extérieure, qui est alors trois fois aussi grande que la résistance intérieure.

Si donc on emploie deux machines d'une grandeur déterminée, et si l'on veut que, malgré l'augmentation de la distance, la résistance du conducteur reste constante en elles, en étant égale à $\frac{1}{2}$ de la résistance intérieure de chacune des deux machines, il faut augmenter la section du fil conducteur dans la même mesure que le longueur du fil. Si l'on a trouvé, par exemple, qua 800 mètres de fil de cuivre, d'un diamètre de 8 millim. représentent la moitié de la résistance d'une machine qui a une résistance intérieure de 1 ohm, et si l'on veut employer un fil de même épaisseur et 30 fois aussi long, il faut, pour que la résistance du conducteur par rapport à la machine reste la même, donner à ce fil une section qui soit exactement trente fois aussi grande. Il faudrait donc multiplier par 60^2 ou 3600.

pour 100, et que, si cela est possible, on ne devrait jamais, dans les transformations simples, descendre au-dessous de 70 pour 100. La règle ci-dessus peut donc être formulée sous la forme que voici : « La résistance intérieure ne doit jamais dépasser les 3/7 de la résistance extérieure. »

le poids du conducteur long de 800 mètres, et ce poids énorme représenterait naturellement une masse de cuivre, d'un prix tel qu'il faudrait désespérer de transporter la force par l'électricité à 240 kilomètres de distance si l'on ne pouvait employer qu'une machine à chaque bout de ce conducteur.

Mais les conducteurs électriques ne sont pas soumis aux mêmes conditions qu'un tuyau servant au transport d'un liquide pesant. La résistance du tuyau augmente proportionnellement au carré de la vitesse de l'écoulement. La grandeur de la somme de force qu'on transporte par l'électricité n'importe, au contraire, en aucune façon ; on peut employer le même fil conducteur pour transporter la force d'un nombre quelconque de machines, sans violer les conditions de la résistance.

La seule limite de l'augmentation du nombre des machines viendra de la chaleur qui se produit par l'augmentation de l'intensité du courant dans le conducteur. On a proposé de donner aux grands conducteurs électriques la forme de tuyaux et de faire couler de l'eau dans ces tuyaux ; on augmenterait ainsi notablement la conductibilité de ces conducteurs et on éviterait une accumulation locale de chaleur. Du reste, d'après un calcul de Sprague, cette chaleur, même si l'on employait des machines primaires produisant mille chevaux-vapeur, ne représenterait plus dans le conducteur que soixante-douze chevaux-vapeur, ce qui correspond à la chaleur produite par 5 kilogr. et demi de charbon par heure, et ce qui serait complètement insuffisant pour échauffer notablement le fil conducteur de cuivre, ce fil devant avoir, dans le cas mentionné, un poids de 1930 tonnes et une surface de 11379 mètres carrés.

Les professeurs américains Thomson et Houston ont

fait le calcul intéressant des dimensions qu'il faudrait donner à un câble, pour transporter toute la force de la cataracte du Niagara. Ils montrent que pour la transporter à une distance de 804 kilom., il suffirait d'un câble de cuivre ayant 15 millim. de diamètre.

Supposons, par exemple, qu'on relie au moyen d'un câble deux machines dont l'une serve à produire le courant électrique, l'autre à récupérer le travail. Admettons que la résistance des deux machines A et B ensemble soit l'unité et que la résistance d'un mille du câble soit égale à 0,01 de cette unité, tandis que la force électromotrice du courant qui traverse le conducteur serait également l'unité. Nous savons que, d'après la loi de Ohm, l'intensité du courant, $I = \dfrac{E}{R}$. Ici $I = \dfrac{1}{1,01}$.

Ajoutons une seconde machine semblable à celle qui produit le courant et une seconde machine semblable à celle qui le transforme. Doublons, de plus, la longueur du câble, l'intensité du courant reste exactement la même : car nous avons maintenant $I = \dfrac{1+1}{1,01+1,01} = \dfrac{2}{2,02}$.

On obtient donc *le transport d'une force double* à une distance double, sans que l'intensité du courant et par suite la chaleur dans le câble soient augmentées. Si nous augmentons ensuite jusqu'à 1000 le nombre des machines aux deux bouts du conducteur et que nous donnions au câble une longueur mille fois aussi grande, nous obtiendrons encore le même rapport. Nous pourrons alors transporter une force mille fois aussi grande : l'*intensité* du courant n'aura pas changé, mais la *force électromotrice* aura changé. Pour pouvoir résoudre pratiquement ce problème, il faudrait perfectionner extraordinairement l'*isolement* du câble, et c'est là la principale difficulté du transport de force à de grandes distances. Par contre, il ne serait pas nécessaire d'augmenter notablement le diamètre du conducteur.

Pour étudier la question dans ses détails, admettons que chacune des machines productrices de courant ait une résistance de 40 ohms et soit capable de produire un courant d'une force électromotrice de 400 volts. Il faudrait trois à cinq chevaux-vapeur pour faire marcher cette machine. Chacune des machines pour la récupération du travail pourra avoir une résistance de 60 ohms, et le câble une résistance de 1 ohm. Dans ce cas nous aurions :

$$I = \frac{400}{60 + 40 + 1} = \frac{400}{101},$$

si le câble a une longueur de 1 mille. Supposons que le câble ait 1000 milles de long et qu'il y ait à chacun de ses bouts 1000 machines dont chacune soit égale, d'un côté à A, de l'autre côté à B, nous aurons :

$$I = \frac{1000 \times 400}{1000 \times 101} = \frac{400}{101}.$$

On voit donc que la valeur de I restera invariable. En admettant que la force motrice de chacune des machines soit telle que nous l'avons admise plus haut, il faudra pour faire fonctionner les mille machines A, employer trois mille à cinq mille chevaux-vapeur, et obtenir, des mille machines B, en admettant un résultat de 50 %, quinze cent à deux mille cinq cents chevaux-vapeur.

Quant à l'épaisseur du câble nécessaire pour ce transport de force, elle est facile à trouver, car nous avons admis, pour un mille de câble, une résistance de un ohm. Cela donnerait une épaisseur de 1/4 de pouce. Pour limiter à cinq cent milles le transport de force, il faudrait pouvoir doubler la résistance du câble. On pourrait donc diminuer de moitié la surface de section, ce qui donnerait un diamètre de moins de 1/5 de pouce.

Si donc on voulait envoyer un million de chevaux-vapeur à travers un conducteur de cinq cent milles de longueur, il faudrait pour cela un câble de trois pouces d'épaisseur, et si l'on voulait augmenter en proportion la force électromotrice des machines, on pourrait diminuer ce diamètre à volonté.

De tout cela il résulte que, pour le transport de la force à de grandes distances, on n'a pas à craindre les frais d'un câble de dimensions énormes; le problème à résoudre en réalité sera, comme je l'ai dit, de trouver un isolement approprié.

Nous arrivons maintenant à une autre question, très importante pour la pratique. Il s'agit de savoir quelle fraction de la force motrice reçue par les machines productrices de courant on peut théoriquement récupérer dans les machines productrices de travail; quelle fraction on obtient réellement avec les moteurs construits jusqu'à présent et de quelle manière on peut rapprocher autant que possible le résultat pratique du résultat théorique.

CHAPITRE V

Emploi des machines électriques, construites jusqu'à
présent pour le transport de la force, et travail
qu'elles peuvent fournir dans la pratique.

Lorsque les machines magnéto-électriques et dynamo-électriques n'avaient pas encore été soumises à
une étude approfondie, on avait été amené par la
théorie à croire :

1° Que l'intensité du courant était proportionnelle à
la vitesse de rotation de l'armature ;

2° Que le magnétisme était proportionnel à l'intensité du courant ;

3° Que l'intensité du courant était, en outre, proportionnelle au magnétisme ;

4° Que par suite de cette double porportionnalité,
l'intensité du courant et le magnétisme étaient proportionnels au carré du nombre de tours de l'armature.

En outre, on concluait que, pour vaincre l'attraction
magnétique se produisant, pendant la rotation de l'armature, entre l'armature et les aimants inducteurs,
la force motrice devait être proportionnelle à l'attraction
magnétique (c'est-à-dire au magnétisme). Cette attraction croissant comme le carré de la vitesse de rotation, on pensait que la force motrice devait croître
également comme le carré de la vitesse de rotation

de rotation. On admettait que, de plus, elle devait être proportionnelle à la vitesse avec laquelle on surmontait l'attraction. En résumé, la force motrice devait être, d'une part, proportionnelle à la vitesse de rotation, d'autre part, proportionnelle au carré de cette vitesse; et c'est ce que l'on exprimait en disant que :

5° La force motrice était proportionnelle au cube de la vitesse de rotation.

Mais, dès que l'on a pris des mesures exactes, on a reconnu qu'il fallait modifier notablement les propositions précédentes pour pouvoir les appliquer à l'action des machines dynamo-électriques.

Ces propositions, en effet, n'ont pas égard à cette circonstance que, dans les machines, il se produit un grand nombre de courants d'induction qui neutralisent en partie les courants utiles.

Les propositions relatives à *l'intensité des courants* sont les plus modifiées par ces phénomènes d'induction.

Il se forme, en effet, dans les masses métalliques de l'armature en rotation et de l'axe, des courants dits courants de Foucault [1], qui affaiblissent l'action des machines : d'abord parce qu'ils se produisent aux dépens d'une partie de la force motrice employée; en second lieu, parce qu'ils sont dirigés de manière à affaiblir le magnétisme de l'armature, et, en troisième lieu, parce que, n'ayant aucun travail à accomplir, ils sont convertis en chaleur qui augmente la résistance intérieure de la machine.

Des courants analogues se produisent dans les morceaux polaires des aimants inducteurs. De même, quand

---

1. On appelle ainsi des courants qui se produisent dans les conducteurs métalliques, partout où ceux-ci se meuvent dans un champ magnétique : échauffement d'une plaque de cuivre tournant dans un champ magnétique, etc.

l'armature tourne rapidement, le déplacement des pôles entrave notablement le travail de la machine, car ce déplacement consomme de la force et produit de la chaleur. Toutefois, le plus grand obstacle à ce que l'intensité du courant augmente proportionnellement à la vitesse de rotation, c'est que les courants qui se produisent dans les spires des armatures contre-balancent le magnétisme des aimants inducteurs. Sous l'influence de tous ces effets d'induction, la vitesse d'augmentation de l'intensité du courant diminue considérablement, d'une part ; d'autre part, elle finit par atteindre un maximum ; et, quand on tourne plus vite encore, elle diminue. La force motrice à employer ne croît donc pas non plus dans la proportion admise théoriquement ; mais dans les machines les mieux construites elle n'augmente guère que proportionnellement à la puissance *un et demi* du nombre des tours, comme l'ont prouvé les expériences de Tresca, Gramme, Frœhlich, etc.

Si l'on examine ce qui se passe dans deux machines réunies ensemble pour le transport de la force. on constatera ce qui suit :

D'après les lois physiques données au chapitre IV, l'effet utile du transport de la force dépend du rapport $\dfrac{c}{E}$.

Si c et E dépendaient de la vitesse de rotation des machines respectives, on pourrait, en réglant convenablement le nombre de tours des deux machines et en l'augmentant constamment dans le même rapport, multiplier à l'infini la force transmise par une machine et reproduite par l'autre. Mais, d'après ce que j'ai déjà dit. la force électromotrice n'augmente pas proportionnellement au nombre de tours, car. à cause des influences d'induction, elle se rapproche, de plus en plus. d'un maximum, et, en second lieu. il faut, dans les machines dynamo-électriques un certain nombre de tours, perdus pour ainsi dire, avant qu'il se produise un courant. Ce n'est donc qu'entre le minimum et le maximum de nombre de tours qu'il est possible de régler le travail des machines électriques, et ce n'est que eu égard à ces limites que le rapport du nombre de tours des deux machines associées pour le transport de la force mesure l'effet utile. Cela étant admis, on peut formuler cette proposition très importante : l'effet utile du transport de force par l'électricité est d'autant plus grand que le nombre absolu des tours est plus grand et que, en même temps, la différence des nombres de tours des deux machines est plus petite par rapport aux nombres de tours eux-mêmes. Or, comme l'intensité du courant $\frac{E}{R}$ reste constante, malgré l'augmentation de la rotation d'une machine, ce n'est que de l'accroissement de $\frac{E}{R}$ et de $\frac{e}{R}$, ou de E et de e qu'il s'agit ici.

Donc, en toutes circonstances, $N = \frac{e}{E}$, ce que nous avons déjà établi dans le chapitre III. Par conséquent, plus les valeurs de e et de E sont grandes, et plus la valeur de $E - e$ est petite, plus est grand l'effet utile.

Marcel Deprez montre, d'une manière très claire, comment on peut arriver autrement au même résultat. Voici le sens de ses conclusions :

Quand on emploie des machines électriques comme moteurs générateurs de forces, on envoie dans leurs spires (c'est ce qu'on appelle leur anneau) un courant (celui d'une pile, par exemple) qui produit, dans le champ magnétique, des effets d'induction et qui enfin met en mouvement l'armature (l'anneau). Cette rotation est du travail mécanique, dont la grandeur, par rapport à la force motrice employée, se mesure par un couple, système de deux forces parallèles et de sens contraire;

Le travail mécanique accompli, pour chaque révolution, est, pour chaque machine, proportionnel à l'intensité du courant; mais toutefois il est indépendant de la vitesse de rotation de l'armature.

Une expérience fondamentale démontre cette loi.

Considérons d'abord une machine génératrice d'électricité, quelle que soit la machine.

Sur son anneau est appliqué un frein de Prony portant une charge constante, en sorte que, lorsque cet anneau tournera, il sera soumis à une résistance constante et donnera, par tour, une quantité de travail invariable. Nous envoyons dans cet appareil le courant d'une pile, en ayant soin de placer sur le circuit un galvanomètre mesurant l'intensité du courant qui passe. Si le nombre des éléments de pile est d'abord petit, le courant sera insuffisant pour vaincre l'effort du frein et la machine ne démarrera pas. Augmentons alors peu à peu le nombre des éléments : l'intensité marquée par le galvanomètre croîtra jusqu'à ce que nous ayons ajouté un certain nombre d'éléments. A partir de ce moment, elle restera stationnaire et la machine se mettra en mouvement.

Ajoutons encore d'autres éléments, et continuons d'observer le galvanomètre : l'intensité du courant, accusée par cet instrument, ne variera pas, mais l'anneau (l'armature) se mettra à tourner de plus en plus vite. On voit donc que, pour commencer le travail mécanique déterminé par le poids du frein, il fallait une intensité déterminée du courant. A ce travail mécanique, qui reste constant *pour chaque révolution*, correspond l'intensité du courant, qui reste constante. Ce qui augmente avec la force électromotrice et l'intensité du champ magnétique, ce n'est que le travail absolu : le travail *par unité de temps*.

Ce résultat, qui peut étonner au premier abord, s'éclaircit quand on emploie une machine à aimant permanent (aimant d'acier), et qu'on fait passer le circuit d'un certain nombre d'éléments dans cette machine magnéto-électrique.

Nous plaçons successivement, dans le circuit, des éléments jusqu'à ce que la machine se mette en mouvement, mais très lentement : pour ainsi dire, sans vitesse. On peut considérer ce point comme le point précis où la résistance du frein est équilibrée. Admettons qu'à ce moment le nombre des éléments soit n_0. Nous introduisons un élément de plus : la vitesse s'accroît, le courant reste constant. Mesurons la vitesse ainsi atteinte : désignons-la par v. Maintenant, au lieu d'ajouter 1 élément seulement aux n_0 premiers, mettons en circuit 1, 2, 3, 4... n éléments nouveaux, et continuons de mesurer le nombre de tours : nous constaterons que, pour chaque nouvel élément ajouté, le nombre de tours augmente d'une grandeur v. Ainsi, quand on ajoute 3, 4... n nouveaux éléments, le nombre de tours devient 3 v, 4 v... n v. Mais, quand une machine électrique fonctionne, il se produit, comme je l'ai déjà dit au chapitre IV, une force électromotrice opposée à celle de la pile. Lorsqu'on se sert d'une machine à aimants d'acier, cette force électromotrice est proportionnelle à la vitesse de rotation, puisque le champ magnétique produit par des aimants permanents est constant. Or nous voyons que la vitesse de rotation croît proportionnellement au nombre d'éléments qu'on ajoute à la pile. Il est maintenant aisé de comprendre ce qui se passe. Toutes les fois que nous ajoutons dans la pile une nouvelle force électromotrice, ce que nous faisons toutes les fois que nous l'enrichissons d'un nouvel élément, l'intensité du courant augmente momentanément, et la vitesse de rotation s'accroît alors proportionnellement, puisque l'équilibre entre l'effort moteur et l'effort résistant est rompu pour un certain temps. Cet accroissement continue jusqu'à ce qu'il se soit produit une force contre-électromotrice compensant exactement la première. Dès que ce moment est arrivé, l'intensité du courant redevient constante. L'effort mécanique et le travail *par tour* restent donc les mêmes, mais le nombre de tours *par* unité de temps augmentant, *le travail absolu* augmente.

Dans les machines dynamo-électriques les choses se passent d'une façon un peu plus compliquée, mais les phénomènes sont identiques au fond. En comparant les deux genres de machines, on arrive à ce résultat important : que l'on emploie comme moteur une machine magnéto-électrique, ou une machine dynamo-électrique, une intensité déterminée, I, de courant correspond à un travail mécanique déterminé.

Si l'on tire de ce résultat la conclusion logique qu'il comporte, on retrouve l'équation :

$$N = \frac{e}{E}.$$

Revenons au moment où, dans l'expérience précédente, la pile avait le nombre d'éléments qui a permis à la machine de se mettre en marche. Désignons, comme précédemment, ce nombre par n_0. A l'intensité de courant, I, correspondra alors une dépense de zinc, Z, par élément, soit n_0 Z pour toute la pile, d'après la loi de Faraday. Ajoutons n éléments à la pile. Soit v la vitesse de rotation que prend la machine quand on ajoute 1 élément aux n_0 éléments de la pile. Après avoir mis en circuit n éléments nouveaux, nous obtenons la vitesse de rotation nv, et la machine fait, par tour, un travail mécanique constant, T. A partir de ce moment, la consommation de zinc pour toute la pile sera $(n_0 + n)$ Z; car, comme l'intensité du courant reste invariable, la consommation de zinc par élément restera invariable, d'après la loi de Faraday. Nous trouvons ainsi, d'après la loi de la conservation de l'énergie, la mesure du travail total engendré par la pile. Ce travail est proportionnel au nombre $n_0 + n$ d'éléments, c'est-à-dire à la force électromotrice E. D'autre part, la machine fait $n\,v$ tours : comme le travail, T, par tour, reste constant, elle produit un travail absolu, nvT. Le travail utile est donc proportionnel à nv, c'est-à-dire à la force contre-électro-motrice e, qui, de son côté, est proportionnelle à la vitesse de rotation v, puisque l'intensité du champ magnétique n'a pas varié. Le rendement économique, rapport entre le travail dépensé et le travail utilisé, est donc proportionnel à $\dfrac{e}{E}$.

Quand, pour faire marcher la machine qui reçoit le courant, on emploie, au lieu de pile, une machine génératrice de courant, on trouve les mêmes lois qu'en se servant de la pile. Admettons, pour simplifier, que les deux machines soient identiques. La première est reliée à un moteur quelconque, qui fera tourner l'armature; la seconde sert à faire marcher un appareil quelconque, ou est en relation avec un frein de Prony, comme dans le cas précédent.

Quand la première machine est mise en mouvement par l'intermédiaire du moteur qui est relié avec elle, la rotation s'accélère peu à peu : l'intensité du courant et la force électromotrice augmentent en même temps jusqu'à ce que l'intensité soit devenue suffisante pour mettre la seconde machine en mouvement. A partir de cet instant, l'intensité reste constante, et si l'on fait croître la vitesse de rotation de la première machine, la vitesse de rotation de la seconde augmentera aussi : exactement comme dans l'exemple précédent, la vitesse de rotation de la machine augmentait quand on augmentait la pile d'un nouvel élément. L'intensité du courant, au contraire, restera constante. La mesure du travail absolu de chacune des deux machines est donc le produit du travail et de la vitesse de rotation par tour. Quant au bénéfice du transport de la force, il résulte, dans certaines limites, comme je l'ai déjà dit, de la vitesse de rotation relative des deux machines et de la vitesse de rotation absolue de chacune d'elles.

Malheureusement on ne peut pas augmenter la vitesse de rotation des machines au delà d'une certaine limite : d'abord parce que, comme je l'ai dit plus haut, quand la rotation est rapide, les influences perturbatrices, résultant de l'induction, augmentent, et en second lieu parce que les petites machines construites jusqu'à présent sont détériorées par l'influence de la force centrifuge dès que la rotation atteint une certaine vitesse, qui n'est pas très grande. Une condition essentielle pour la construction de machines destinées au transport de la force et devant produire des courants d'une très haute tension, c'est donc de leur donner des dimensions considérables.

Si l'on désire, cependant, employer au transport de la force les machines dynamo-électriques construites jusqu'à présent, on peut augmenter leur force électro-motrice, en augmentant leur résistance intérieure, résultat que l'on peut obtenir, par exemple, en augmentant le nombre de tours du fil conducteur, sur l'armature.

Marcel Deprez a calculé, par des considérations arithmétiques très simples, le travail des machines Gramme (type C) ainsi modifiées. L'exactitude de son calcul a été assez nettement démontrée par les expériences qu'il a faites à l'exposition d'électricité de Munich, et dans lesquelles il a réussi à transporter, au moyen d'un simple fil télégraphique, la force d'une cascade située au voisinage de Miesbach, jusqu'au palais de cristal de Munich, à 57 kilomètres de distance. D'après des journaux français[1], il a récupéré plus de 60 pour 100 de la force employée. Bien que les résultats exacts obtenus par le comité d'examen de Munich, avec la méthode Deprez, ne soient pas encore connus, le nom du physicien français et la clarté de ses explications sont une garantie suffisante de l'exactitude de l'assertion dont il s'agit.

Les calculs de Deprez se rapportent à deux machines Gramme, type C, absolument identiques; il prend pour base les résultats obtenus, lors de l'essai de cette machine, par la commission de l'École de guerre anglaise. Voici les principales données dont il s'est servi :

Nombre de tours par minute.	1200
Intensité du courant, ampères.	81,22
Force électromotrice, volts .	69,09
Travail absorbé, kilogramm. par seconde .	579
Travail absorbé, par tour, kilogrammètres.	29
Résistance des inducteurs, ohms .	0.15
Résistance de l'armature annulaire, ohms .	0.06

Si l'on donne au fil des électro-aimants inducteurs et au fil de l'armature annulaire une section égale à 1/50 de la section primitive, sans faire changer le *volume total* du fil enroulé, la résistance intérieure de la machine

----

[1]. Voir aussi chapitre XII de ce volume.

devient 2500 fois aussi considérable; car, comme la
longueur des fils est 50 fois aussi grande que la
précédente, tandis que la section n'est que 1/50 de la
section primitive, la résistance devient $50 \times 50 = 2500$
fois aussi grande que dans les machines Gramme ordinaires du type C.

Les données précédentes deviennent donc :

Résistance des aimants inducteurs, ohms .   375
Résistance de l'armature annulaire . . .   150

Total. . .   525

Si l'on a deux machines Gramme semblables, ainsi
modifiées, et qu'on les réunisse par un fil télégraphique
ordinaire, en fer galvanisé, de 4 millimètres de diamètre et de 50 kilomètres de longueur, la résistance
totale se répartira comme il suit :

Machine génératrice du courant, résistance
   en ohms   525
Ligne (50×9) ohms   450
Machine réceptrice fournissant du travail .   525

Total. . .   1500

Pour que l'intensité du champ magnétique reste la
même que dans les expériences de Chatam, il faut que
le produit du nombre de spires du fil inducteur par
l'intensité du courant reste le même. Or, la longueur
du fil est 50 fois aussi considérable qu'auparavant et
par suite le nombre de tours sur l'armature est 50 fois
aussi considérable. Il faut donc que l'intensité du courant soit réduite à 1/50; en d'autres termes, il faut faire
en sorte que l'intensité du courant, au lieu d'être de
81,22 ampères comme dans les expériences de la commission anglaise à Chatam, ne soit que de 1,624 ampères.

Pour obtenir cette intensité de courant dans tout le

5

circuit, il faut une force électro-motrice de $1,624 \times 1500$ volts, soit de 2437 volts. Or, si l'on prenait 50 fois autant de spires qu'auparavant, la force électro-motrice deviendrait également 50 fois aussi considérable, pourvu que l'on ne fît pas varier la vitesse de rotation. Pour une vitesse de 1200 tours par minute, la force électro-motrice serait donc de $69,9 \times 50 = 3495$ volts.

Mais on n'a besoin que d'une force électro-motrice de 2437 volts (la machine réceptrice étant immobile). Il faudra donc réduire la vitesse de rotation, en raison de cette moindre exigence. D'après ce que j'ai dit plus haut, il faudra la réduire dans le rapport de 2437 à 3495. Elle devrait donc être de $1200 \times \dfrac{2437}{3495} = 835,5$ tours par minute. et la force motrice nécessaire pour produire un pareil courant serait de $\dfrac{2437 \times 1624}{9.81} = 403$ kilogrammètres par seconde.

Le nombre de tours du fil des aimants inducteurs et de celui de l'armature ou. comme on dit, du fil des inducteurs et du fil des induits, — étant 50 fois aussi grand que dans la machine de Chatam, et le courant étant 50 fois moindre, il est évident que les efforts mécaniques développés entre les inducteurs et les induits sont restés les mêmes, c'est-à-dire que si on laissait tourner la seconde machine en maintenant constante l'intensité du courant (1,624 ampères). elle développerait 29 kilogrammètres par tour.

Si l'on voulait qu'elle développât un travail de 10 chevaux-vapeur ou 750 kilogrammètres par seconde. elle devrait faire $\dfrac{750}{29}$ tours par seconde, soit $\dfrac{750 \times 60}{29}$ $= 1552$ tours par minute.

Mais, pour que l'intensité du courant reste constante,

il faut, comme je l'ai déjà dit, que la différence des vitesses de rotation des deux machines soit constante. Il faut donc porter la vitesse de rotation de la seconde machine à $1552 + 835 = 2387$ tours par minute.

Comme je l'ai expliqué précédemment, le travail ou l'effort mécanique de chaque machine par tour est indépendant de la vitesse de rotation, le courant restant constant; la machine génératrice du courant absorbera donc également 29 kilogrammètres par tour, ou par seconde $\dfrac{29 \times 2387}{60} = 1154$ kilogrammètres, soit 15,4 chevaux.

Le rendement économique, dans la transmission de la force au moyen de ces deux machines, c'est-à-dire le rapport entre le travail restitué par la seconde machine et le travail absorbé par la première, aura pour expression :

$$\frac{29 \times 1552}{29 \times 2387} = \frac{1552}{2387} = 65\,^{0}/_{0}.$$

Le travail total de 1154 kilogrammètres par seconde, absorbé par la machine génératrice, se répartit donc comme il suit :

	Par seconde.
Travail récupéré par la seconde machine	750 kilogrammètres
Travail qui apparaît dans la totalité du circuit, sous forme de chaleur.	404 —
	1154 kilogrammètres

Si l'on désirait savoir exactement comment est répandue dans les diverses parties du circuit la chaleur qui apparaît dans la totalité, il serait facile de le trouver. On sait, en effet, que $Q = I^2 R$, et, comme nous connaissons les résistances des diverses parties, il suffit de les multiplier par le carré de l'intensité du courant et de les diviser par 9,81, pour avoir la réponse en kilogram-mètres.

On trouve de cette manière :

kilogrammètres
par seconde

$$\text{pour la machine génératrice,} \quad \frac{525 \times 1,624^2}{9,81} = 141$$

$$\text{pour la machine réceptrice,} \quad \frac{525 \times 1,624^2}{9,81} = 141$$

$$\text{pour le fil conducteur,} \quad \frac{450 \times 1,624^2}{9,81} = 121$$

$$\overline{403}$$

De tout ce calcul, il ressort que, avec deux machines Gramme, type C, dont les spires ont été modifiées de la façon que j'ai indiquée, il est facile de transmettre un travail utile de 10 chevaux à 50 kilomètres de dis-tance, au moyen d'un fil télégraphique ordinaire, en employant, à la station de départ, une force motrice d'environ 16 chevaux.

Le rendement serait, en réalité, un peu moindre, par suite des pertes de travail provenant des courants d'in-duction parasites, développés dans les masses en mou-vement des deux machines, ainsi que par l'effet des frot-tements, vibrations, etc., résultant d'un mouvement de rotation très rapide.

Quant à l'isolement nécessaire pour un tel transport de force, on peut l'obtenir par des méthodes déjà con-nues. Ce n'est pas seulement une espérance, basée sur le futur perfectionnement des méthodes d'isolement, comme serait, par exemple, ainsi que je l'ai démontré dans le chapitre IV, l'isolement d'un câble destiné à transporter les forces de la cataracte du Niagara.

La force électro-motrice développée dans l'exemple de Deprez, par la machine génératrice exécutant 2387 tours par minute, serait environ le double de celle qui correspond à une vitesse de rotation de 1200 tours. et qui. comme je l'ai dit plus haut, est égale à 3495 volts. On obtiendrait donc ainsi une force électro-motrice de 6952 volts : c'est celle qui serait fournie par 6440 éléments de Daniell.

Il est certain qu'un courant d'une tension aussi élevée exigerait un isolement très soigné des fils conducteurs. Mais la difficulté de cet isolement n'est pas insurmontable, puisque, dans le but de faire sauter les mines, on est parvenu, depuis longtemps déjà, à transmettre à plusieurs kilomètres l'étincelle d'une bobine d'induction dont la tension est bien supérieure.

On voit donc qu'on peut déjà résoudre. avec les machines construites jusqu'à présent et avec les ressources actuellement connues, un grand nombre de problèmes de transmission de force. Les résultats seront bien plus favorables encore quand on aura perfectionné rationnellement la construction des machines et quand, je le répète encore une fois, on emploiera de grandes machines au lieu de petites. Edison a fait. à cet égard, un pas dans la bonne direction. Les spécialistes intelligents reconnaîtront que Deprez a résumé nettement la situation, quand, dans une de ses conférences à Paris, il a prononcé ces paroles : *L'avenir est aux grandes machines.*

CHAPITRE VI

Les conducteurs électriques.

D'après la loi de Ohm, expliquée page 40, on peut démontrer, pour des conducteurs de forme prismatique ou cylindrique, par conséquent pour des fils, que la résistance R est directement proportionnelle à la longueur l et inversement proportionnelle à la section transversale f ; par conséquent

$$R = \rho \frac{l}{f},$$

ρ étant la résistance que présenterait une portion du conducteur, de longueur 1 et de section transversale 1. Cette grandeur ρ dépend de la constitution matérielle du conducteur et s'appelle *résistance spécifique*.

Les longueurs (l) étant mesurées en mètres, et les sections (f) en millimètres carrés, la résistance spécifique du mercure est égale à l'unité de résistance de Siemens. Par contre, la résistance spécifique du mercure serait 0,000001 unité Siemens, si l'on exprimait les sections (f) en mètres carrés. Prenons le premier nombre pour base, nous aurons alors les nombres relatifs suivants pour les résistances spécifiques des métaux et alliages les plus usuels à 0°C.

Mercure. 1,0000
Maillechort, recuit. 0,2775
Plomb pur 0,2075

Platine, recuit 0,1647
Fer recuit 0,1272
Étain pur 0,1214
Acier recuit 0,1149
Laiton recuit 0,0723
Cadmium pur, écroui 0,0716
Zinc — — 0,0621
Aluminium recuit 0,0324
Or pur 0,0227
Argent recuit 0,0201
Cuivre pur, recuit 0,0179
Argent pur, recuit 0,0161

De faibles quantités d'autres métaux suffisent à amener des changements très importants dans les résistances spécifiques : les fils de cuivre qu'on trouve dans le commerce ont quelquefois des résistances qui vont jusqu'à 0,0577.

Du reste la résistance de conductibilité dépend aussi de la température ; elle croit généralement avec l'augmentation de la température du conducteur.

Si l'on désigne par r_0 la résistance à 0°C, on peut calculer la résistance à t_0 d'après la formule suivante :

$$r_t = r_0 (1 + \alpha t + \beta t^2).$$

Dans cette formule et pour le platine,

$$\alpha = 0.002454, \quad \beta = 0,000\,000\,594.$$

Siemens donne une formule différente :

$$r_t = r_0 (\alpha T^{\frac{1}{2}} + \beta T + \gamma).$$

Dans cette formule et pour le platine

$$T = \text{la température absolue} = 273 + t,$$
$$\alpha = 0,039\,369,$$
$$\beta = 0,002\,164\,07,$$
$$\gamma = 0,241\,27.$$

C'est de cette formule que Siemens se sert pour son pyromètre.

Indépendamment de la conductibilité électrique, la ténacité absolue joue aussi un grand rôle dans le choix de la matière d'un conducteur électrique. Il faut de plus tenir compte du prix.

Relativement à la conductibilité et à la ténacité, on trouvera dans les tableaux suivants toute une série de résultats d'expériences très intéressantes dues à la maison bien connue Felten et Guilleaume, de Cologne. Le premier tableau donne dans la première colonne verticale, la ténacité en kilogrammes, pour un millimètre carré de section; dans les quatre autres, la même valeur pour les diamètres de fil les plus usités. Dans quatre autres colonnes, on trouve la résistance pour un kilomètre de longueur de fil en ohms ou en unités Siemens, à une température de 15°C. La dernière colonne enfin contient la conductibilité par rapport au cuivre. On a distingué deux qualités : les fils durs et les fils doux.

Résultats de la première série d'essais.

SUBSTANCE	1 mill. carré de section.	Tenacité en kilogrammes pour				Résistance en ohms pour				Conductibilité, celle du cuivre étant 100.
		4,0	2,5	2,0	1,25	4	2,5	2,0	1,25	
		Millimètres de diamètre du fil.								
Fil de cuivre.	28	352	137	88	34	1,5	3,7	5,8	14,8	100,0
Bronze phosphoreux . . .	55	690	270	173	67	6,5	16,8	26,2	67,4	22,0
Fil de fer écroui, suédois, galvanisé. doux	36	452	176	113	44	8,7	22,4	34,9	90,0	16,5
dur	50	628	245	157	61					
Fil d'acier Bessemer, suédois, galvanisé. doux	40	502	196	126	49	9,0	23,1	36,0	92,6	16,0
dur	60	754	294	188	73					
Fil de fer au charbon de bois, allemand, galvanisé . . . . doux	40	502	196	126	49	10,3	26,4	41,1	106,0	14,0
dur	55	690	270	173	67					
Fil de fonte, Siemens-Martin, galvanisé. doux	42	528	206	132	51	10,8	27,7	43,3	111,5	13,3
dur	65	816	319	204	79					
Fil de fer au coke, galvanisé . . . . doux	40	502	196	126	49	12,0	30,8	48,0	123,5	12,0
Fil d'acier fondu, gal-vanisé . . . . . doux	95	1193	466	298	116	13,7	35,2	54,9	141,2	10,5
dur	140	1758	686	440	171	15,2	38,9	60,6	156,0	9,5

Résultats de la seconde série d'essais.

SUBSTANCE	1 mill. carré de section.	Ténacité en kilogrammes pour							Résistance en ohms pour							Conductibilité, celle du cuivre étant 100.
		1	1,25	2	2,5	3	4	5	1	1,25	2	2,5	3	4	5	
		Millimètres de diamètre du fil.														
Fil de cuivre pur. .	28	21,1	34	88	137	197	352	549	23,3	14,8	5,8	3,7	2,5	1,5	0,9	100,0
Fil de cuivre silicié, brevet Weiller. .	70	55,6	87	219	343	494	879	1374	38,1	22,2	9,5	5,1	4,2	2,4	1,5	61,0
Bronze phosphoreux Weiller.	90	70,2	112	282	441	636	1131	1766	76,4	41,6	19,3	10,2	8,4	5,6	3,0	30,0
Fil de fer suédois, galvanisé	36	28,0	44	113	176	254	452	706	140,0	90,0	34,9	22,4	15,4	8,7	5,5	16,5
Acier Bessemer, galvanisé	40	31,2	49	126	196	282	502	785	165,3	106,0	41,1	26,4	18,2	10,3	6,5	16,0
Acier Martin - Siemens, galvanisé .	42	32,7	51	132	206	296	528	824	174,2	111,5	43,3	27,7	19,2	10,8	6,9	13,3
Fil d'acier fondu et breveté, galvanisé.	95	74,1	116	298	466	671	1193	1864	220,0	141,2	54,9	35,2	24,3	13,7	8,7	10,5

Un troisième tableau contient des indications relatives aux fils conducteurs de diverses matières, pour une égale résistance : cette résistance a été fixée à 68 unités Siemens ou à 68 ohms, par kilomètre de longueur de fil, à 15°C. Pour le calcul des portées maxima et des flèches minima, on s'est appuyé sur les formules suivantes :

$$1.\ \text{La portée}\qquad a = \sqrt{\frac{8\,f\,S}{g}}$$

$$2.\ \text{La flèche}\qquad f = \frac{g a^2}{8\,S}$$

dans lesquelles G $=$ le poids par mètre courant en kilogrammes, S $=$ la tension admissible $= \frac{1}{4}$ de la charge de rupture.

SUBSTANCE	Épaisseur du fil.		Résistance à la rupture.		Résistance proportle.	Poids par kilomètre.	Portée maxima pour une flèche de 0,75 à 100m.	Flèche minima pour une portée de 100 m.	Portée proportionnelle.	Prix pour		Prix proportionnel.
	Nombre calculé.	Nombre rond.	par section de 1 millim carré.	pour le fil d'essai.						100 kilogramm.	1 kilomètre.	
	Millim.		Kgr			Kgr.	Mètres.			Francs.		
Bronze phosphoreux . .	1,25	1,25	55	67	100	10,94	92	0,82	100	360 »	43.75	100
Cuivre . . .	0,58	0,6	28	8	12	2,52	48	1,58	52	300 »	7,55	17,3
Fil de fer au coke, galvanisé . .	1,68	1,7	40	91	136	17,34	79	0,95	86	43,75	8,45	19⅓
Fil de fonte, galvanisé .	1,60	1,6	65	131	196	15,36	128	0,59	139	61,25	9,42	21,5
Fil d'acier fondu et brev. galv. doux	1,80	1,8	95	242	361	19,44	187	0,40	203	80 »	15,55	35,5
id. dur	1,89	1,9	140	397	593	21,66	275	0,27	300	86,25	18,67	42,7

En étudiant les télégraphes électriques, on a fait les observations les plus complètes sur les conditions auxquelles doivent satisfaire de bons conducteurs. C'est pourquoi je parlerai d'abord des fils télégraphiques, avant de passer aux conducteurs pour le transport de la force. Les conditions les plus importantes que doit remplir un bon conducteur électrique sont une bonne conductibilité, la continuité et un isolement aussi parfait que possible. Au lieu de se servir d'un fil de retour comme on le faisait toujours au début, on enfouit maintenant dans la terre les extrémités du fil à la station de départ et à la station d'arrivée : on les rive à de grandes plaques de cuivre ou de zinc qu'on place dans des fosses, autant que possible au-dessous du niveau de l'eau, ou bien on les fixe à des rails, à des tuyaux de fonte, etc., que l'on enfonce dans le sol. Les tuyaux de métal, les conduites de gaz et d'eau sont d'excellents conducteurs. Le sol ne fait fonction d'un bon conducteur que quand les plaques et les rails, etc., sont enfouis dans une couche constamment humide. Selon Wheatstone, du reste, la terre ne doit pas être considérée comme un chemin entre les deux sources d'électricité, mais comme une sorte de réservoir dans lequel s'écoule le courant électrique.

On ne fait plus guère en cuivre les conducteurs aériens ; ils sont en fer ou en acier, qu'on se procure à meilleur marché, et ils ont généralement 3 à 5 millimètres d'épaisseur. Pour les lignes téléphoniques, on est descendu quelquefois jusqu'à 2 millimètres. D'autre part, dans les pays méridionaux, on va quelquefois jusqu'à 8 millimètres. Les fils, tels qu'on les trouve dans les lamineries ou tréfileries, ont 80 à 100 mètres de long ; on les relie entre eux de telle sorte que non seulement ils tiennent solidement, mais qu'ils aient un contact métallique solide. La figure 10 montre les systèmes d'attache les plus usités : A, joint par torsade; B et C, joint par ligature; D, joint par serrefil. Les deux premières méthodes sont suffisamment expliquées par les gravures; elles méritent la préférence, mais elles ont besoin d'être pratiquées avec beaucoup de soin et elles exigent que l'on soude les joints ou qu'on les recouvre d'un enduit de plomb ou de gutta-percha, constituant manchon, pour protéger la surface de contact contre l'oxydation.

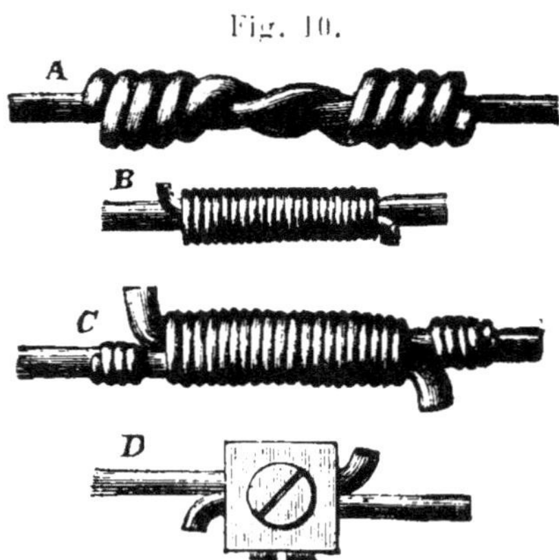

Fig. 10.

Selon Ludwig, l'usure annuelle des fils de fer télégraphiques ordinaires, par l'effet de l'oxydation, est de 2/100 de millimètre. On a essayé de remédier à cet inconvénient, soit en galvanisant le fil (en le recouvrant d'une couche de zinc par immersion dans un bain de zinc fondu), soit en l'enduisant de couleurs à l'huile ou de goudron; mais sans grand succès. On a obtenu des résultats un peu moins mauvais en plongeant le fil dans de l'huile de lin très chaude.

Le fil d'acier et de cuivre usité en Amérique (*compound telegraphwire*) se compose d'un noyau en fil d'acier étamé d'excellente qualité, sur lequel on a appliqué deux bandes de cuivre étamées des deux côtés; on a fait passer le tout dans une filière, et les deux bandes de cuivre se sont soudées immédiatement grâce à la chaleur résultant de cette opération. Le poids d'un

tel fil d'acier et de cuivre, inventé par Farmer et
Milliken de Boston, fabriqué par les frères Siemens à
Londres, ne serait, à longueur et résistance égales, que
le tiers du fil de fer télégraphique ordinaire. En outre,
ce fil aurait une grande ténacité et une grande durée.

Les fils aériens sont généralement supportés par
des poteaux, munis d'isolateurs en porcelaine ou en
grès, autour desquelles le fil est enroulé. A la traversée des murs et aux stations finales, on ne se sert pas
de fil de fer, mais de fil de cuivre recouvert de gutta-
percha, de caoutchouc, etc.

Les fils souterrains ont besoin d'être isolés avec
beaucoup plus de soin encore. On les fabrique généralement au moyen d'un ou de plusieurs fils de cuivre,
que, au préalable, on a soin d'enduire uniformément
d'une enveloppe de gutta-percha ou de caoutchouc.
Cette enveloppe n'est pas attaquée par l'eau froide,
par l'alcool ou par les acides faibles, même par l'acide
chlorhydrique, et elle n'est que peu attaquée par l'a-
cide sulfurique. On enfouit le fil à peu près à un mètre
dans le sol. Le fil ainsi isolé, pour le mieux protéger
contre les rongeurs et contre les influences mécaniques,
on l'entoure d'une spirale de fils d'acier ou de fer,
très serrés, de telle sorte qu'il ressemble à un câble
métallique.

Un des câbles souterrains les plus longs est celui de
Paris à Marseille. Il longe la rive droite du Rhône le
long de la route. Les tuyaux sont placés à 1 mètre et
demi de profondeur dans le sol. De 5 en 5 hectomètres,
il y a des chambres par lesquelles on peut arriver au
câble. D'hectomètre en hectomètre, un regard en fonte
facilite l'inspection du câble. Ce câble va rejoindre
celui de l'océan Atlantique à la Méditerranée.

Les câbles de Felten et Guilleaume de Cologne, qui

sont les conducteurs télégraphiques normaux adoptés en Allemagne, sont constitués par sept fils de cuivre de 6 millimètres d'épaisseur, tordus ensemble de manière à constituer un câble de 5 millimètres d'épaisseur, et enveloppés de gutta-percha. La torsade est entourée d'un lien qui a été trempé dans un mélange de trois parties de gutta-percha, une partie de goudron de bois et une partie de résine. On a ensuite enveloppé de gutta-percha chaude, on a enroulé un lien imbibé, on a coulé, tout autour, de la gutta-percha chaude, enfin on a enroulé sur le tout du chanvre goudronné, jusqu'à une épaisseur totale de 17 millimètres. Pour protéger extérieurement, on entoure les câbles avec du fil de fer galvanisé, de 4 millimètres d'épaisseur, en rapprochant les tours suffisamment pour que 250 millimètres de fil de fer correspondent à une spire de chacun des seize fils métalliques. Enfin on recouvre l'ensemble, d'un bon enduit de goudron de houille.

Du reste, Felten et Guilleaume fabriquent aussi un grand nombre de câbles d'autres dimensions et d'autres constructions.

Quelquefois on place les fils sans enveloppe ou simplement recouverts de caoutchouc, dans des tranchées maçonnées, qu'on remplit ensuite de ciment ou d'asphalte, de sorte que le fil conducteur est tout entouré par cette masse isolante et protectrice.

Dans le système de Brooks, qui s'est révélé à l'Exposition d'électricité de Paris, les fils (de cuivre) sont placés, dans des tuyaux de fonte, avec du pétrole qui sert d'isolateur. Aux points de réunion ces tuyaux sont recourbés en forme de siphon. Depuis quelque temps, Brooks ajoute de la paraffine au pétrole, pour donner plus de consistance à l'isolateur. On pourrait craindre en effet que les fils n'arrivassent à se toucher accidentellement, s'ils n'étaient maintenus en place par une masse un peu plus consistante. Le placement des tuyaux de fonte et leur assemblage pourraient, dans la pratique actuelle, rencontrer des obstacles. On peut se demander si l'on ne perd pas, par les difficultés d'installation et d'entretien, ainsi que faute d'un bon isolement, ce que l'on gagne en simplifiant le fil.

Pour, dans ces derniers systèmes, pouvoir arriver en tout temps, aisément, à tous les points du conducteur, on a proposé de remplacer les tranchées maçonnées ou les tuyaux de fonte par des tuyaux de fer segmenté, passé au laminoir.

Fig. 11.

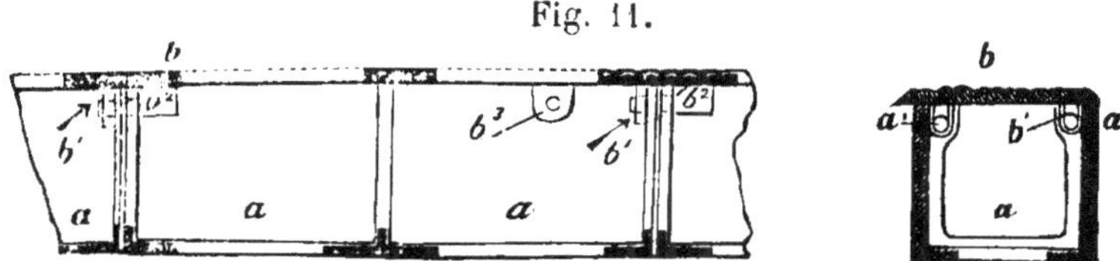

Pour les conducteurs électriques passant dans les rues, William Reddal, de Finsbury (Angleterre), place, bout à bout, sur le bord du trottoir, des caissons de fonte a (fig. 11) en forme de gouttière juxtaposés par leurs bouts ouverts, et munis de couvercles b. Ces couvercles ont d'un côté, deux appendices forés b^1; de l'autre côté deux crochets b^2 peuvent s'engager dans les trous de b^1 ainsi que dans les trous a^1, qui correspondent aux bouts des caissons; ce système maintient en place le couvercle et les caissons. A de plus grandes distances, on emploie un couvercle qui n'a pas les appendices b^2, mais qui, par contre, a des appendices b^3, qu'on rattache au caisson au moyen d'une barrette.

Enfin Clément Labye et Léon de Locht Labye, de Paris, logent des couches successives de fils dans des réservoirs analogues, remplis d'une matière isolante, telle que de l'asphalte, etc. Le système est un peu dispendieux à installer, mais il présente cet avantage que l'on peut augmenter, presque sans frais, les dimensions du conducteur, en logeant plusieurs fils ou plusieurs couches de fils dans le même récipient. Les inventeurs donnent aux caissons $0^m,50$ à $1^m,50$ de long, $0^m,12$ de large et $0^m,09$ de hauteur à l'intérieur ; les parois ont 5 millimètres d'épaisseur, et les couvercles 8 millimètres. Naturellement, rien n'empêche de donner la forme circulaire ou toute autre forme à la section des caisses, de les faire droites, courbes ou brisées, selon tout angle qui peut être prescrit par la direction du conducteur, puis de les munir de prolongements en T pour opérer un embranchement.

Ed. Berthoud et François Borel (de Cortaillod en Suisse) ont montré à l'exposition de Paris une machine à faire des câbles. Elle fonctionnait devant le public. Ces inventeurs remplacent la gutta-percha par du coton et de la paraffine ou de la colophane.

Le coton contient toujours de l'humidité, et l'humidité conduit l'électricité ; le coton à l'état naturel serait donc un mauvais isolateur. Il faut par conséquent le dessécher et ensuite le mettre à l'abri de l'action de l'air. A cet effet, on plonge dans un bain de paraffine fondue, maintenue à une température supérieure à 100°, le fil de cuivre préalablement recouvert de coton par un procédé mécanique. Le coton, ainsi débarrassé de l'eau qu'il contenait, ne tarderait pas à absorber de l'humidité à nouveau. Pour prévenir cet inconvénient, on enveloppe immédiatement ce coton à haute température, d'un fourreau protecteur, imperméable. Ce fourreau est en plomb. Le coton paraffiné est rapidement enfermé dans le plomb.

Pour me résumer, le nouveau câble est un fil de cuivre, entouré de coton imbibé de paraffine : le tout enfermé hermétiquement dans du plomb, sous pression, avec contact complet. Le coton paraffiné, à l'abri de l'humidité, est un excellent isolateur. Des expériences exécutées en grand ont montré que cet isolateur peut remplacer la gutta-percha.

Il est vrai que, dans les procédés antérieurs, on protégeait déjà la gutta-percha par du plomb; mais, quand le câble était terminé, il fallait recourir à une opération complémentaire : il fallait appliquer le fourreau de plomb. On descendait le câble dans des tuyaux de plomb d'un diamètre suffisant pour qu'ils pénétrassent sans contact. On ne pouvait pas faire de morceaux plus longs que 50 à 80 mètres. Il fallait ensuite souder ces morceaux. C'était là un travail long, pénible et coûteux. Souvent aussi l'application du plomb entraînait une déchirure de la gutta-percha et des pertes de courant qui pouvaient rester longtemps sans être découvertes.

La méthode de Berthoud et Borel est bien différente. Le fil, l'isolateur et le plomb sont appliqués l'un sur l'autre et intimement réunis. Ils forment ainsi un tout inséparable.

Examinons maintenant la machine de l'exposition.

Solide et massive, elle occupe, entre quatre colonnes, un espace recouvert d'une plate-forme circulaire à laquelle on arrive par un escalier. On remarque, sur la plate-forme, une petite chaudière, entourée d'une couronne de flamme de gaz donnant une lumière bleuâtre. On introduit dans la chaudière, contenant de la paraffine fondue, le fil de cuivre préalablement recouvert d'un réseau de coton paraffiné.

Un cylindre creux, très fort, en acier, traverse verticalement la plate-forme. C'est dans ce réservoir cylindrique qu'on met le lingot de plomb avec lequel on doit recouvrir le câble. Un piston d'acier peut entrer de bas en haut dans la cavité de ce réservoir supérieur. Ce piston, très épais, est soulevé par de l'eau sous une certaine pression, comme un piston de presse hydraulique. Un évidement cylindrique le traverse de part en part.

Enfin un tube d'acier, conique par en bas, s'engage de haut en bas un peu dans la cavité du piston, en ne laissant entre les parois de cette cavité et le cône qu'un étroit espace annulaire. Le tube d'acier reste dans cette position, tandis que le piston va et vient. Le fil de cuivre et la masse isolante fondue sortant de la chaudière pénètrent ensemble par en haut dans le tube d'acier intérieur; le fil se recouvre alors de paraffine comme la mèche d'une bougie est entourée de stéarine. Le fil et l'isolateur sortent par la partie conique du tube. Le piston, en montant, exerce une pression sur le plomb contenu dans le récipient cylindrique. Le métal est obligé de s'étendre et de sortir par l'ouverture annulaire qui reste entre le tube central et les parois intérieures du piston. De la sorte le plomb entoure de tous côtés le fil et son isolateur, et les enveloppe d'un fourreau métallique. Au fur et à mesure que le plomb continue à monter, il s'écoule, en faisant glisser de haut en bas le fourreau déjà formé, qui de son côté entraine le fil dans le mouvement descendant. De l'intérieur du piston, le câble sort, revêtu de plomb, par une ouverture latérale, et il s'enroule de lui-même sur une bobine destinée à le recevoir.

On peut faire varier à volonté l'épaisseur du revêtement de plomb; elle ne dépend que de la largeur de l'espace annulaire ménagé entre le tube central et les parois du piston. On peut entourer le fil et son isolateur, de fourreaux métalliques aussi épais ou aussi minces que l'on veut.

On le voit : la disposition de cette presse à plomb est très simple. Berthoud et Borel ont appliqué le même principe que celui des presses servant à la fabrication des tuyaux de grès ou de plomb, ainsi qu'à celle du macaroni. Seulement, dans leur procédé, la partie centrale, au lieu d'être massive, est creuse, pour laisser passer le fil métallique qui doit être enveloppé.

Un homme suffit pour faire entrer dans la chaudière le fil et la paraffine, pour remplir de plomb le récipient cylindrique et surveiller le travail. C'est tout ce qu'il faut, avec la machine de Berthoud et Borel, pour transformer un fil de cuivre en un câble parfait et fournir, sans interruption, de grandes longueurs de conducteurs électriques. La machine fait facilement 25 mètres de câble par minute. La Société qui exploite le système de Borel et Berthoud a monté une importante fabrique à Grenelle-Paris et une autre à Cortaillod, près de Neufchâtel en Suisse.

Quand les câbles doivent être placés sous terre, on les fait passer une seconde fois dans la presse pour les munir d'un nouveau fourreau de plomb. Entre les deux fourreaux on dispose une masse imperméable, par exemple, la matière gluante que laisse la distillation du goudron de houille. Avec cette triple cuirasse, les nouveaux câbles ne sont exposés à aucun danger. On peut, bien entendu, introduire plusieurs fils entourés d'une mince couche de plomb, dans une masse isolante, que l'on recouvre ensuite elle-même de plomb : on obtient ainsi des câbles qui ont jusqu'à 14 fils et davantage et qui sont complètemet isolés.

La figure 12 ci-dessous représente un câble de ce genre, à 3 fils *k*, isolés par du coton imprégné *b*. Le tube de plomb *p* est isolé à son tour, au moyen d'une couche *b'*, de coton imprégné. Le tout repose dans une masse isolante *i* et dans deux tuyaux de plomb *p'* et *p"*, séparés l'un de l'autre par du goudron. On peut envoyer un courant positif par le conducteur de transmission *k*, en cuivre, pendant qu'on envoie un courant négatif par le conducteur auxiliaire *p* (tuyau de plomb) : les effets d'induction se neutralisent, si les deux conducteurs ont des résistances égales.

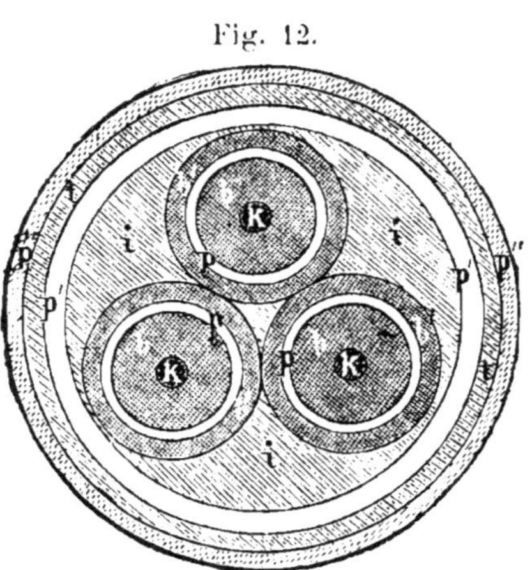

Fig. 12.

On évite de cette manière le fil de retour nécessaire, avec les autres câbles, pour empêcher que les fils ne produisent les uns sur les autres des courants d'induction : le courant lancé dans le fil *k* revient par le tube de plomb. Ce dernier, à vrai dire, est un bien moins bon conducteur que le cuivre; mais, comme la section du tuyau est relativement considérable, on gagne par le diamètre ce que l'on perd en conductibilité. On trouve, à cette combinaison, un avantage économique considérable. Les nouveaux câbles, étant fabriqués à la machine, très rapidement, sans salaires coûteux, et étant pourvus d'un isolateur à très bon marché, ne reviennent naturellement pas à des prix aussi élevés que les isolateurs usités jusqu'à présent.

A l'exposition, la société Jablochkoff se servait de

ces câbles pour conduire le courant aux bougies électriques de diverses machines. 15,000 mètres de câble Berthoud et Borel transportaient de la force et de la lumière dans les diverses parties du palais de l'exposition. La même société a posé récemment 5,000 mètres de câble, pour l'éclairage de l'Opéra par le système Jablochkoff. Un câble à plusieurs conducteurs, posé dans les égouts de Paris, reliait le ministère des télégraphes à l'exposition. On avait aussi posé dans les égouts quelques kilomètres de fil pour conduites téléphoniques.

La société Siemens et Halske de Berlin a pris un brevet récemment pour un procédé de fabrication de conducteurs isolés : ce procédé consiste à mettre les fils, entourés de jute, de coton, de lin, de chanvre, etc., dans un récipient où se trouve, soit de l'acide sulfurique concentré, soit toute autre substance hygroscopique; à vider ce récipient pour faire écouler l'eau contenue dans la fibre textile, puis à faire le vide dans le récipient et à faire pénétrer, dans les pores de la matière textile, de l'huile de caoutchouc, ou un mélange d'huile de caoutchouc avec des résines ou d'autres corps analogues, afin de boucher ces pores avant qu'ils ne reviennent au contact de l'air humide.

Arthur Thaddeus Woodward de New-York prépare une matière isolante, de la manière suivante : Il mélange soixante-six parties, en poids, de poudre fine de verre ou de quartz, et trente-quatre parties de résine végétale ou minérale, également broyée fin; il ajoute au mélange vingt-six parties de paraffine, de cire d'abeille ou de spermacéti et trois parties d'huile de lin cuite ou crue. La proportion du mélange diffère selon les circonstances. Pour les fils aériens, il faut peu de cire, à cause du soleil; pour les lignes souterraines, c'est le contraire.

Les *conducteurs électriques sous-marins*, s'usant davantage, ont besoin d'être construits avec plus de soin. Dans beaucoup de mers, ils sont suspendus librement, sans point d'appui, jusqu'à de grandes distances. Ailleurs, ils sont ballottés par les tempêtes sur des fonds de rochers. Aujourd'hui les procédés pour poser et pour retirer les câbles sous-marins sont très perfectionnés : il est maintenant facile, en quelque sorte, de repêcher des câbles à 4,000 mètres de profondeur, de les couper, de les remonter et de les réparer. La fabrication des câbles a exercé une grande influence sur les progrès de l'électricité : il a fallu créer des méthodes de mesure, d'examen, de transmission, qui à leur tour ont provoqué des découvertes heureuses et des applications fécondes.

Au début on a rencontré beaucoup de difficultés. Le premier câble fut immergé entre Calais et Douvres, e 28 août 1850; quelques jours plus tard, il se rompit près de la côte. Le 26 septembre 1851, il était réparé.

Quand il s'agit du câble transatlantique, on commença par opérer des sondages dans le lit de l'Océan. Ces longues recherches révélèrent qu'il est formé par une immense plaine, à 3,500 mètres de profondeur, limitée, du côté des deux continents, par deux abîmes à pic. C'est alors qu'on se décida à poser un câble entre l'Europe et l'Amérique. La première tentative fut faite le 5 août 1857. Elle échoua : le câble se rompit pendant la pose. On recommença, cette fois avec succès, en juillet 1858. Sans doute, on se souvient encore de l'enthousiasme avec lequel furent reçues les premières dépêches qui avaient traversé l'Océan. La reine Victoria échangea quelques mots de félicitations avec le président Buchanan. En Amérique, il y eut pendant quelques jours fêtes sur fêtes, processions et feux d'artifice. A New-York, la joie n'eut pas de bornes; on illumina si bien qu'on finit par mettre le feu à l'hôtel de ville, dont le toit et la coupole furent complètement détruits. Cependant le plaisir ne fut pas de longue durée. A peine un mois s'était-il écoulé, les dépêches n'arrivaient plus à destination. On rechercha en vain la cause de l'interruption. Ce ne fut que sept années plus tard, en 1865, que la Société fondée par l'ingénieur américain Cyrus Field se décida à faire une troisième tentative sans se laisser rebuter par les pertes considérables qu'elles avait déjà subies. Ce fut le *Great-Eastern* qui prit le câble à bord. Après un heureux début, le câble se rompit, et il fallut que l'expédition reprît le chemin de l'Angleterre. On avait posé les deux tiers du câble. Le 15 juillet de l'année suivante, le *Great Eastern,* chargé d'un nouveau câble, partit de Valentia. Le 28 juillet, à l'heure

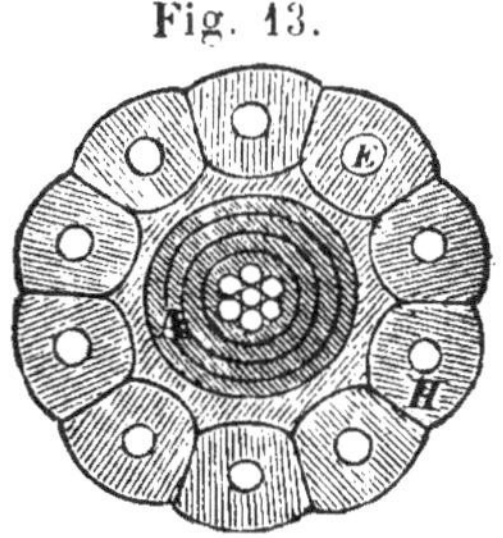

Fig. 13.

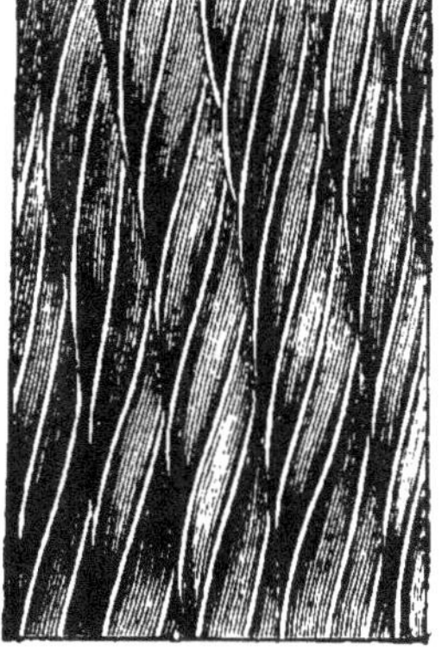

annoncée d'avance, et sans avoir subi aucun accident, on débarqua le câble à Heart's Content sur la côte du Nouveau-Monde.

Le 12 août, le *Great Eastern* revint à l'endroit où, l'année précédente, avait eu lieu l'accident, et après vingt jours de dragages inutiles, le câble rompu fut ramené à bord. On le souda avec un nouveau morceau qui fut alors porté jusqu'en **Amérique**, et ce continent fut ainsi relié à l'Irlande.

Depuis cette époque les communications entre les deux mondes n'ont plus été interrompues : la télégraphie transatlantique était à jamais créée.

La fig. 13 donne la coupe et l'élévation d'un morceau du dernier câble transatlantique. Les fils métalliques protecteurs **E** sont enveloppés de fil de jute, trempé

Fig. 14.

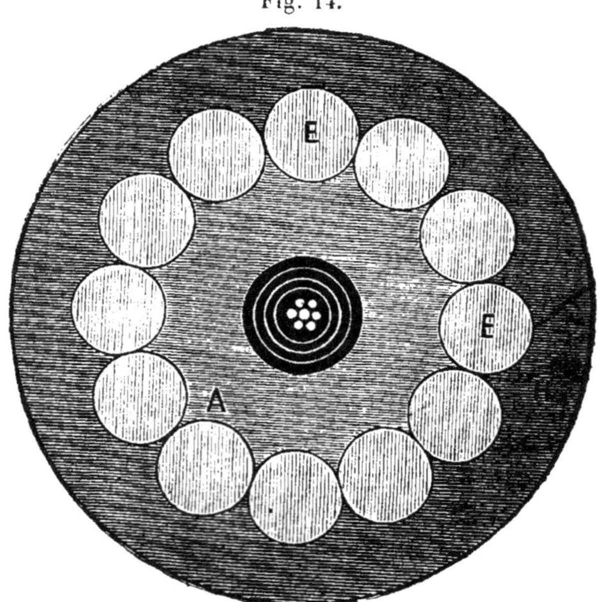

dans une solution de cachou. Au milieu se trouve le conducteur proprement dit qui se compose de sept fils de cuivre isolés les uns des autres. Le faisceau de ces sept fils est entouré de quatre couches de caoutchouc A. L'enduit qui isole les fils de cuivre est la composition de Chaterton, formée de trois parties de gutta-percha, une partie de résine et une partie de goudron de houille.

De même, chaque couche de gutta-percha reçoit un
revêtement de ce genre, revêtement qui a pour objet
de rendre plus imperméable le système des couches de
gutta-percha. Le septuple fil de cuivre pèse 150 kilogrammes par mille marin, et l'enveloppe pèse 1500
kilogrammes, de sorte que le poids total ne dépasse
pas 1650 kilogrammes par mille marin, poids qui pa-
raîtra relativement peu élevé, surtout si l'on considère
que dans l'eau il se réduit à 728 kil. 5. La ténacité
absolue du câble est sept fois aussi grande que son
poids par mille marin, dans l'eau.

La fig. 14 représente la coupe d'un morceau du
bout du câble susdit; les bouts, à cause des remous
de la mer près du rivage, subissent plus de frottements
que la partie centrale : aussi ont-ils besoin d'être protégés d'une façon toute spéciale. L'esquisse représente
ce câble en grandeur naturelle. On aperçoit au milieu
les sept fils de cuivre enveloppés de gutta-percha. E
est un fil de fer, galvanisé avec soin, et entouré de
chanvre de Manille. Il est encore du fil de jute tanné
avec une solution de cachou. A représente la masse
isolante, en asphalte.

CHAPITRE VII

La propagation et la distribution du courant électrique

Dans les chapitres III à V, le lecteur a vu que le transport de la force à de grandes distances ne présente pas de difficultés insurmontables et que les moyens actuellement connus permettent déjà de tirer grand parti de ce transport de force.

Pour utiliser réellement ainsi de grandes forces dans la pratique, il faudra non seulement transporter au loin une partie très considérable de ces forces, mais encore trouver des dispositions pour transporter en divers lieux telles quantités qu'on voudra de la force totale: en d'autres termes, il s'agira de fractionner les forces transportées au moyen du courant électrique.

Pour mettre en mouvement, au moyen du courant électrique des machines primaires, un certain nombre d'appareils différents, par exemple, il est nécessaire de pouvoir amener à chacun de ces appareils la force exactement nécessaire pour son fonctionnement. Mais, pour que les divers appareils puissent travailler à diverses époques ou simultanément, tout en restant indépendants les uns des autres, il sera nécessaire de pouvoir distribuer le courant de telle sorte qu'en amarrant un appareil sur le circuit ou en le détachant, on ne produise pas de perturbations dans la marche des autres appareils.

Mais la quantité totale d'énergie à transporter devra

changer selon qu'on introduira des appareils dans le circuit ou qu'on les en fera sortir; il s'agit donc, avant tout, de régulariser cette quantité, qui peut être désignée par IE.

Pour atteindre ce but, on peut :

1° Faire varier simultanément I et E, ou

2° Laisser I constant et faire varier E, ou

3° Laisser E constant et faire varier I.

Dans la pratique, il serait trop compliqué de faire varier simultanément E et I. Le second cas exigerait que tous les appareils fussent introduits dans le même circuit, du moins par séries.

Dans le troisième cas, chaque appareil devrait se trouver dans un circuit extérieur. En d'autres termes, les appareils seraient insérés en dérivations.

Pour se faire une idée claire de ces deux méthodes, qu'on imagine une disposition pour l'emploi des forces hydrauliques. Si l'on désire, par exemple, faire marcher plusieurs turbines par une seule chute d'eau, on peut les disposer les unes au-dessus des autres, pourvu que la hauteur de la chute soit suffisante.

Dans ce cas, chaque turbine recevra la masse d'eau tout entière; mais la hauteur de la chute sera différente pour chaque turbine, et, si l'on veut insérer une nouvelle roue hydraulique, il faudra augmenter cette hauteur.

Si l'on dispose toutes les turbines les unes à côté des autres, chacune d'elles ne recevra qu'une partie de la masse d'eau, mais la hauteur d'où l'eau se précipite sera la même pour toutes, et pour insérer encore une turbine, il faudra fractionner la masse d'eau, en laissant invariable la hauteur de la chute.

Les turbines étagées correspondent, dans le transport de force par l'électricité, aux dispositions où I reste constant ; les turbines, à un même niveau, correspondent à la constance de E.

Pour que I reste constant, dans les divers appareils marchant par l'électricité, il faut donc gouverner E au moyen d'un régulateur ; pour que E reste constant, il faut être maître de I.

Au premier coup d'œil, il ne paraît pas nécessaire de régler I, puisque les changements de résistance du courant, produits par l'introduction ou la séparation d'un appareil, modifient eux-mêmes I. Il semble, en effet, que, si pour une intensité de courant donnée un seul appareil était en marche, un appareil semblable, inséré sur le circuit par l'intermédiaire d'un embranchement de fil conducteur de même longueur, diminuerait de moitié la résistance totale, le courant devant alors suivre deux chemins à la fois. D'autre part l'intensité du courant devrait être immédiatement doublée, car une nouvelle quantité de courant, égale à la première, pourrait dès lors couler dans le circuit total : l'insertion du second appareil produirait donc elle-même automatiquement le courant nécessaire.

Cette manière de voir a pour point de départ une grande erreur ; car, dans les déductions précédentes on a oublié que tout moteur électrique a une certaine résistance intérieure, sans laquelle il serait impossible de produire un courant. Donc, lorsqu'on insérera le second appareil, la formule $I = \dfrac{E}{R}$ ne se transformera pas en $I_1 = \dfrac{E}{\dfrac{R}{2}}$, c'est-à-dire que l'on n'aura pas $I = 2\,I$, mais il faudra faire entrer en compte la résistance du moteur lui-même ; on aura donc $I = \dfrac{E}{r + \dfrac{R}{2}}$.

A l'aspect de cette équation, on reconnait immédiatement que, dans le second cas, l'intensité du courant n'est pas le double de ce qu'elle est dans le premier; et, si l'on introduit n dérivations dans le circuit, on change bien la résistance du circuit antérieur en r_1, mais la résistance intérieure de la machine ne change pas ; la variation de l'intensité du courant n'est donc pas exactement proportionnelle aux besoins.

Supposons, par exemple, que la force électro-motrice qui reste constante $E = 100$, que la résistance intérieure du moteur $r = 2$, et que la résistance intérieure, j'entends celle du circuit avec celle de l'un des appareils à faire marcher $= 20$, on aura pour l'intensité, I, du courant, l'équation $100 = \dfrac{I}{2 \times 20}$. Si l'on insère alors un second appareil, qui, avec sa dérivation de conducteur, ait également une résistance égale à 20, et qui soit construit exactement comme le premier, il faudra, pour qu'il marche, doubler exactement l'intensité du courant. Il ne suffira pas, pour y arriver, d'insérer l'appareil et la dérivation dont la résistance totale $= 20$, car l'intensité du courant se déduit, dans ce cas, de l'équation $100 = 2 + 20 + 20$; elle est donc égale à 4200, tandis que dans le premier cas elle était égale à 2200. Afin d'être suffisante pour faire marcher le second appareil, il faudrait qu'elle fût égale à 4400.

On voit donc que, pour obtenir l'intensité de courant nécessaire, il faudra continuer de régler I.

Que r soit d'une extrême petitesse, et ce réglage du courant ne sera pas aussi nécessaire. Le physicien russe Gravier emploie des machines d'une très petite résistance intérieure, et, pour diminuer encore cette résistance, il associe en quantité plusieurs moteurs producteurs de courant. Ce système est très pratique dans les cas où l'on emploie des courants de très petite tension. Mais, pour transporter de grandes forces à des distances considérables, on ne peut employer des machines d'une résistance intérieure infiniment petite. Or, pour les courants à haute tension nécessaires au transport de la force, il faudra employer des machines dont la résistance intérieure soit relativement grande. La valeur de r joue donc, dans ce cas. un rôle très important, et par suite il est nécessaire de pouvoir régler I.

Recherchons maintenant, parmi les systèmes de réglage et de fractionnement du courant, quel est celui qui fonctionnera le mieux dans la pratique.

Ce système doit satisfaire à trois conditions principales.

1° Tous les appareils doivent recevoir exactement la partie de force qui leur est destinée et pouvoir servir indépendamment les uns des autres.

2° Le réglage nécessaire à cet effet doit avoir lieu automatiquement et juste au moment convenable, sans exiger un surveillant ou l'emploi de moyens spéciaux.

3° Le réglage doit en même temps être tel que la machine ou les machines génératrices du courant ne fournissent que la quantité totale d'énergie nécessaire pour faire marcher les appareils, chaque fois qu'ils fonctionnent.

Pour satisfaire à ces trois conditions, il sera toujours préférable d'enfermer les divers appareils dans des circuits séparés, au lieu de les réunir les uns aux autres par séries, car ce dernier système fait trop dépendre les appareils les uns des autres ; en outre, dans le premier cas, le réglage est plus facile.

En 1882 et 1883, on a cherché de diverses manières

à opérer pratiquement la distribution du courant; mais presque tous les systèmes employés à cet effet négligent plus ou moins l'une ou l'autre des trois conditions précédentes.

Dans la plupart des systèmes, on fait servir le courant lui-même, quand il est trop fort ou trop faible, à régler la force électromotrice de la machine jusqu'à ce que l'équilibre soit rétabli.

Pour cela on fait venir d'une petite machine supplémentaire le courant des électro-aimants, car de cette manière le champ magnétique devient indépendant du circuit.

Comme la force électromotrice dépend de l'intensité du champ magnétique et que cette intensité, à son tour, dépend du courant de la machine supplémentaire, il suffit de faire varier ce dernier pour obtenir la force électromotrice que l'on désire.

Il est facile d'obtenir ces variations en insérant des résistances dans le circuit et en utilisant à cet effet le courant principal. Le courant principal, quand il est trop fort, insère, par son action sur un électro-aimant, une résistance qui correspond exactement à l'excès d'intensité; quand il est trop faible, il passe à côté d'une ou de plusieurs des résistances insérées.

De cette manière, l'intensité du courant de la machine supplémentaire est modifiée chaque fois; cette machine détermine alors, par sa réunion avec les électro-aimants de la machine principale, un changement correspondant de la force électromotrice de cette dernière.

Le système de réglage et de distribution du courant pour lequel Hospitalier a pris un brevet en 1880 repose sur ce principe. Il y avait des dispositions analogues dans le système de Hiram Maxim qui a été généralement remarqué à l'Exposition d'électricité de 1881 à Paris et qui a parfaitement fonctionné dans son application aux lampes à incandescence. La construction de Lane Fox et celle d'autres électriciens moins connus appartiennent aussi à ce genre de systèmes. Il y a du reste un même défaut, inhérent à tous ces systèmes : c'est que, les résistances étant introduites et retirées par l'action d'un électro-aimant, le réglage n'est pas momentané, et les fâcheux résultats de ce fait sont très importants.

Marcel Deprez, qui, comme je l'ai déjà dit, a fait de si belles inventions pour le transport de la force par l'électricité, Marcel Deprez emploie, pour distribuer et régler le courant, un système véritablement excellent.

Les théories de Deprez ont depuis quelque temps subi avec succès l'épreuve de la pratique. Elles ont été si souvent mal comprises et par suite défigurées dans les revues spéciales qu'on me permettra de les exposer en détail ici. Je suivrai les explications que Deprez lui-même a données de sa théorie, dans *La Lumière électrique*, 3ᵉ année, 1881, nᵒ 71.

Considérons, dans une machine dynamo-électrique ; d'une part, le circuit qui entoure les électro-aimants et qui forme le champ magnétique inducteur, d'autre part le conducteur enroulé sur l'anneau ou sur la bobine mobile et formant le circuit induit. Supprimons la communication entre le premier et le second, entre le courant qui détermine l'induction des électro-aimants et le courant qui se produit dans l'armature. Empruntons à une source étrangère, telle qu'une machine supplémentaire, un courant d'intensité déterminée et lançons-le dans le circuit inducteur, de façon à faire tourner l'armature (l'anneau induit) avec une vitesse déterminée. Faisons ensuite varier l'intensité du courant emprunté, et, pour chaque intensité du courant circulant dans le circuit inducteur, mesurons la force électromotrice produite sur l'induit (la force électromotrice du courant de l'armature).

Nous aurons ainsi pour chaque expérience une valeur de E correspondant à une valeur de I. **Si nous** représentons ces résultats graphiquement et que nous prenions les I pour abscisses, les E pour ordonnées, nous obtiendrons la courbe qui est représentée, fig. 15.

Fig. 15.

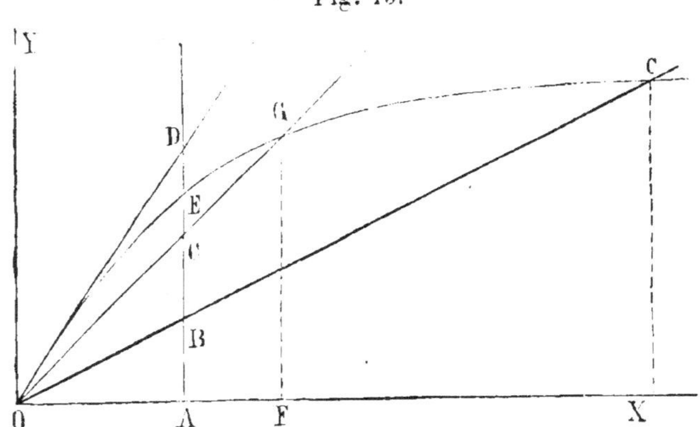

La forme de cette courbe dépend de la construction de la machine, des dimensions et des rapports de ses diverses parties; elle en représente le fonctionnement et caractérise nettement l'appareil. Aussi Deprez appelle-t-il cette courbe la *caractéristique* de la machine expérimentée. Elle permet d'ailleurs de résoudre toutes les questions qui peuvent se poser dans l'emploi d'un appareil de cette nature.

Rétablissons maintenant la communication interrompue entre les électro-aimants et l'armature (les inducteurs et l'induit); faisons tourner la machine avec la vitesse que nous lui avons donnée pendant les expériences, et prenons l'intensité du courant développé. Soit I cette intensité. La machine s'excitant actuellement elle-même, c'est l'intensité I qui anime les électro-aimants et qui produit le champ magnétique.

Or, si nous mesurons dans la figure 15 l'abcisse OF correspondant à I, nous savons qu'avec ce champ magnétique et la vitesse V, la force électromotrice correspondante est égale à FG; ce sera donc celle qui se développera dans le fonctionnement de l'appareil.

On en conclut immédiatement la valeur de la résistance, car de la loi de Ohm $I = \dfrac{E}{R}$ on déduit l'expression $R = \dfrac{E}{I} = \dfrac{GF}{OF} = \text{tang. GOF}$.

La résistance R totale dans ce système est donc représentée par la tangente d'un angle.

Si on veut l'exprimer numériquement, il suffira de prendre sur l'axe des x une longueur OA quèlconque; on élèvera en ce point une ordonnée indéfinie, sur laquelle on portera une longueur égale à OA. Cette ligne représentera 1 ohm, puisque $\dfrac{E}{I} = 1$ ohm, et que $\dfrac{E}{I} = \text{tangente } 45° = 1$. Cette longueur pourra donc servir à *graduer* l'ordonnée AD en ohms et en parties décimales d'ohms. Si l'on désire trouver la résistance pour un point quelconque de la caractéristique, G, par exemple, il suffit de lire la longueur de la partie de AD comprise entre la ligne OG et OX : dans le cas que nous examinons, cette longueur est AD. Elle donne la résistance en ohms.

La courbe de la figure 15 est la caractéristique des machines Gramme du type ordinaire, à la vitesse normale. De l'examen de ce graphique, Deprez tire les intéressantes conclusions suivantes :

Si l'on part d'une valeur moyenne OG de la résistance et qu'on la fasse diminuer, la ligne OG s'abaisse
vers OX dans la direction OH : on voit que la force
électromotrice augmente d'abord rapidement, ensuite
de moins en moins vite, et finit par devenir stationnaire, la courbe tendant à devenir parallèle à OX,
l'axe des x. Cela tient à ce que l'aimantation du fer
doux des électro-aimants ne croît pas indéfiniment, et à
ce qu'il y a un point de saturation que l'on n'atteint
pas effectivement mais vers lequel on tend et que l'on
atteint presque.

D'autre part, si dans le graphique on prolonge les
segments de ligne qui représentent les résistances, la
ligne OG tournera vers OY, axe des y; elle coupera
ainsi la courbe de plus en plus près de l'origine, et,
pour une position OD, elle deviendra tangente. A ce
moment la machine n'aura plus de courant : elle sera,
comme on dit, désamorcée.

A l'aide de la caractéristique on se rend compte de
ce phénomène, mal expliqué avant Deprez, et l'on
voit comment il y a une résistance déterminée, pour
laquelle la machine cesse de fonctionner, l'intensité du
courant devenant égale à zéro.

Dans ce qui précède, la vitesse de rotation de la
machine avait été supposée constante, et on a établi
la courbe pour une vitesse donnée, V. Si l'on veut
avoir la caractéristique de la même machine pour une
autre vitesse, V', il suffira de multiplier les ordonnées
par le rapport V'; car à chaque vitesse correspond une
certaine intensité du champ magnétique. Les forces
électromotrices pour diverses vitesses, comprises
entre *les limites à observer dans la pratique* sont, en
effet, proportionnelles aux vitesses : la courbe prendrait
donc la forme représentée par la figure 16 ci-contre.

Cette proposition n'est donc exacte dans la pratique
qu'autant que l'on fait varier aussi peu que possible les
vitesses de rotation.

La courbe subirait une transformation analogue si,
au lieu de changer la vitesse de rotation, on changeait
l'enroulement de l'anneau, c'est-à-dire si on modifiait
le nombre de tours de fil sur l'armature, sans rien
changer aux autres conditions et spécialement au
volume de cet anneau; il suffirait de mettre plus de
tours d'un fil plus fin.

Fig. 16.

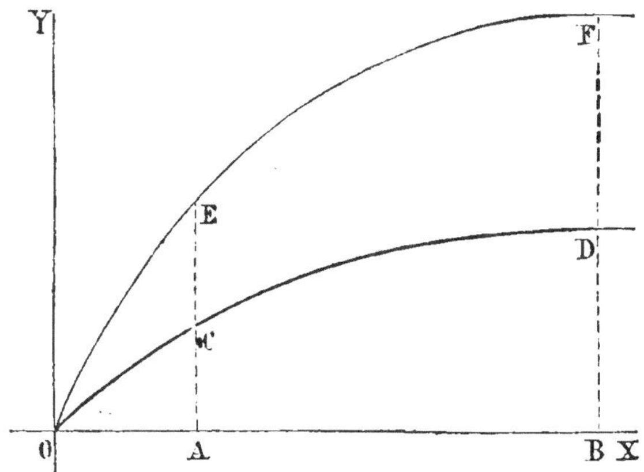

Soit t l'ancien nombre de tours, t_1 le nouveau. La
force motrice, toutes choses égales d'ailleurs, est proportionnelle à la longueur du fil; il suffira donc de la
multiplier par le rapport $\dfrac{t}{t_1}$ pour obtenir la nouvelle
caractéristique.

Dans la figure 16, la courbe OGD correspond à la
vitesse de rotation v, et OEF à la vitesse v_1. Les résistances pour l'intensité de courant OA seront déterminées
par les tangentes des angles GOA ou EOA. Connais-

sant la première caractéristique, on peut trouver directement ces divers éléments, sans qu'il soit nécessaire de construire la seconde courbe.

Cherchons, par exemple, la force electromotrice et l'intensité pour une résistance donnée R et une vitesse de rotation v_1. Supposons qu'on ait construit la courbe pour la vitesse de rotation v. Posons $\dfrac{v}{v_1} = K$. Soit E la force électromotrice cherchée, et I l'intensité cherchée. Nommons e la force électromotrice qui correspond à la vitesse de rotation v ; nous aurons pour la vitesse v_1 l'équation :

$$E = Ke,$$

D'où il suit

$$I = \frac{Ke}{R}$$

Ou encore

$$\frac{e}{E} = \frac{R}{K},$$

C'est-à-dire qu'en construisant sur la caractéristique de la courbe déjà trouvée une résistance $\dfrac{R}{K}$, on trouvera la ligne correspondant à I. Pour cela divisons l'axe des y (fig. 17) en parties porportionnelles aux résistances et l'axe des x en parties proportionnelles aux vitesses, la vitesse primitive étant prise pour unité: l'unité est donc la même pour les deux échelles.

Mesurons sur l'axe des y la résistance R et prenons sur l'axe des x la grandeur $v = K v_1$. Joignons les points ainsi déterminés; la ligne qui les joint a une inclinaison dont la tangente est $\dfrac{R}{K}$. Menons par l'origine la parallèle OB, jusqu'à la rencontre de la caractéristique : la grandeur OA représente I, et on l'aura E en prenant $AB \times K$.

On peut aussi employer la courbe trouvée à déterminer l'effet d'une autre modification de la machine : celle dans laquelle les fils des électro-aimants seraient enroulés différemment.

Toutefois, pour appliquer à cette modification la courbe précédemment trouvée, il suffit de modifier l'enroulement de manière à changer la résistance mais

Fig. 17.

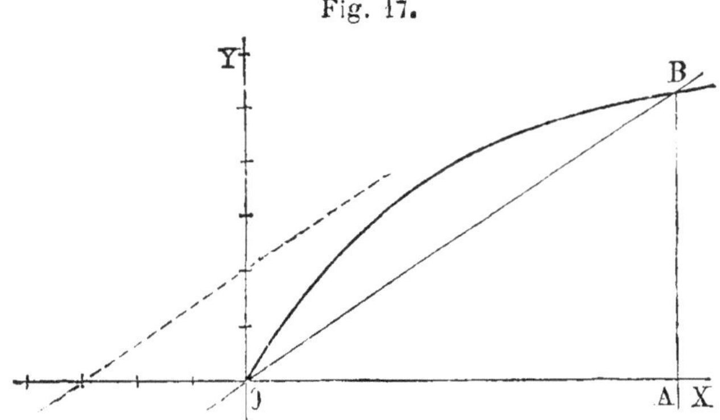

non le volume des inducteurs, toutes les autres conditions étant du reste les mêmes.

Soit t le nombre primitif des spires de l'inducteur, et t_1 le nombre nouveau.

Le volume total étant le même, le nombre des spires peut compenser l'affaiblissement du courant dans chacune d'elles; on obtiendra néanmoins, pour les intensités I et I_1, la même intensité du champ magnétique si $t I = t_1 I_1$. Une force électromotrice correspondant à I correspondra donc aussi à une intensité $I_1 = I \times \dfrac{t}{t_1}$. Il suffira donc de faire varier les abscisses dans le même rapport, comme cela est indiqué dans la figure 18, pour obtenir la nouvelle caractéristique.

Si l'on a introduit les deux modifications à la fois dans la machine, il faut opérer successivement dans la caractéristique les deux transformations ou, dans le calcul, tenir compte des deux coefficients à la fois.

On peut aussi se servir de la caractéristique pour déterminer la différence de potentiel en deux points quelconques du circuit.

On veut savoir, par exemple, quelle est, dans un circuit de résistance totale $r + x$, la différence e de

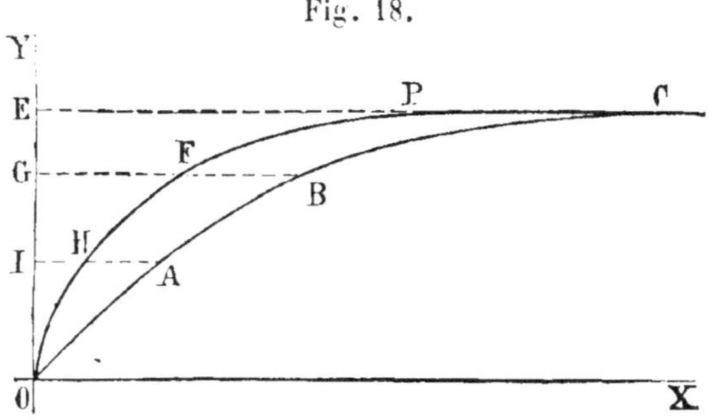

potentiel, pour deux points pris des deux côtés du générateur et comprenant entre eux la résistance r.

Prenons, au-dessus de l'axe des x, l'angle DOX (fig. 19) tel que tangente DOX $= r + x$, et l'angle COX tel que tangente COX $= r$. Ils représenteront : le premier la résistance totale, le second la résistance comprise entre les points donnés.

On a

$$DA = OA \text{ tang } DOA = I (r + x)$$
$$EA = OA \text{ tang } COA = Ir$$
$$DA - EA = DE = x .$$

Or I x, d'après la loi de Ohm, est la différence de potentiel entre les deux extrémités du circuit de résistance x, qui forme le complément du circuit de résistance r; c'est donc la différence e cherchée.

Supposons, comme cas particulier, que COX représente la résistance intérieure de la machine, et que l'on fasse varier la résistance totale. DE représentera la différence de potentiel aux bornes de la machine ; elle sera d'abord nulle lorsque OD coincidera avec O X ; elle ira ensuite en croissant, et elle passera par un

Fig. 19.

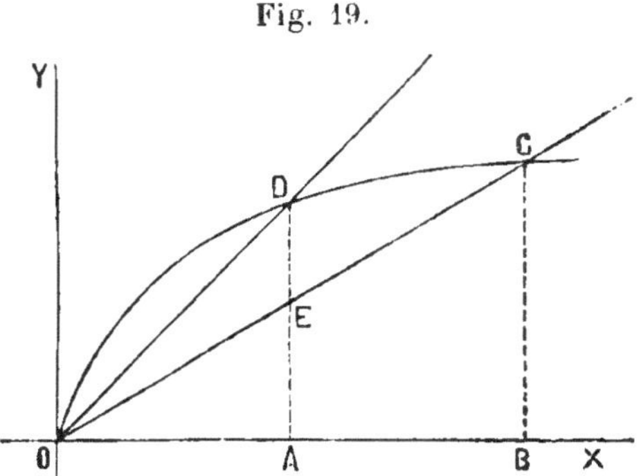

maximum, pour revenir à zéro lorsque la machine se désamorcera.

Tous les calculs donnés jusqu'à présent ont pour base une courbe correspondant au cas où les inducteurs recevaient leur courant d'une source spéciale, et par conséquent n'étaient pas insérés dans le circuit. Il y a lieu maintenant d'examiner comment la courbe variera lorsque la machine s'excitera elle-même.

Supposons, à cet effet, que les inducteurs portent deux circuits distincts, formés de fils enroulés ensemble l'un à côté de l'autre, de façon que les deux fils voisins soient sensiblement à même distance du noyau de fer doux magnétisé et par conséquent exercent sur lui une même influence. Si deux courants distincts passent simultanément dans les deux fils, leurs actions s'ajouteront, et l'excitation sera la même que s'il passait un seul courant dont l'intensité serait égale à la somme des intensités des deux courants séparés.

Cela posé, faisons passer dans un de ces circuits inducteurs un courant constant, venant d'une machine extérieure. La résistance de ce circuit ainsi séparé du circuit général n'aura point à compter dans la résistance totale. Au contraire, le deuxième circuit inducteur entrera dans le circuit général et recevra le courant

Fig. 20.

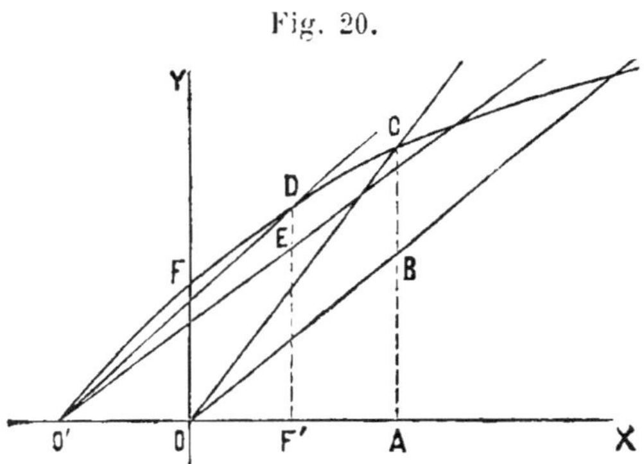

produit par la machine. On devra donc avoir égard à la résistance de ce second circuit.

Il faut remarquer encore une fois que toutes les courbes sont calculées pour une vitesse donnée; on a déjà vu comment elles se transforment pour des vitesses différentes.

Soit, comme dans le cas précédent, O'F C (fig. 20) la caractéristique obtenue de la manière précédemment décrite. Supposons que le circuit inducteur séparé soit parcouru par un courant d'intensité O'O. L'autre circuit ne fonctionnant pas encore, la force électromotrice

sera OF'. Le point de départ de la nouvelle caractéristique sera F'. Si le courant développé dans l'armature entre dans la spirale des inducteurs qui lui est
destinée, tout se passe comme si un courant d'intensité
égale à la somme des intensités des deux courants
séparés parcourait toutes les spires des conducteurs,
ou parcourait une seule hélice, d'un volume égal à
l'ensemble des deux hélices réelles. La caractéristique,
depuis le moment où les deux courants se réunissent,
conserve la forme qu'elle avait; la modification à opérer
consiste simplement à reporter, du point O' au point O.
l'origine des coordonnées. La caractéristique partant
du point F', les résistances se compteront alors à partir
du point O.

Une conséquence importante s'aperçoit immédiatement. Soit, dans le premier état, c'est-à-dire sans
champ magnétique extérieur, EO'X la résistance intérieure de la machine, la différence de potentiel maximum dont on pourra disposer sera représentée par DE
et correspondra à la résistance DO'X. Mais, si le champ
magnétique a déjà une intensité initiale, et si la résistance intérieure est BOX $=$ EO'X, la différence de
potentiel disponible croîtra beaucoup, comme on le
voit par la ligne CB, qui dans le cas représenté par la
figure est loin d'avoir atteint sa longueur maxima.

Quand on examine la forme des caractéristiques sur
lesquelles reposent tous les calculs précédents, on remarque que leur courbure, *dans la partie initiale*, est
très peu accusée, et que jusqu'au moment où la courbe
se rapproche du point de saturation des électro-aimants
on peut très bien considérer la caractéristique comme
une *ligne droite*. En employant des machines pourvues
d'électro-aimants de dimensions considérables par rapport aux dimensions de l'induit, on reculera beaucoup

le point de saturation et on prolongera beaucoup cette partie rectiligne. Du reste, en ce qui concerne la plupart des machines construites jusqu'à présent, on peut, pour presque tous les cas qui se rencontrent dans la pratique, remplacer les courbes par des droites.

Le Dr Frœhlich, de Berlin, entre autres, a mis en doute la possibilité de remplacer la courbe de Deprez par une droite dans les cas que présente la pratique, et il s'exprime, relativement à ce point (*Elektrotechnische Zeitschrift*, mars 1882) de la manière suivante : « ..... On peut bien remplacer cette courbe par une droite au commencement et à la fin, *mais non au milieu*, où la courbe présente sa plus grande courbure. »

Or Deprez dit expressément (*La lumière électrique*, 1881, nº 71, p. 329) : « Si l'on examine une caractéristique, on remarque qu'elle *commence* par une portion dont la courbure est très faible, *jusqu'au moment où l'on s'approche du point de saturation* des électro-aimants. *Jusqu'à ce point*, la caractéristique peut être très bien assimilée à une ligne droite, » etc. Il n'y a donc absolument aucune divergence entre les idées du physicien de Berlin et celles du physicien français, quant à la partie de la courbe qu'on peut remplacer par une droite. Il s'agit seulement de savoir quelle est l'étendue de courbe que l'on considérera comme appropriée aux cas qui se rencontrent dans la pratique. Si l'on veut se servir d'une très longue étendue de la courbe, le moyen proposé par Deprez et que j'ai signalé plus haut (il consiste à augmenter les dimensions des électro-aimants) est très propre à prolonger considérablement *la partie droite, initiale*.

Les idées de Frœhlich et de Deprez, même en ce qui concerne d'autres détails, ne diffèrent pas autant qu'on pourrait le présumer à la lecture des articles parus

dans les numéros de février et de mars 1882 de la
Elektrotechnische Zeitschrift, mais il semble que les
deux physiciens ne traitent, dans leurs développements,
que certains aspects différents d'une même question.

Deprez établit sur ses recherches indiquées plus
haut sa méthode qui sert à obtenir constante l'intensité
du courant ou la différence de potentiel des machines.

Quand on a trouvé la caractéristique, pour une certaine vitesse de rotation, et qu'on remplace cette courbe,
dans sa partie devant servir pour la pratique. par une

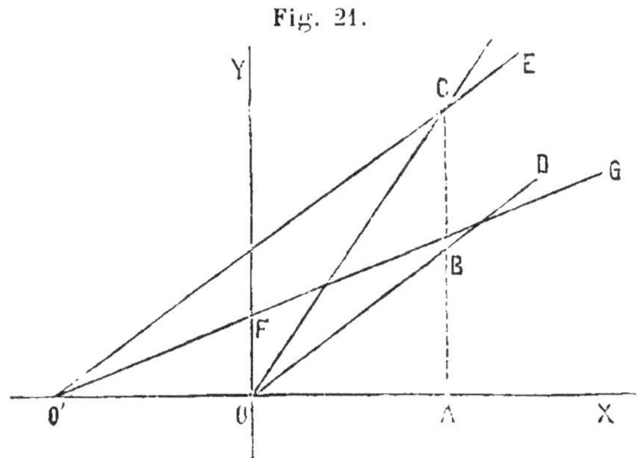

Fig. 21.

droite faisant un certain angle avec la ligne OX, on
trouve, d'après Deprez, ainsi que cela a déjà été dit plus
haut, la position de la droite correspondant à d'autres
vitesses de la même machine, en multipliant les ordonnées par un coefficient constant ; et, selon la grandeur
de ce coefficient, cette droite tourne plus ou moins
autour du point où elle rencontre l'axe des x.

Soit O'G (fig. 21) la caractéristique d'une machine. Si,
dès le début, on anime les inducteurs par un courant
extérieur constant, FG est la caractéristique, DOX est
la résistance intérieure de la machine.

Les lignes FG et OD se couperont généralement, en sorte que la portion des ordonnées comprise entre elles est variable, et comme ces ordonnées représentent les différences de potentiel, leur variation accuse une différence de potentiel aux bornes.

Mais on peut rendre constante cette différence de potentiel : on n'a qu'à faire varier la vitesse de rotation. De la sorte, on peut faire tourner la droite O'G autour du point O', jusqu'à ce qu'elle prenne la position O'C et que par conséquent elle soit parallèle à OD. Dans ces conditions, la ligne CB. qui représente la différence de potentiel aux bornes. est constante, quelle que soit la résistance totale COX que l'on donne au circuit extérieur.

Ceci nous ramène au véritable sujet de ce chapitre : à la répartition et au réglage du courant. Il était nécessaire de reproduire, avec tous ces détails, la théorie de Deprez, pour faire comprendre le système de réglage fondé sur cette théorie.

Pour introduire dans un circuit diverses dérivations qui fonctionnent sans se troubler, il suffit d'obtenir, aux bornes de la machine, une différence constante, e, de potentiel. ce que l'on peut faire de la manière qui a été indiquée; chacun des appareils introduits dans une dérivation recevra alors le courant qui est nécessaire à son fonctionnement, courant dont l'intensité $i = er$ ne dépend que de la résistance r et est facile à régler.

La méthode indiquée par Deprez et qui consiste à maintenir constante la force électromotrice aux bornes de la machine est très avantageuse en ce que le réglage s'opère automatiquement. immédiatement, sans appareils mécaniques et par le seul jeu des actions électriques.

Voici la manière d'opérer :

On commence par faire tourner l'armature de la machine à une vitesse connue, et on calcule la caractéristique. Le coefficient qui détermine l'angle que la partie droite de la courbe fait avec la ligne OX correspond à l'accroissement de la force électromotrice, pour une intensité donnée et allant jusqu'à l'unité ; on peut donc l'exprimer par $\dfrac{E - E_0}{I}$, si l'on désigne par E_0 la force électromotrice qui réside dans le courant extérieur, constant.

Si les deux valeurs ne sont pas égales, on cherchera à obtenir une vitesse de rotation v, pour laquelle l'égalité ait lieu.

$$\frac{v_1}{v} = \frac{E - E_0}{I} = r$$

d'où

$$v_1 = \frac{vr}{\dfrac{E - E_0}{I}}.$$

On réglera l'intensité du courant de la machine extérieure, selon la différence de potentiel constante dont on voudra disposer pour la machine principale.

Cela fait, on placera sur chacun des pôles de la machine un fil conducteur. Ces deux fils auront naturellement la même différence de potentiel que la machine elle-même. Sur ces deux fils conducteurs on greffera. aux points convenables, des fils de dérivation se rendant aux appareils à mettre en mouvement; on prendra des fils de résistances convenable par rapport à l'intensité du courant que l'on désire pour chaque appareil.

Évidemment, quand le circuit est grand et que les bifurcations sont nombreuses, la force motrice s'affaiblit peu à peu et, aux points les plus éloignés, elle n'est pas la même qu'aux pôles de la machine. De même, dans les conduites d'eau et de gaz, et dans tous les systèmes de canalisation, le débit va en diminuant sur toute la longueur, d'un bout à l'autre. L'affaiblissement de force électromotrice ne diminue pas, du reste, la valeur de la méthode de Deprez, car, dans les applications, on peut régler et enregistrer cet affaiblissement.

La courbe de Deprez ne donne pas seulement le moyen de maintenir constante la force électromotrice; elle fait voir également la manière de maintenir constante l'intensité du courant, et c'est là un résultat précieux dès que l'on dispose les uns derrière les autres, en séries, les appareils qui doivent être actionnés par le courant de la machine.

Pour maintenir constante l'intensité, Deprez insère les électro-aimants de la machine dans une dérivation du courant principal. Ce courant est ainsi divisé en diverses parties.

Désignons ces parties comme il suit :

Soit I_a la totalité du courant qui se développe dans l'anneau induit;

I_b, la portion qui sert à animer les inducteurs;

I_c, la portion qui parcourt le circuit extérieur;

a, la résistance de l'anneau;

b, celle des inducteurs;

x, celle du circuit extérieur.

Enfin, soit E la force électromotrice totale, et e la différence de potentiel aux points où les fils du courant inducteur dérivé se séparent du circuit principal.

Pour maintenir le fonctionnement des appareils insérés en séries, il faut maintenir constante la partie désignée par I_x.

Or, nous avons l'équation :

$$I_a = I_b + I_x,$$

qui exprime simplement que le courant principal est égal à la somme des dérivations.

En outre

$$I_x = \frac{e}{x};$$

et de même

$$I_b = \frac{e}{b};$$

d'où

$$I_a = \frac{e}{x} + \frac{e}{b}.$$

Mais nous savons aussi que la force électromotrice I_a est égale à la force électromotrice totale, divisée par la résistance totale.

Or la résistance totale est égale à

$$a + \frac{1}{\dfrac{1}{b} + \dfrac{1}{x}}.$$

d'où l'on déduit

$$I_a = \frac{E}{a + \dfrac{1}{\dfrac{1}{b} + \dfrac{1}{x}}};$$

En égalant les deux expressions de I_n, on a :

$$\frac{e}{b} + \frac{e}{x} = \frac{E}{a + \dfrac{1}{\dfrac{1}{b} + \dfrac{1}{x}}}$$

$$e\left(\frac{1}{b} + \frac{1}{x}\right) = \frac{E\left(\dfrac{1}{b} + \dfrac{1}{x}\right)}{a\left(\dfrac{1}{b} + \dfrac{1}{x}\right) + 1}$$

$$e = \frac{E}{\left(\dfrac{1}{b} + \dfrac{1}{x}\right) + 1} = \frac{Ebx}{a\,(x + b) + bx} = \frac{Ebx}{(a + b)\,x + ab}$$

Donc

$$\frac{Eb}{e} = \frac{(a + b)\,x + ab}{x}$$

et par suite

$$\frac{(a + b)x + ab}{x} = \frac{E}{\dfrac{e}{b}};$$

Or

$$\frac{e}{b} = I_n.$$

On a donc enfin

$$\frac{(a + b)\,x + ab}{x} = \frac{E}{I_b}.$$

A l'aide de cette équation, il est facile de faire subir à la caractéristique propre à la méthode de Deprez une modification telle que I_n soit constant.

Dans la figure 22, OEF est la caractéristique de la machine. Traçons la droite CB selon l'équation

$$y = (a + b) x + ab;$$

portons sur OX la longueur OA $= x$, élevons l'ordonnée du point A jusqu'au point B et tirons OB; cette ligne rencontre la caractéristique en un point E dont nous mènerons l'ordonnée EI. Prenons alors OJ $= b$, et menons la droite JK parallèle à l'axe des x; elle rencontre en G l'ordonnée AB. Menons OG; cette droite rencontre en H l'ordonnée EI. La longueur IH ainsi

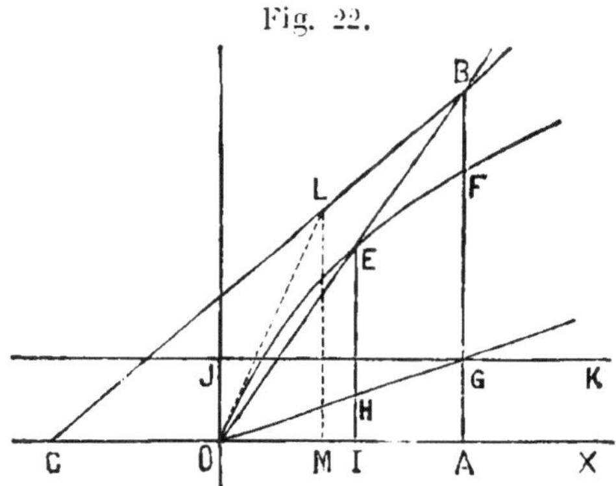

Fig. 22.

déterminée représente l'intensité I que l'on cherche; car, de la similitude des triangles OIE et OAB, il résulte :

$$\frac{EI}{OI} = \frac{AB}{OA} = \frac{y}{x} = \frac{(a + b).x + ab}{x} = \frac{E}{I_b}.$$

D'ailleurs d'après la construction même de la caractéristique, EI $=$ E et OI $= I_b$. D'autre part les triangles semblables OIH et OAG donnent :

$$\frac{IH}{OI} = \frac{AG}{OA}$$

ou

$$\frac{III}{I_b} = \frac{b}{x}$$

Donc

$$III = I_b \frac{b}{x} = \frac{e}{b} \cdot \frac{b}{x} = \frac{e}{x} = I_x$$

ce qu'il fallait démontrer.

Si l'on veut maintenir constante l'*intensité extérieure*, on assimilera comme précédemment la caractéristique à une droite, et l'on aimantera les inducteurs non seu-

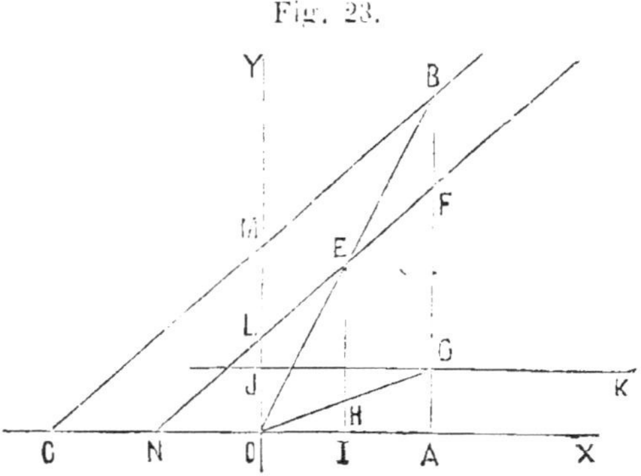

lement par le courant principal, mais par un courant étranger, en sorte que, le magnétisme central des électro-aimants n'étant pas produit par le courant étranger, la caractéristique ne passera plus par l'origine, mais sera représentée par une ligne droite coupant l'axe des y (Fig. 23).

Que l'on trace la ligne

$$y = (a + b) x + ab,$$

définie par les données de construction de la machine. Par le procédé qui a déjà été indiqué, on peut déter-

miner une vitesse de la machine, telle que sa caractéristique soit parallèle à la droite

$$y = (a + b) x + ab,$$

Le résultat obtenu est représenté dans la figure 23.

CB est la ligne y, qui est égale à $(a + b) x + a b$, et
NF est la caractéristique rendue parallèle à cette droite.
Cherchons l'intensité pour une résistance extérieure
connue, x. Nous prenons OJ égal à b, nous menons la
ligne JK parallèle à l'axe des x. Prenons $OA = x$:
élevons l'ordonnée BA jusqu'à la droite CB, au point B.
joignons OB : cette droite rencontre la caractéristique
en E. Abaissons la perpendiculaire EI; joignons OG.
D'après ce qui vient d'être démontré $HI = I x$.
Or, en vertu de la similitude des triangles,

$$\frac{HI}{AG} = \frac{EI}{AF} = \frac{OE}{AB} = \frac{OL}{OM} :$$

Ce dernier rapport étant constant.

$$\frac{I_x}{b} = a$$

d'où

$$I_x = ab$$

valeur constante.

Le procédé au moyen duquel on détermine la vitesse
que doit avoir la machine pour que la caractéristique
prenne l'inclinaison voulue est analogue à celui que
nous avons déjà mis en œuvre pour maintenir constante la force électromotrice.

La droite qui détermine l'inclinaison de la caractéristique étant égale à $(a + b) x + a b$, son coefficient
d'inclinaison étant $(a + b)$, et celui de l'ancienne carac-

téristique étant $\dfrac{E - E_o}{I}$ il faudra chercher une vitesse de rotation telle que

$$\frac{V^1}{V} \frac{E - E_o}{I} = -(a + b)$$

et, par conséquent, telle que

$$\frac{V^1}{V} = \frac{-(a + b)}{\dfrac{E - E_o}{I}}.$$

Or, remarquons que $-(a + b)$ n'est autre chose que la résistance totale dans le cas où les inducteurs et l'induit seraient réunis en un seul circuit, comme dans la disposition ordinaire. Nous arrivons donc à conclure que, dans les deux cas, qu'il s'agisse de maintenir constante la différence de potentiel ou l'intensité du courant, la vitesse que doit recevoir la machine est la même ; la seule différence réside dans le mode d'insertion des appareils.

De là résulte qu'à une certaine vitesse de rotation, la même machine peut fournir les deux résultats, par le seul jeu d'un commutateur.

Les méthodes que je viens de décrire, méthodes inventées par Marcel Deprez pour la distribution et le réglage du courant, ne sont pas restées à l'état de théorie ; l'inventeur les a déjà appliquées, en 1881, à l'exposition d'électricité, et les excellents résultats qu'il a obtenus paraissent corroborer l'exactitude de ses prévisions théoriques.

Le moteur employé par Deprez était une machine Gramme, du type ordinaire C, modifié pour le transport de la force et mise en mouvement par un moteur à gaz Otto. Cette machine Gramme transmettait sa force à un grand nombre de petits moteurs, la plupart de Deprez, semblables à ceux qui sont décrits page 33 et représentés fig. 5.

La machine Gramme était actionnée non seulement par elle-même, mais en outre par une petite machine Siemens extérieure. Celle-ci faisait 2000 tours par minute; l'autre 800.

Fig. 24.

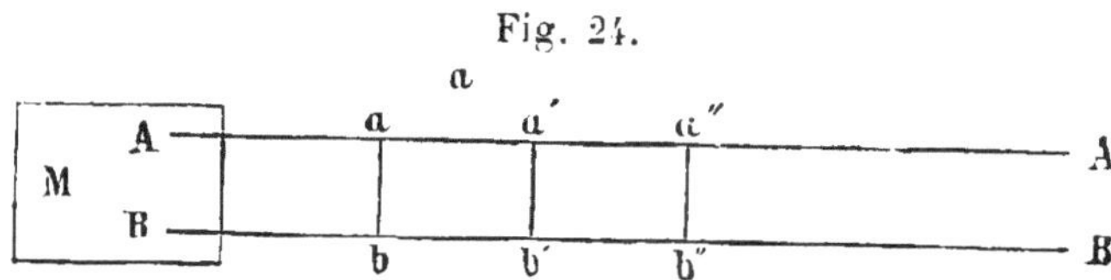

Les dérivations qui conduisaient aux divers moteurs secondaires et aux appareils reliés avec eux n'étaient pas greffées sur les deux fils principaux A et B, à diverses distances de la machine, comme le sont $a\,b$, $a'\,b'$, $a''\,b''$, dans la figure 24, mais Deprez avait employé le procédé esquissé figure 25 :

Fig. 25.

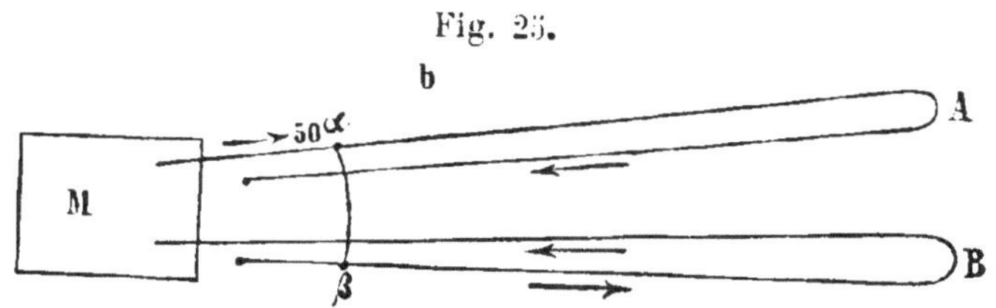

Chacun des deux fils principaux avait été ramené au voisinage de son point de départ, et chaque dérivation avait été établie de telle sorte que tous les fils dérivés, comme T, se greffassent en un point du courant principal, aussi éloigné de l'un des pôles de la machine, que l'était du second pôle de la machine le point où la dérivation se terminait sur le fil B.

De la sorte, toutes les dérivations avaient la même longueur, 1000 mètres, que le courant principal, ce qui répartissait également la force électromotrice dans les diverses parties du système conducteur.

La première dérivation conduisait à un moteur de Deprez, qui fournissait environ 1/20 de cheval pour faire marcher une petite machine de Brisson à couper les métaux. Le fil dérivé avait 9 millimètres d'épaisseur et pour tout le circuit il avait 22 mètres de longueur. Les fils du circuit principal se rendaient ensuite à l'escalier du palais de l'exposition; et là il y avait des dérivations reliées à quinze appareils, tous actionnés par les moteurs Deprez.

Au nombre de ces appareils, il y avait deux machines à coudre, une machine à couper le bois, deux machines à galvanoplastie et une petite machine à faire des chaînes de cuivre. En outre, il y avait sur une table un galvanomètre de Deprez et une lampe Gülcher. Le courant alimentait encore, dans le voisinage, une lampe Lane-Fox et une machine Siemens.

Le système de dérivation appliqué aux courants allant à ces appareils n'était pas celui décrit plus haut; les appareils étaient alimentés, comme le montre la figure 26, par des courants dont chacun se greffait sur le précédent.

En outre le courant de la machine Gramme faisait marcher deux autres machines à galvanoplastie et une autre machine à couper le bois, reliées également aux moteurs Deprez.

On voyait une autre partie du système conducteur dans une chambre où la maison Carpentier (Ruhmkorff) avait exposé ses appareils. Un commutateur se rattachait à une dérivation du courant principal, laquelle servait à aimanter un grand électro-aimant, à faire

marcher un moteur Deprez ou à fournir la force motrice à un instrument appelé *mélographe* Carpentier.

Dans une chambre voisine fonctionnait un tour
d'horloger; dans une autre le courant dérivé servait
alternativement à faire fonctionner un tour et une scie
circulaire. La plus intéressante des dérivations était.
ce me semble, celle qui se trouvait en face de l'exposition suisse.

De deux courants dérivés. l'un servait à une machine
à galvanoplastie de Vigneron, par l'intermédiaire d'un

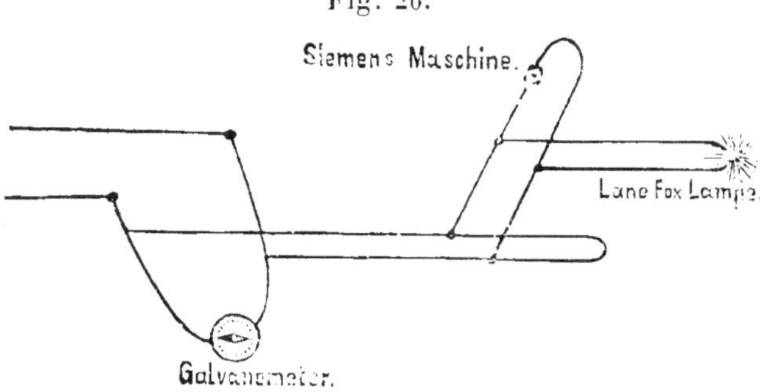

Fig. 26.

moteur Deprez, l'autre fournissant la force motrice à
une presse à imprimer, système Marinoni.

Le fil de la machine Vigneron avait 0^{cm},35 d'épaisseur
et 35 pieds de long. Le fil de la presse Marinoni reliée
à une machine de Siemens avait une épaisseur de 0^{cm},9
et une longueur de 11 mètres. La force dépensée par la
presse était d'environ 13000 pieds-livres, tandis que la
machine à galvanoplastie n'absorbait que 1300 pieds-
livres. Néanmoins on pouvait faire fonctionner les deux
machines simultanément ou séparément, sans que le
mouvent de l'une exerçât la plus légère influence sur
le mouvement de l'autre.

Bref le courant principal fournissait les dérivations à 27 appareils différents.

Tous les visiteurs de l'exposition ont pu se convaincre que chacun des appareils engagés dans le réseau de fils conducteurs de Deprez fonctionnait indépendamment des autres; et l'on pouvait, comme je l'ai déjà dit, insérer ou retirer autant d'appareils que l'on voulait sans que la vitesse de rotation des autres appareils en fût le moins du monde influencée, diminuée ou augmentée.

Malgré cette démonstration pratique de la possibilité d'appliquer la théorie de Deprez, beaucoup d'électriciens manifestaient encore leur scepticisme au sujet des formules du physicien français. Un des points principaux sur lequel ses adversaires s'appuyaient pour mettre en doute la valeur pratique de ses calculs, c'est que son système repose sur la construction d'une courbe relevée quand la machine ne s'anime pas elle-même.

A mon avis, cependant, ce fait n'influe en aucune façon sur la valeur de la courbe. Fræhlich estime que Deprez n'a pas tenu compte des phénomènes d'induction qui se produisent par l'influence directe des spires de l'anneau sur les pôles magnétiques et qui, affaiblissant l'intensité magnétique de ces pôles, affectent d'inexactitude le résultat trouvé. Mais ces actions se produisent, que la machine s'anime ou ne s'anime pas elle-même : le courant magnétique qui circule dans les spires des inducteurs aimante les noyaux de fer doux de ces derniers, et l'aimantation produite par ce circuit est fortement troublée par l'action du courant sur les bornes opposées à ces spires, car l'action du circuit des spires de l'anneau est inverse de celle du circuit de l'électro-aimant. Peu importe que, pour animer les électro-aimants, on ait recours ou non au courant de l'anneau, car l'armature est toujours au voisinage des pôles magnétiques. Seulement, quand la machine s'anime elle-même, les phénomènes dont il s'agit ont pour effet d'empêcher l'intensité du courant de l'anneau — intensité qui à son tour dépend de l'aimantation des électro-aimants — de croître proportionnellement à la vitesse de rotation (et Deprez ne prétend pas qu'elle soit proportionnelle). Néanmoins la force électromotrice et le magnétisme croissent toujours avec l'intensité du courant qui traverse les électro-aimants, et l'on peut calculer approximativement cet accroissement *en tenant compte de phénomènes perturbateurs qui se produisent dans l'anneau;* c'est ce que fait Deprez, par la manière dont il relève la courbe.

CHAPITRE VIII

Opinions de Sprague et de Frœhlich
sur la distribution du courant électrique.

Sprague, dans l'*Electrician*, développe les conditions générales auxquelles doit satisfaire la distribution du courant électrique. Il se rapporte au graphique que reproduit la figure 27.

M est le générateur de courant, PP′ sont les extrémités du conducteur; R, R′, R″, R‴ sont des fils de fermeture parallèles qui partent de ces extrémités. Quelle que soit la résistance de la machine, quel que soit le nombre des fils dérivés et quelle que soit leur résistance, pourvu qu'ils partent des mêmes bouts, le courant, en un point quelconque de ces fils dérivés, doit être égal à la différence des potentiels aux points p et p', divisée par la résistance de la dérivation. L'insertion ou l'enlèvement d'un nombre quelconque de fils de fermeture n'influe

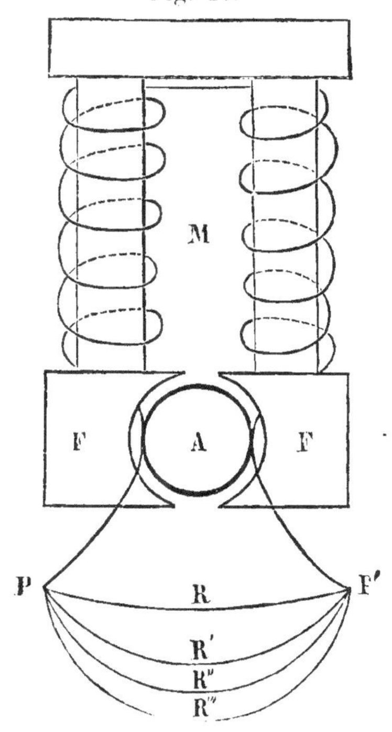

Fig. 27.

en rien sur les courants qui circulent dans les dérivations déjà insérées, pourvu que la différence des potentiels $p - p'$ reste constante. Par suite les courants dans les divers conducteurs seront inversement proportionnels aux résistances respectives, et complètement indépendants les uns des autres. Comme la résistance extérieure diminue quand les dérivations augmentent, la totalité du courant partant des extrémités variera en raison inverse de la résistance extérieure ; or le courant dans sa totalité, c'est le courant qui passe par les armatures. Mais, comme il faut tenir compte aussi de la résistance intérieure, la force électromotrice de la machine varie, quoique la différence de potentiel aux extrémités reste constante.

Considérons une machine qui, avec une résistance extérieure égale à la résistance intérieure a, une vitesse donnée et une intensité donnée, produit une force électromotrice égale à E. Appelons ar la résistance extérieure : c'est dire que cette résistance est une fonction de r, résistance intérieure. Faisons varier le courant dans le champ magnétique, indépendamment du courant engendré, de la vitesse ou de l'un et de l'autre, au fur et à mesure que la résistance extérieure varie : de la sorte, la différence des potentiels aux extrémités restera constante. Étudions maintenant les variations de la force électromotrice (EMF, fig. 28) du moteur générateur. Nous avons deux résistances extérieures : a égal à la résistance intérieure, et ar plus grand ou plus petit que a. Pour ces deux valeurs, nous avons deux courants :

$$C = \frac{E}{2a},$$

$$C' = \frac{E'}{a(1 + r)},$$

De là résulte :

$$(1) \quad C = \frac{Ea\,(1+r)}{2a\mathrm{E}'} = \frac{\mathrm{E}\,(1+r)}{2\mathrm{E}'}.$$

Mais comme, dans nos hypothèses, l'équation

$$(2) \quad \frac{\mathrm{C}}{\mathrm{C}'} = \frac{ar}{a} = r$$

s'applique, elle aussi, au rapport des deux courants, nous avons, en égalant (1) et (2),

$$r = \frac{\mathrm{E}\,(1+r)}{2\,\mathrm{E}'}$$

ce qui nous donne

$$\mathrm{E}' = \frac{\mathrm{E}\,(1+r)}{2r},$$

ou

$$\mathrm{E}' = \frac{\mathrm{E}}{2}\left(\frac{1}{r}+1\right)$$

Différencions cette dernière équation, E étant pris comme unité de force électromotrice, E' et r étant considérés comme grandeurs valables, il vient

$$\frac{d\mathrm{E}'}{dr} = -\frac{\mathrm{E}}{2r^2}$$

et

$$\frac{d^2\mathrm{E}^1}{dr^2} = \frac{\mathrm{E}}{r^3}.$$

équation qui, dans les conditions mentionnées plus haut, détermine le caractère de la courbe de la force électromotrice. Traçons cette courbe avec r et E^2 pour abscisses et pour ordonnées : elle est très prononcée près de l'origine et les asymptotes de ses deux branches coïncident, d'une part, avec l'axe des ordonnées y, d'autre part avec une droite parallèle à l'axe des x et qui en est éloignée de $\dfrac{E}{2}$.

La figure 28 représente, en traits pleins, cette courbe BEMF, qui possède les propriétés suivantes. Les perpendiculaires abaissées de la courbe sur l'axe des x représentent, pour le point d'où elles partent, la valeur de la force électromotrice par rapport à l'unité E, qui

Fig. 28.

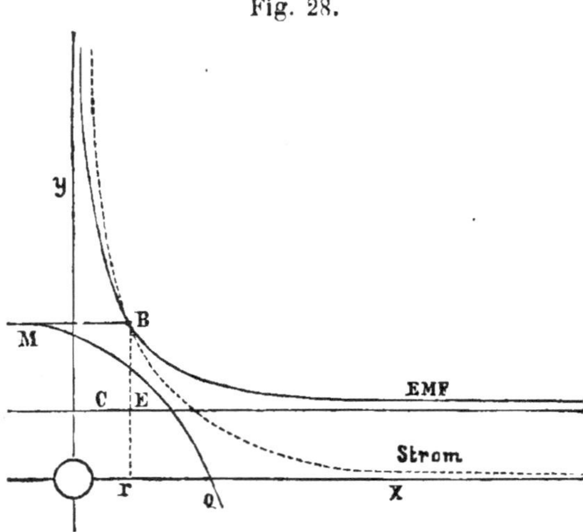

peut être égale à un nombre déterminé de volts, et la distance relative à l'origine représente le rapport de la résistance intérieure. On déduit, de l'étude de cette courbe quelques théorèmes importants, les uns déjà bien connus, les autres nouveaux, concernant le régime de la répartition dé l'électricité, la possibilité d'opérer pratiquement cette répartition, ou la manière de représenter des courants inversement proportionnels à la résistance des dérivations. Nous nous rappelons, à ce propos, que la force électro-motrice engendrée dans une machine par l'arc d'un courant étranger est presque complètement proportionnelle à la force du champ magnétique libre et à la vitesse de rotation de l'armature. Il est évident que, de plus, elle dépend, dans une certaine mesure de l'échauffement produit, dans le conducteur métallique, par un renforcement du courant, — du changement de résistance qui résulte de cet échauffement, — du déplacement du champ magnétique et de l'échauffement du fer doux qui fait partie de l'armature. Nous trouvons les règles suivantes :

1° Dans une machine génératrice unique, la force électromotrice ne dépend pas du nombre des dérivations que l'on a greffées sur elle, soit pour obtenir de la force motrice, soit pour d'autres usages.

2° Quelque grande que soit la résistance extérieure, ou quel que soit le nombre des dérivations, la force électro motrice d'une machine servant à obtenir une différence déterminée dans les potentiels des points extrèmes ne peut jamais être inférieure à la moitié de la force développée lorsque la résistance extérieure et la résistance intérieure sont égales.

3° Quand la résistance extérieure diminue ou que le nombre des dérivations augmente peu à peu jusqu'au point où la résistance extérieure devient double ou triple de la résistance intérieure, la force électromotrice doit commencer à augmenter plus rapidement.

4° Quand la résistance extérieure devient plus petite que la résistance intérieure, l'augmentation est très rapide. Quand cette différence arrive à être appréciable, il devient impossible de maintenir une différence déterminée des potentiels, parce qu'il faudrait trop renforcer le champ magnétique et trop augmenter la vitesse de rotation des armatures. Il se développerait ainsi beau-

coup de chaleur dans celles-ci, et par suite il se perdrait
une quantité correspondante d'énergie.

Passons à l'étude d'une autre courbe.

D'après nos hypothèses, le courant principal est inversement proportionnel à r, coefficient du rapport
entre la résistance extérieure et la résistance intérieure.
En d'autres termes, c'est le courant qui se produit
lorsque la force électromotrice est égale à **E**; c'est-à-
dire que

$$C' = \frac{C}{r}.$$

Portons cette courbe sur le même système de coordonnées que la précédente, et pour permettre la comparaison prenons, pour **C** comme pour **T**, la même
unité de mesure; nous trouvons que la courbe ponc-
tuée, représentant le courant, a quelque analogie avec
la courbe pleine figurant la force électromotrice, mais
que la première se rapproche des deux axes des coordonnées, lesquels lui servent ainsi d'asymptotes, et qu'à
droite elle tombe rapidement au-dessous de la courbe
pleine, tandis qu'à gauche elle reste un peu au-dessus.
On reconnaît d'un coup d'œil les relations, qui existent
entre le courant et la force électromotrice pour divers
rapports entre la résistance extérieure et la résistance
intérieure.

Traçons maintenant la courbe dans laquelle la force
magnétique (mesurée verticalement) est rapportée à
l'augmentation du courant (inscrite horizontalement et
à gauche) : nous trouvons que la force magnétique
commence par croître très régulièrement; mais qu'ensuite la courbe s'aplatit de plus en plus, au fur et
à mesure que le courant augmente, jusqu'au point
où une nouvelle et considérable augmentation du champ

du courant ne produirait qu'une faible augmentation, économiquement insuffisante, de la force magnétique. Une partie de l'énergie du courant renforcé se transformerait indubitablement en chaleur tant dans les spires du fil que dans le fer doux de l'électro-aimant.

En général, dans la distribution du courant électrique, lorsque le nombre des dérivations est considérable, il faut nécessairement que la résistance extérieure soit faible : les courants forts traversent la machine génératrice. Mais ce que nous cherchons, c'est l'énergie du courant dans le circuit de fermeture extérieur et non dans la machine. On a cru souvent que, quand la résistance extérieure avait été diminuée de la manière qui vient d'être dite, il fallait — aux divers points où l'on veut employer le courant — prendre la résistance la plus grande possible. Mais cette opinion est erronée, car il y a des relations précises entre le travail accompli et l'énergie dépensée ; ces relations restreignent la portée de la thèse précédente.

La formule du travail accompli est :

$$\frac{E^2}{R} \cdot 44 \cdot 24$$

ou

$$C^2 R \cdot 44 \cdot 24$$

Nous voyons par là que, pour une force électromotrice donnée, le travail accompli varie en raison inverse de la résistance, et que pour une résistance donnée le travail est en raison directe du carré de la force électromotrice ou du carré de l'intensité du courant. Que la résistance croisse d'un certain multiple et d'une résistance donnée et que la dépense de force reste la même, la force électromotrice disponible augmentera, mais seulement dans le rapport de $\sqrt{d}$, de telle sorte qu'en multipliant la résistance on ne ferait que doubler la force électromotrice.

Pour simplifier les choses, considérons, un instant, le cas d'une lampe électrique. Supposons que le charbon ait une section circulaire; le poids de ce charbon resterait invariable, si l'on réduisait le diamètre à sa moitié tout en quadruplant la longueur: la résistance serait alors multipliée par 16, mais la surface lumineuse ne serait multipliée que par 2. Nous pouvons encore obtenir la même surface éclairante, avec la moitié du même poids de charbon, en prenant une résistance huit fois aussi grande. Pour une même dépense d'énergie il faudrait la $\sqrt{8}$ de la force électromotrice employée pour le charbon plus lourd, mais il ne faudrait que $\dfrac{1}{\sqrt{8}}$ de l'intensité. En résumé, pour une certaine quantité de lumière, il faudrait une tonne de charbon pour les lampes à forte résistance, tandis qu'il en faudrait 8 pour les lampes à faible résistance, pourvu que r ne grandit pas. Ce serait là indubitablement un argument en faveur des charbons à forte résistance.

Notre première pensée serait donc de diminuer le diamètre des charbons, mais d'augmenter la longueur et la résistance des charbons en compensant par l'augmentation de la force électromotrice l'influence de l'autre augmentation.

Mais, en général, dans tout système de distribution du courant électrique, on n'emploiera que peu de force électromotrice, et de la sorte on évitera les dangers d'incendie qui résulteraient de défaut partiel ou total d'isolement, l'élévation exagérée de l'intensité et le foudroiement des personnes qui viendraient à toucher le conducteur. Selon Thomson, cette force électromotrice ne doit jamais dépasser 200 volts, et même alors les décharges seraient tellement sensibles à beaucoup d'individus qu'il est préférable de descendre à des intensités encore plus basses.

Indépendamment de l'énergie cédée aux lampes ou aux moteurs des diverses dérivations, il y a une certaine fraction qui est cédée au générateur pour amorcer le champ magnétique, et cette fraction est représentée par l'expression que nous avons trouvée en déterminant la différence de potentiel aux bornes et la résistance dans les spirales. Il y a une autre consommation d'énergie : dans les tours des anneaux et dans les conducteurs. Cette autre consommation dépend de la résistance et de l'intensité. Il faut ajouter l'énergie employée dans les brosses des commutateurs, notamment quand les courants sont intenses. Le frottement dans les coussinets, le glissement des courroies de transmission, la force nécessaire pour vaincre l'inertie des masses à mouvoir consomment une nouvelle partie de la force employée. Toutes ces pertes qui, dans leur ensemble, sont plus considérables que les pertes en un seul point d'application, restent complètement égales à elles-mêmes, quand, au lieu d'employer le courant en un seul point, on l'emploie en mille points différents ou davantage. Il faut soigneusement tenir compte de cette circonstance dans le choix d'une machine génératrice devant distribuer, de plusieurs côtés, des courants électriques.

Des considérations précédentes et d'autres qui s'y rattachent de près, résultent les conclusions suivantes :

1° La résistance dans l'armature du générateur doit être prise aussi faible que possible eu égard à la quantité d'énergie servant à la production de la force électromotrice nécessaire.

2° Le générateur doit être en état de produire cette force électromotrice, avec une saturation du champ magnétique plus faible que celle admissible au point de vue économique, et avec une vitesse des armatures plus faible que celle qu'on peut leur donner avec sécurité. Dans ces conditions, si l'on a besoin d'efforts inattendus, le générateur pourra les produire.

3° Aux points d'application, il doit y avoir une résistance relativement considérable.

4° La résistance dans les conducteurs doit être maintenue aussi petite que possible et proportionnée à l'intensité demandée.

5° La force électromotrice du générateur ne doit jamais dépasser 170 volts. ·

6° Le générateur et le moteur général doivent être exécutés dans de grandes proportions.

7° Les points de dérivation doivent, autant que possible, avoir tous la même différence de potentiel et être maintenus à cette différence.

8° Les pertes d'énergie inévitables dans l'armature et dans les inducteurs sont en raison inverses des résistances aux points d'application ou des carrés des courants potentiels.

9° La force totale employée dans un seul générateur ne dépendant pas du nombre de points d'application dans le circuit, la machine doit être poussée jusqu'aux environs de son maximum de rendement.

10° Le générateur et toutes les dérivations doivent être protégés contre toute détérioration, mais il faut qu'en même temps on puisse, par des modifications convenables apportées au générateur, faire varier la résistance et l'intensité, de façon à satisfaire à toutes les exigences.

11° Les relations entre la résistance extérieure et

la résistance intérieure, dans la totalité du système distributeur, doivent être les mêmes que dans le générateur seul, pour qu'on puisse demander à ce dernier à peu près tout le travail qu'il peut fournir.

12° Avec ces relations fixes entre la résistance intérieure et la résistance extérieure, la force électromotrice ne subira que de faibles variations, et la force employée sera à peu près proportionnelle au nombre de points d'application ou à l'intensité développée.

13° L'isolement des conducteurs et de l'armature doit être aussi complet que possible, et il faut prendre des dispositions pour proscrire tout danger d'incendie en cas où l'intensité croitrait dans des proportions insolites.

14° Il faut avoir à sa disposition des instruments avec lesquels on puisse opérer des mesures exactes de la quantité de courant dépensée.

15° Un grand système doit fonctionner avec la même économie qu'un seul appareil travaillant avec sa force presque entière, et doit être aussi facile à régler.

On a beaucoup parlé de sous-diviser le courant électrique ; les nouvelles distributions serviraient à faire de la lumière électrique ou à approvisionner de force transmise électriquement un grand nombre de points d'application. Cette expression me parait complètement inexacte. Elle suppose l'existence d'un courant, une dépense d'énergie avant la subdivision de ce courant. Je ne désire point opérer de nouvelles divisions dans le courant ; non, un courant qu'il faut diviser avant de le faire servir ne me parait aucunement désirable.

Lorsque nous avons rempli un réservoir jusqu'à une certaine hauteur, et que nous le débouchons à une hauteur de 6 mètres, par exemple, l'eau jaillit : le débit est proportionnel à la hauteur jusqu'au niveau de l'eau et à la section de l'orifice d'écoulement ; mais la quantité d'eau qui s'écoule pendant l'unité de temps reste invariable tant qu'on maintient le niveau de l'eau à la même hauteur au-dessus de l'orifice d'écoulement. En remplissant le réservoir, nous avons obtenu un potentiel déterminé ; cependant il ne peut être question d'écoulement d'eau, de débit, ni d'afflux d'eau remplaçant les pertes, tant que l'orifice d'écoulement n'a pas été ouvert. Cet orifice et le potentiel de l'eau : voilà les conditions préliminaires de l'écoulement, voilà ce qui nécessite l'afflux d'une nouvelle quantité d'eau. Faisons un autre trou d'écoulement, plus grand que le premier : une nouvelle quantité d'eau s'écoulera, mais l'écoulement par le premier trou ne sera pas diminué tant que le niveau de l'eau restera à la même hauteur. En pratiquant le second orifice, nous avons créé un jet dérivé, et nous avons rendu nécessaire l'arrivée d'une quantité d'eau complémentaire ; mais ce besoin, comme ce courant dérivé, n'existait pas avant qu'on l'eût suscité par la nouvelle perforation du réservoir. Notre réservoir aura beau être très grand, notre source de remplissage être très abondante, l'ensemble, réservoir et source, ne sera complètement et économiquement exploité que quand l'écoulement sera complet ; le système serait trop coûteux pour un seul écoulement, pour un seul emploi.

Il en est de même de la distribution de l'électricité. Un courant n'est pas seulement une fonction du potentiel : c'est une fonction du potentiel et de la résistance. Nous désirons utiliser un certain potentiel ou une certaine différence de potentiel : pour y arriver, nous installons un circuit fermé et nous ouvrons un canal d'écoulement : alors un courant se met à circuler dans ce circuit. Nous ne fractionnons ni courant, ni potentiel; mais, après avoir établi une différence de potentiel, nous ouvrons une ou plusieurs voies; et, dans chacune de ces voies, se met à circuler un courant dont l'intensité, dépendant de la résistance de chacune d'elles, est indépendante de l'intensité du courant des autres voies. Après l'ouverture de chacun de ces courants dérivés, le courant qui circule dans la conduite principale se renforce exactement du surplus qui est ainsi devenu nécessaire, mais qui ne l'était pas avant que la nouvelle voie n'eût été créée. On n'a donc pas subdivisé le courant ; mais, en y pratiquant une nouvelle dérivation, on a rendu nécessaire un nouvel afflux de force destinée à maintenir le potentiel à la même hauteur. Or, le système peut être trop coûteux pour une seule lampe ou un seul emploi de la force, mais il peut servir à approvisionner économiquement et abondamment un nombre suffisant de dérivations insérées sur un parcours.

Une objection que l'on adresse souvent au système de Deprez, c'est qu'il ne permet pas de faire rendre aux moteurs électriques leur maximum de travail.

Le système est basé, en effet, comme je l'ai dit, sur ce que l'on ne fait tourner les machines qu'à une vitesse permettant de considérer la courbe du courant comme droite, tandis que, quand on utilise complètement le travail des machines, la courbe s'accentue peu à peu. Il faut donc cesser d'augmenter le travail des machines, avant l'apparition de cette courbe, si l'on veut appliquer les formules de Deprez au réglage du courant: par suite, on a lieu de se demander si, pour transporter la force à de grandes distances, il n'est pas indispensable d'employer des machines de dimensions extraordinaires, et si les avantages des grandes machines et la simplicité du système de Deprez ne compensent pas dans la pratique cette perte de matière.

Avant de fermer le chapitre de la distribution du courant, nous mentionnerons les idées du D^r Frœhlich sur le transport de la force : elles diffèrent de celles de Deprez en ce qu'elles conduisent à faire *utiliser complètement* les moteurs électriques, dans le transport de la force.

Elles sont résumées dans la revue *Elektrotechnische Zeitschrift* (mars 1882, p. 113) ; voici à peu près en quoi elles consistent :

Chaque machine représente, à même nombre de tours et à même volume de fil, quel que soit du reste le nombre des tours, la même force de travail : il faut le même travail pour la faire fonctionner.

Chaque fabricant devrait donc avoir une série complète de machines représentant des forces de travail de toutes les grandeurs possibles ; car, selon Frœhlich, ce n'est qu'en associant convenablement diverses machines que l'on peut opérer avantageusement le transport de la force.

Pour opérer un transport de force dans de bonnes conditions, il faut, de plus, comme dit l'auteur, tirer de chaque machine *tout le parti possible*. Il faut donc être à même de déterminer les limites d'utilisation des machines.

Elles sont prescrites par la construction elle-même ; car, pour chaque machine, l'augmentation de rendement est limitée par ce fait : on ne peut augmenter la vitesse de rotation et la température que jusqu'à un certain point, si l'on ne veut pas que le moteur soit bientôt hors de service.

Après avoir déterminé ce point par des expériences, il faudrait, selon Frœhlich, faire travailler la machine avec une extrême vitesse pour obtenir la plus grande quantité de force possible. L'énergie que l'on obtient en utilisant ainsi les machines jusqu'au bout peut être mesurée exactement ; elle sert alors à caractériser la puissance de travail, propre à chaque machine.

Après avoir déterminé le maximum d'énergie produit par diverses machines et avoir rassemblé une série de machines représentant un aussi grand nombre d'énergies que possible, on se demandera quelles variations on peut provoquer dans le courant par des enroulements différents, c'est-à-dire que l'on peut faire varier les facteurs I et E en employant un fil plus fort ou plus mince. A même nombre de tours, le produit EI, comme je l'ai déjà dit en divers endroits, ne varie pas, si l'on ne fait pas varier le volume du fil.

· Négligeons les perturbations produites par les influences d'induction, et l'action des spires des induits sur les pôles des inducteurs. (On peut. selon le D^r Frœhlich, compenser l'erreur causée par cette omission, en modifiant un peu la vitesse de rotation de la machine, car il n'est pas nécessaire que cette vitesse soit une grandeur constante.) Changeons l'enroulement de la machine : remplaçons chacun des anciens tours par p nouveaux tours d'une quantité p fois plus petite. Alors, à même nombre de tours, à même dégagement de chaleur. la force électromotrice devient p fois aussi grande, la résistance p_2 fois aussi grande, l'intensité p fois aussi petite, tandis que le magnétisme et l'énergie développée (IE) restent constants.

On peut comparer ce qui se passe alors dans chaque machine avec ce qui se passe dans une pile, lorsque les éléments sont associés d'abord en quantité, puis en tension : le produit (EI) reste invariable, tandis que les facteurs E et I varient.

En tenant compte de ce fait, on verra que, par une combinaison convenable de différentes machines, on peut résoudre tous les problèmes de transport de force, et il n'est pas difficile de trouver des procédés généraux et exacts pour calculer la grandeur des machines à choisir et leur insertion, en partant de la règle de Frœhlich : demander à toutes les machines leur maximum de rendement.

Si l'on admet, par exemple, que certaines machines, défectueuses comme elles le sont actuellement, rendent, lorsqu'on les emploie à un transport de force, 50 pour 100 du travail qu'elles absorbent, il faut dans les cas ordinaires associer trois machines égales, en en employant deux comme machines primaires et en employant la troisième comme machine secondaire.

Soit x l'énergie fournie par chacune des trois machines exploitées à fond ; les deux machines primaires donnent donc une énergie $+2\,x$; le troisième rend 50 pour 100 de cette énergie, ou x. Cependant, en rendant 50 pour 100, elle est exploitée à fond.

En ce qui concerne la distribution de l'énergie, voici comment le D^r Frœhlich la calcule :

Soit une surface d'une étendue considérable, une ville, par exemple, où, en un certain nombre de points arbitrairement répartis, doivent être dépensées des forces de valeur déterminée, provenant d'un point central.

Supposons que l'on ait un certain nombre de groupes de machines, ces groupes se trouvant les uns derrière les autres, et les machines de chaque groupe formant des files parallèles.

Considérons chaque groupe comme une seule machine, déterminons la chaleur F dans le noyau de fer doux et dans les fils, en additionnant les quantités de

chaleur qui se développent dans les diverses machines :
nous trouverons ainsi toute l'énergie perdue comme
travail mécanique, mais devenant sensible à l'état de
chaleur. Ajoutons ensuite l'énergie apparaissant sous
forme de chaleur à l'énergie qui, dans le groupe, est
convertie en travail, nous obtiendrons aussi toute l'é-
nergie que le courant doit fournir à ce groupe.

Quand on a trouvé la quantité d'énergie voulue pour
chaque groupe, on additionne ces quantités, on les suppose concentrées en un point et l'on ajoute ensuite
toutes les parties du principal conducteur; le problème
est ramené ainsi à un simple transport de force, et l'on
peut déterminer de la manière ordinaire l'insertion et
et l'effet des machines primaires, la résistance du conducteur et la force de travail électrique que chaque
groupe doit recevoir.

Pour calculer les tours des machines de chaque autre
groupe, il suffit de considérer que, pour toutes les machines appartenant à ce groupe, quel que soit l'enroulement et pour la vitesse maxima, on connait l'intensité, la résistance et la force électromotrice, indépendamment des quantités de chaleur déjà entrées en
compte.

Il suffit donc de déterminer la grandeur P, qui indique
le rapport entre la section du fil d'enroulement connu
et la section du fil d'enroulement cherché.

Il faut qu'aux deux bouts de chaque dérivation contenant une machine, la différence de potentiel soit égale
à E, différence de potentiel du groupe entier; je veux
dire : il faut que, pour chaque machine,

$$E = e + iw.$$

e, i et w ayant, pour cette machine, et pour l'enroulement *cherché*, la signification connue.

Si e', i' w' représentent les grandeurs respectives pour l'enroulement connu, on a

$$e = pe' ; \quad i = \frac{1}{p} i' , \quad w = p^2 w'.$$

On a donc pour chaque machine :

$$E = p (e' + i' w').$$

d'où

$$p = \frac{E}{e' + i' w'} .$$

Donc p est égal au rapport de la tension polaire exigée, E, à la tension polaire

$$e' + i' w' ,$$

observée pour l'enroulement connu.

La répartition du courant, que je viens de calculer selon le procédé indiqué par le D^r Frœhlich, et que je viens de reproduire, n'est pas autre chose qu'une transformation du courant par un mode d'insertion nouveau. Pour que l'introduction et la réparation des divers groupes de machines ne modifient pas le circuit, il faut observer nombre de points qui, dans la pratique, présentent de grandes difficultés. En outre le précédent mode de calcul ne peut, l'auteur le réconnait lui-même, donner que des résultats exigeant d'importantes corrections dans l'application.

Mais admettons que les résultats théoriques concordent facilement avec les résultats pratiques ; même dans ce cas, à mon avis, il ne sera pas absolument nécessaire que les machines fournissent leur maximum de rendement. Je dirai plus : l'avantage résultant de ce maximum sera vraisemblablement compensé dans la pratique par le désavantage que la complication de l'insertion entraîne dans les divers cas.

Selon moi, le système de Deprez, tout en ne demandant aux moteurs qu'une quantité de travail relativement faible, n'en sera pas moins, dans la pratique, le plus économique de tous les systèmes qu'on a imaginés, jusqu'à ce jour, pour le transport de la force et pour la distribution du courant ; car il est toujours plus économique de dépenser une faible fraction du rendement maximum d'une grande machine que de dépenser la totalité du rendement maximum de petites machines reliées ensemble ; on gagne non seulement sur le prix de production de l'énergie, mais aussi sur les frais d'installation.

CHAPITRE IX

Transformateurs et accumulateurs.

Le système de Deprez pour la distribution du courant parait, comme nous l'avons vu, convenir à la plupart des cas qui se rencontrent dans la pratique ; néanmoins il subira probablement, peu à peu, maintes modifica-tions, lorsqu'il aura été appliqué plus en grand.

Il sera donc utile d'indiquer ici quelques autres mé-thodes permettant de régler au point d'application l'é-nergie ei envoyée par les fils conducteurs et de faire varier e et i à volonté.

A cet effet, on peut se servir des appareils que l'on appelle *transformateurs*, avec lesquels on peut régler, chaque fois, comme on veut, l'énergie transmise.

La bobine d'induction de Ruhmkorff, par exemple, est un transformateur de ce genre : en envoyant, par le gros fil, un courant de grande intensité, on produit, dans le petit fil, un courant de moindre intensité, mais de plus haute tension.

Pour produire les courants d'ouverture et de fermeture dans les spires secondaires de l'appareil à induction de Théodor Kaufmann de Berlin, on ne ferme pas, pendant le plus bref laps de temps possible, le courant de la spire primaire, pour l'interrompre pendant un laps de temps relativement long ; mais le courant excitateur est amené successivement, et par intervalles qui se succèdent rapidement, aux bobines primaires de plusieurs inducteurs, dont on peut employer à sa guise les courants secondaires. Comme le montre la figure 29, le fil conducteur C d'un courant électrique continu est relié, sans solution de courant, avec un anneau métallique g, ouvert en v, contre la face interne duquel s'appuient quatre ressorts métalliques f, fixés, à égale distance les uns des autres, sur un disque métallique b, avec lequel ils communiquent électriquement. Ce disque, parfaitement

Fig. 29.

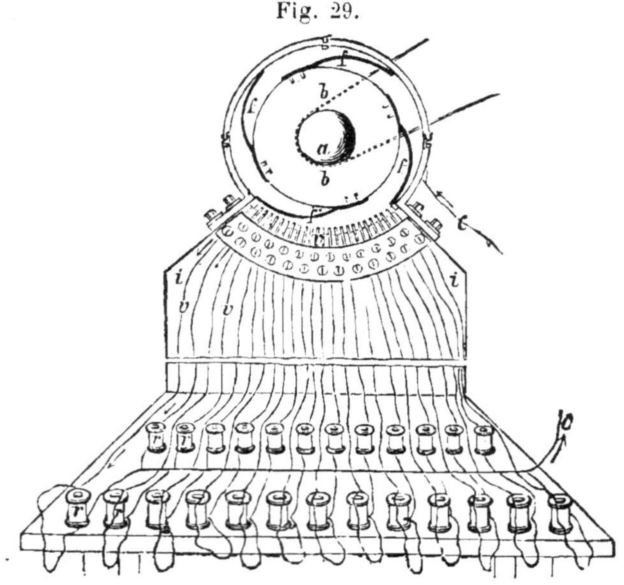

isolé, reposé sur un axe a que l'on peut faire tourner rapidement au moyen d'une disposition mécanique quelconque. Des fils distributeurs y sont engagés dans la région ouverte de l'anneau, de telle sorte que leurs extrémités semblables, appuyées sur les côtés intérieurs de l'anneau, forment des rayons de ce cercle, également distants les uns des autres.

Les bouts sont reliés par des vis de pression aux fils

de distribution, et sont fixés à demeure, avec l'anneau,
sur un corps isolant *i*. Chaque fil distributeur est alors
amené, sous forme de spirale inductrice, dans une bobine d'induction *r*, mais le bout sortant est relié au conducteur principal qui retourne à l'électromoteur.

Le système à double interruption inventé par A. Gravier, de Varsovie, pour permettre de rattacher de nombreux récepteurs à la même source de courants, est
fondé sur les lois d'Ohm et de Joule, mentionnées dans
les chapitres précédents, d'après lesquelles il ne peut
passer, par section déterminée du conducteur, qu'une
quantité déterminée d'électricité. Ce procédé permet
d'ajouter ou d'enlever à volonté, à un courant continu,
un nombre quelconque de récepteurs, sans que l'on
soit forcé d'interrompre le fonctionnement des autres.
Les doubles interrupteurs (il y en a un à chaque point
d'application, lampe ou appareil quelconque) sont construits comme il suit : Les fils conducteurs L et L'(fig. 30),
venant des pôles de la source d'électricité, sont reliés
par des vis de pression $A_,$ et $B_,$, à des traverses conductrices $A_,,$ et $B_,,$ sur lesquelles sont fixées, pour chaque
circuit de dépense, deux ressorts de contact *a* et *b*.
Vis-à-vis de ces ressorts, il y a des ressorts de contact
semblables *a'* et *b'*, qui communiquent, par les vis de
pression N et M, avec les fils conducteurs du circuit
de dépense.

Ces ressorts de contact, *a a'* et *b b'*, reposent sur un
prisme d'ébonite, par exemple, qui porte deux pièces
de contact c_a et c_b. Ces pièces sont si grandes que l'é-
tincelle ne peut jaillir entre les ressorts de contact.
Quand on fait subir au prisme P un quart de rotation
dans un sens ou dans l'autre, le circuit de dépense
correspondant est complètement isolé.

Dans cette disposition on n'a eu en vue qu'un genre

de distribution d'électricité : une partie du conducteur
sert de réservoir et, à même intensité du courant électrique, alimente toujours les divers récepteurs.

Lorsque le nombre de récepteurs est très grand par
rapport à la production du courant, le conducteur, aux
points éloignés de la source du courant, ne fonctionne

Fig. 30.

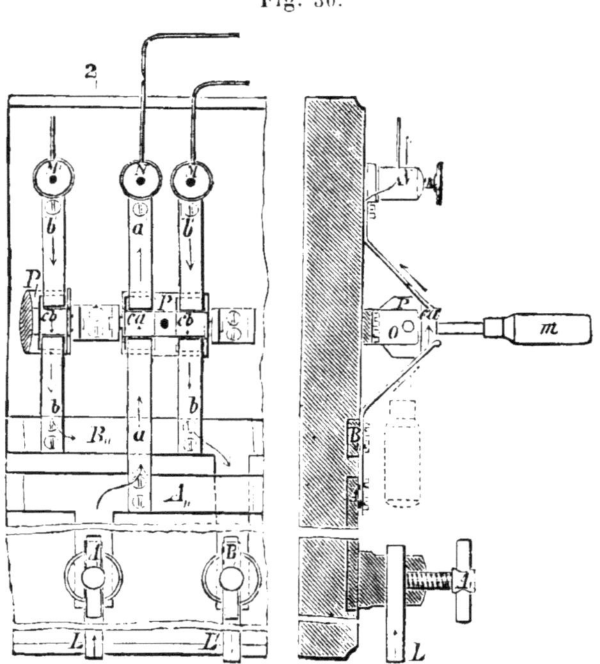

plus comme réservoir, et ne peut plus fournir le courant de l'intensité demandée. On constate que les points
du conducteur les plus éloignés sont les plus faibles,
et il faut leur envoyer de l'établissement un courant
direct, ce que l'on peut faire à la main ou automatiquement. Pour être toujours informé de l'état des points que
la pratique a fait reconnaître comme étant les plus fai-

bles. on derive, de ces points, une partie du courant, et on conduit à l'établissement ce *courant de retour* par un *fil de retour* spécial. D'après les indications du galvanomètre inséré dans ce courant de retour, on règle à l'aide d'un appareil automatique la force électromotrice de l'établissement.

Ce régulateur automatique se compose d'un électroaimant, AB (fig. 31), entouré d'un fil conducteur fin, d'une armature oscillant horizontalement, et posée, comme un fléau de balance, sur un tranchant de fer, prolongement du pôle A ; ce tranchant est muni, à droite et à gauche, de ressorts *cc*, en contact avec d'autres ressorts, *tt*, et déterminant ainsi le passage du courant local par le cylindre d'induction B*s*, dans un sens ou dans l'autre.

Un contre-poids sert à équilibrer l'action du courant de retour, déterminée expérimentalement.

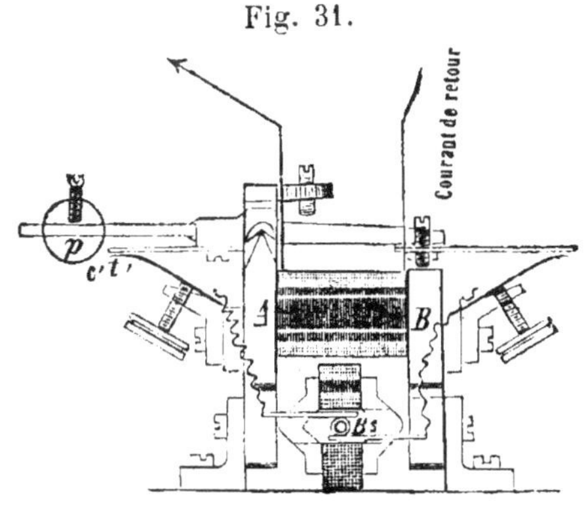

Fig. 31.

L'armature tournante B*s* (cylindre à induction de Siemens, ou autre) tourne à droite ou à gauche, selon la direction du courant local influencé par l'intensité ; elle est reliée directement, par une roue à hélice, avec la soupape de la machine à vapeur qui fait marcher la machine électrique. et elle règle ainsi l'intensité du courant à fournir.

Un autre transformateur est la *machine rhéostatique* de Gaston Planté, qui peut être chargée avec des courants de faible intensité, mais de haute tension.

Au nombre de ces transformateurs se trouvent également tous les accumulateurs, ou *éléments secondaires*, qui permettent d'accumuler l'électricité pour l'employer comme on veut et où l'on veut; réunis de telle ou telle façon, ils permettent d'obtenir des courants de tension ou de quantité. L'importance de ces appareils pour le transport de la force par l'électricité est évidente; aussi parait-il nécessaire de faire connaître au lecteur les formes pratiquement les plus importantes qu'on leur a données.

Le phénomène utilisé dans les accumulateurs, c'est le fait suivant observé par Gautherot : dans les décompositions chimiques produites par le courant électrique, il y a réduction à l'une des électrodes, oxydation à l'autre, et, dès que l'action galvanique cesse il se développe, par réaction chimique, un second courant opposé au premier. Si l'on place alors un pont entre les deux parties de fil du conducteur, qui relient l'élément générateur à l'élément de plomb, le nouveau courant de retour agit, à travers le pont, dans le même sens que le nouveau courant. Si l'on sépare ensuite l'élément générateur, le second courant passe par le pont ou les appareils qui peuvent y être insérés. dans la direction où avait passé aussi le courant de l'élément qui agit directement.

Le premier élément secondaire, pouvant servir à des emplois pratiques, fut construit en 1859, par Planté : il se compose de bandes de plomb séparées par du caoutchouc, le tout enroulé en spirale et plongé dans un vase cylindrique contenant de l'acide sulfurique étendu. Si l'on munit d'un pôle chaque bande de plomb et qu'on la réunisse, pôle à pôle, avec deux éléments de Bunsen accouplés. il se forme — à l'anode — du peroxyde de plomb. tandis qu'à la cathode il se précipite du plomb métallique. Lorsque l'action du courant est épuisée, ce que l'on reconnaît à l'apparition de bulles d'oxygène à l'anode, on éloigne la pile de Bunsen, et l'on peut, en réunissant les pôles de l'élément de Planté, récupérer le courant sous forme d'un puissant courant de polarisation. Planté a découvert en outre que, quand on charge et décharge, à nombreuses reprises, un de ces éléments secondaires formés de plaques de plomb, cet élément fonctionne de mieux en mieux : il devient de plus en plus propre à emmagasiner de grandes quantité d'électricité, fait qui s'explique facilement, car il se forme des couches de plus en plus épaisses d'oxyde de plomb renfermant du bioxyde. Cette observation donna à Faure l'idée de commencer par appliquer sur les plaques de plomb un enduit de minium. Pour le fixer, il entoura les plaques d'une couche d'un tissu léger, et il produisit ainsi des plaques actives. On enduit donc des plaques de plomb avec du minium, on les entoure de mousseline, et on fait ainsi de grands rouleaux que l'on place dans des vases remplis d'acide sulfurique étendu.

Quand on fait passer un courant électrique dans cet élément, il se forme, sur l'enduit extérieur de minium, une très mince couche de bioxyde de plomb et de sulfate de plomb ; ensuite il y a réduction, et il reste, d'un côté, du plomb, de l'autre côté, du bioxyde de plomb pur. Le même phénomène se produit peu à peu jusque dans les couches de minium les plus profondes, jusqu'à ce que la dernière, d'un côté, se transforme en bioxyde, et de l'autre côté soit réduite à l'état de plomb métallique. La supériorité de l'élément de Faure consiste essentiellement en ce qu'il est prêt à servir, aussitôt après avoir été préparé, tandis que l'élément de Planté a besoin d'être péniblement *formé* de longue main par des charges et des décharges répétées. Quant au prétendu avantage qu'on a fait valoir, au début, à grand renfort de réclame, et qui consisterait en ce que, à poids égal, l'élément de Faure formait plus de travail que l'élément de Planté, cet avantage, s'il existe, est très insignifiant.

La valeur d'une pile secondaire dépend, en première ligne des points suivants :

1° On doit pouvoir y accumuler, avec la plus petite dépense possible de force, de temps et de frais accessoires, une quantité d'énergie ou d'électricité aussi grande que possible;

2° La pile secondaire, même quand on la conserve longtemps, ne doit subir aucune perte d'énergie;

3° Elle doit, quand on l'emploie, rendre aussi complètement que possible, et avec une intensité facile à régulariser, l'énergie qu'on y a accumulée.

En janvier 1882, une commission de spécialistes fit, au Conservatoire des arts et métiers, de nombreuses expériences sur ces divers points. Voici, en résumé, le résultat de ces essais :

On chargea la pile quatre jours de suite. On mit en tout $22\frac{3}{4}$ heures à cette opération. La machine Siemens, employée à charger, faisait entre 1072 et 1085 tours par minute. La résistance de l'ancre était de 0,27 ohm; celle de l'électro-aimant induit par une dérivation de la machine elle-même était de 1945 ohms. D'après les mesures opérées avec le dynamomètre-totalisateur d'Easton et Anderson, on employait en tout 9569,798 kilogrammètres de travail mécanique. La somme des divers travaux électriques calculée théoriquement, étant de 9349.250 kilogrammètres, se rapproche de ce chiffre. à 2 pour 100 près. La somme trouvée se répartit ainsi : 269.800 kilogrammètres pour le travail dans l'ancre, 1883,600 pour le travail employé à animer la machine, et 808,750 pour la perte pendant la transmission, de sorte qu'on employa en tout, pour charger les éléments, 6382,100 kilogrammètres.

Le déchargement des éléments[1] qui, y compris le liquide, pesaient chacun 43,7 kilogrammes et dont les électrodes de plomb étaient recouvertes d'un kilogramme environ de minium par mètre carré, exigea en tout 10 heures 39 minutes, et le courant fut employé à faire fonctionner 11 lampes Maxim. La pile, ayant absorbé 694500 coulombs d'électricité pendant la charge, en rendit 619600, c'est-à-dire à peu près 90 0/0; par contre, on ne récupéra que 60 pour 100 du travail emmagasiné, ou 40 0/0 de tout le travail dépensé, soit 3809 kilogrammètres. L'usage de l'accumulateur a donc coûté 40 pour 100 du travail fourni par la machine dynamo-électrique : 40 0/0 du travail électrique dont on aurait disposé sans cet intermédiaire. Il est à peu près certain que, pour tout autre emploi du courant électrique, notamment pour le transport de la force, on eût obtenu le même résultat que pour le fonctionnement des lampes Maxim. Mais, si l'on considère que, grâce aux piles secondaires, l'emploi du courant électrique est indépendant des machines génératrices de courant et de leurs variations inévitables, on appréciera immédiatement la grande valeur de ces réservoirs d'électricité pour tous les cas où on exige un courant constant. Même quand la force vive, et par suite la production du courant électrique, sera à bon marché, on aura quelquefois avantage à se servir des accumulateurs dans les cas où la force ne pourra

---

1. L'expérience commença avec 30 éléments; on n'ajouta les autres que plus tard, et pas tous à la fois.

être employée que momentanément. Enfin il y a lieu d'espérer qu'on arrivera un jour à produire de meilleures piles secondaires, que l'on pourra employer avec beaucoup moins de perte de force.

Comme la capacité d'emmagasinement possédée par un accumulateur est déterminée moins par l'importance de la charge que par l'énergie d'action de la surface des électrodes, on s'efforce de donner aux appareils que l'on construit maintenant la plus grande surface possible pour le moindre poids possible. Ainsi, dans l'accumulateur de Kabath, il y a un grand nombre de minces bandes de plomb alternativement plates et ondulées, qui sont placées les unes au-dessus des autres et enveloppées dans un manteau de plomb. Une électrode de ce genre a 80 à 90 millimètres de large; elle comprend 80 à 100 feuillets et est munie d'un fort fil de plomb relié à des vis. Douze de ces électrodes plates sont réunies en un élément; en plus, il y a de chaque côté une électrode en plomb massif, dans l'intérêt de la stabilité. En bas et en haut, les électrodes sont fixées à une plaque, au moyen d'un ciment de colophane ou de paraffine, et le tout est plongé dans une caisse imperméable, remplie d'acide sulfurique étendu. Le modèle destiné aux usages industriels a des poignées qui permettent de le transporter facilement ; il contient des électrodes de 40 centimètres de longueur et 1 centimètre d'épaisseur. L'accumulateur pèse, dans la caisse 30 kilogrammes, et avec le liquide 35 kilogrammes. Il y a une modification horizontale, pour servir à demeure. On ne sait encore rien au sujet du rendement.

Même principe pour l'élément de la *Société universelle d'électricité*, Tommasi à Paris. Sur une plaque de plomb, *a*, d'environ 2 millimètres d'épaisseur, de hauteur et de longueur convenables, on a coulé des cloi-

sons *bb*, de même épaisseur ou d'épaisseur à peu près
égale, et faisant avec la plaque *a* un angle de 30 à 40°.
La plaque forme donc, avec les cloisons *b'* un ensemble
à plusieurs divisions étagées les unes au-dessus des
autres; le tout a environ 35 millimètres de profondeur. Deux de ces systèmes A et A', assemblés par
étages, sont disposés en face l'un de l'autre et séparés
par des blocs qui maintiennent entre eux une distance
de dix millimètres environ; ils sont logés dans une boîte
de caoutchouc durci. Les intervalles contre les cloisons
sont remplis de feuilles de
plomb laminées, *dd*, de 0,1
millimètre d'épaisseur. La
caisse *c* est remplie d'acide
sulfurique étendu (1 d'acide
pour 10 d'eau). On charge
cet élément comme celui de
Planté.

Fig. 32.

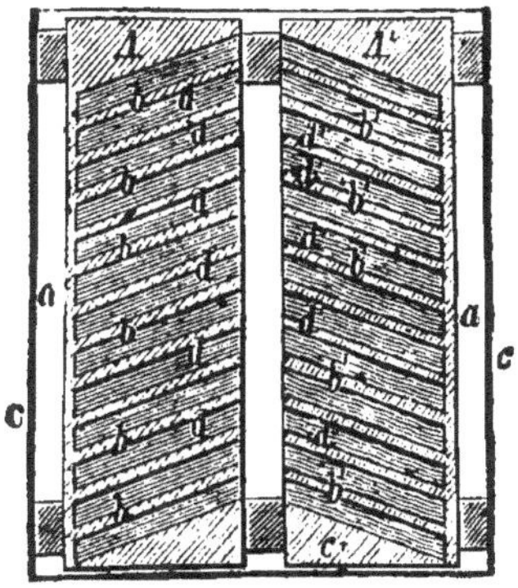

Les accumulateurs de Sel-
lon-Volkmar sont construits
tout spécialement pour le
transport de la force à appli-
quer à la propulsion des navires. La société *Electric
Power Storage Company*, de Millwall à Londres, les a
employés à faire marcher le petit bateau *Electricity*.
Chaque élément contient 40 plaques électrodes prépa-
rées et pèse 40 livres; les auges ont 25,40 centimètres
en carré et 20,32 centimètres de hauteur.

Les piles de la Société générale d'électricité (procédés
Jablochkoff) représentées dans la figure 33, sont construites d'après un tout autre principe. Tandis que, dans
la plupart des systèmes que nous avons examinés jusqu'à présent et dans la plupart des systèmes connus,
les électrodes sont recouvertes d'oxydes métalliques

poreux ou spongieux, les éléments Jablochkoff ont des électrodes à surface polie. Pour augmenter la polorisation, ces électrodes sont entourées d'une couche d'un corps oléagineux, gras ou résineux, et particulièrement d'hydrocarbures à consistance oléagineuse. Deux électrodes A et B (fig. 33) en plaques de métal poli, d'argent, par exemple, enroulées en spirale, sont dans un vase C et plongent en partie dans de l'eau W, mais pour la plus grande partie dans de l'huile. On ne sait rien, jusqu'à présent, sur le mode d'emploi et sur le rendement de ces accumulateurs.

Fig. 33.

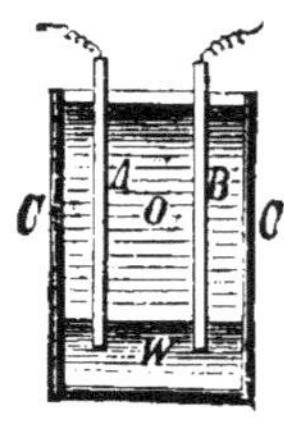

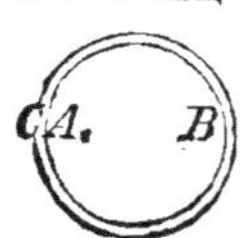

A l'exposition d'électricité de Munich, de 1881, la section qui contenait les accumulateurs, avec les piles secondaires ou de polarisation, était fort intéressante. Gaston Planté, le pionnier de cette partie de l'électricité appliquée, exposait un modèle, exécuté selon la première construction de Faure, avec double spirale de feuille de plomb et couche de minium maintenue par de la flanelle ; en outre, une plaque de plomb positive recouverte de bioxyde de plomb noir brun, et une plaque négative, recouverte d'une mince éponge de plomb métallique ; plus, une électrode de platine, avec enduit de cuivre, et faisant partie d'un accumulateur de 1,5 kilogramme ; Planté a calculé le rendement de cette pile, en mesure absolue.

Le Dr E. Bœttcher, médecin supérieur d'état-major à Leipzig, exposait une nouvelle pile secondaire. Cette petite pile était construite en plaques de zinc et de plomb séparées par du papier parchemin ; ces couples de plaques étaient placées 12 par 12 dans de petites boites carrées en caoutchouc vulcanisé d'une contenance de

deux litres environ, et contenant comme liquide conducteur et chimiquement actif, de l'acide sulfurique, ad-
ditionné de sulfate de zinc qui doit être renouvelé souvent. Chaque pile était constituée par trois de ces
boîtes. On voyait trois de ces piles. La surface des
plaques était d'environ un décimètre carré. Deux piles
combinées entre les mains de l'inventeur qui était là
lui-même, produisaient, en plein jour, de la lumière
rayonnante, dans une bougie Jablochkoff. Cette pile,
comme celle de Planté, est chargée avec un courant
primaire, et elle conserve, pendant quelques heures,
une activité secondaire considérable. Selon l'inventeur, le bioxyde de plomb, dans cette pile, se décom-
pose très rapidement, et, au bout d'une nuit, il n'y a
plus d'action secondaire.

Ce qui excitait le plus vif intérêt, c'étaient les accumulateurs de O. Schulze, anciennement secrétaire du télégraphe à Strasbourg. La pile O. Schulze a 30 auges,
dont chacune contient trente plaques de plomb pré-
parées et de l'acide sulfurique étendu. Selon le représentant de la maison, la préparation des plaques se
fait avec du soufre et ne dure que 16 heures. (Planté
traite les siennes maintenant, pendant 24 à 48 heures,
avec de l'acide nitrique.) La pile fournissait l'électricité
à un lustre de 6 bougies à incandescence. Les plaques
avaient 200 millimètres sur 100, en surface, et une
épaisseur de $1^{mm},25$; à l'un des coins une courte bande
de plomb, s'élevant au-dessus du système, servait à
relier les pôles. Les plaques 1, 3, 5, 7, etc., étaient reliées
au pôle positif; les plaques 2, 4, 6, 8 au pôle négatif.
Ces plaques, distantes de $0^m,5$ à $0^m,7$ millimètres, les
unes des autres, ne pouvaient pas s'écarter ou se rapprocher davantage; car elles s'appuyaient à droite et à
gauche, sur des bandes de caoutchouc vulcanisé, mu-

nies d'entailles à cet effet. C'est avec la main qu'on plongeait dans l'auge l'assemblage des trente plaques et qu'on l'en retirait. Les auges étaient des boîtes de bois carrées, garnies de plomb et à peu près deux fois aussi hautes que larges. Il y avait aussi une auge de verre. Ces appareils sont petits et maniables; il paraît que de plus leur rendement est avantageux. Une auge, comme on le montrait à l'exposition même, fait immédiatement rougir et fondre un fort fil de cuivre placé entre le pôle + et le pôle —. On peut donc croire que, lors de l'essai d'une grande pile secondaire Planté-Faure à Paris, on ait constaté une absorption de 6,900,000 kilogrammètres, et un rendement de 60 0/0. Ici c'était 50 0/0. On ne remarque pas d'action physiologique quand on touche les deux pôles avec la main.

Tous ces systèmes semblent devoir acquérir une grande importance pour la distribution des courants; mais ils sont entachés d'un grave défaut : c'est qu'ils perdent plus ou moins d'énergie, car le courant, avant de pénétrer dans les divers appareils, a à surmonter des résistances étrangères.

Cabanellas a proposé une méthode pour réduire la perte qui se produit pendant la transmission du courant.

On atteindrait également le but, selon Cabanellas, en insérant sur le courant une seconde machine pour transformer le courant de la machine primaire avant qu'il n'arrivât à la machine travaillant. Au lieu d'interposer une machine intermédiaire, il fait passer le courant d'une machine de Gramme dans un second anneau fixé au même axe, avant de le conduire aux moteurs extrêmes.

La perte d'énergie, dans ce mode de transmission, reste cependant beaucoup trop grande pour la pratique, car elle dépasse 50 0/0. Elle est un peu réduite par la modification la plus récente de la méthode de transformation de Cabanellas.

Dans cette modification, en effet, on n'emploie pas deux anneaux, mais l'anneau inducteur a un double enroulement, et au lieu de tourner il reste immobile.

L'enroulement intérieur est relié, par l'intermédiaire de ses brosses dérivatrices, avec le système conducteur, tandis que l'enroulement extérieur communique avec la dérivation à laquelle on veut envoyer un courant d'intensité et de force électromotrice déterminées. L'anneau au lieu de tourner est fixe, je l'ai déjà dit, et les brosses tournent autour du collecteur de l'enroulement intérieur, ce qui détermine dans l'enroulement extérieur une série de courants alternatifs que l'on transforme en courants continus et que l'on peut faire servir à alimenter la dérivation. La nature de ces courants dépend de l'épaisseur du fil choisi, de la rapidité de la rotation et de l'énergie du conducteur principal : on peut donc la régulariser aisément. La force motrice pour ces appareils intermédiaires est très réduite par ce fait qu'on ne fait tourner que les brosses, et elle est fournie par un courant dérivé du conducteur principal.

Cette manière de modifier le courant principal est beaucoup plus avantageuse que la première; néanmoins elle entraîne encore une grande perte d'énergie et elle n'est guère utile que dans des conditions parfaitement déterminées.

Les systèmes de transformation et de réglage pour lesquels on a pris des brevets dans ces derniers temps sont tellement nombreux qu'il serait impossible de les énumérer tous ici. Du reste, je ne prétends pas faire ici l'histoire des systèmes de transport de la force. Ce qui précède suffira parfaitement pour montrer au spécialiste où en est actuellement la théorie du transport de la force et quels sont les points importants pour la pratique. Ces détails des diverses méthodes pour le transport de la force ont encore à subir l'épreuve de l'experience ; à partir du jour où les avantages de tel ou tel système seront unanimement reconnus, on verra les applications se produire en grand nombre. Quant à présent, il faut se borner à des appréciations générales ; on peut dire, par exemple, que le système de dérivation de Deprez et un système si simple de réglage paraissent mériter la préférence.

CHAPITRE X

Moyens de réduire les pertes d'énergie dans le transport de force par l'electricité.

Dans le chapitre précédent nous avons vu de quelle manière on peut résoudre les problèmes du transport de la force, de la distribution et du réglage du courant; mais nous avons en même temps reconnu que dans la pratique la perte d'énergie, survenant pendant le transport de la force et pendant la distribution du courant, est encore très considérable. Examinons de quelle manière on peut réduire cette perte autant que possible.

Pour résoudre le problème, remarquons que les pertes se produisent principalement en trois endroits, savoir :

1° A l'endroit où la force à transporter est transmise aux machines électriques;

2' Dans les machines électriques elles-mêmes;

3° Dans les fils conducteurs.

Il nous faudrait donc rechercher successivement les moyens propres à réduire ces pertes dans chacun de ces trois endroits.

La perte qui se produit dans le transport de la force au moteur électrique primaire peut avoir deux causes: ou bien la construction de la turbine, du moteur à vapeur, du moteur à gaz, du moteur hydraulique (car, comme nous l'avons déjà vu précédemment, tout moteur, quelque convenable qu'il soit pour d'autres usages, n'est pas propre à être rattaché à un moteur électrique), ou bien le mode d'attache entre le moteur général et le moteur électrique est défectueux.

De tous les moteurs servant à actionner les moteurs électriques, les machines à vapeur, comme je l'ai également expliqué précédemment, sont incontestablement les meilleurs ; car, la rotation des machines électriques devant être très régulière, puisque tout changement dans la vitesse de rotation détermine un changement correspondant dans la vitesse du courant, il faut, pour produire cette rotation régulière, que la machine motrice elle-même travaille très régulièrement. Or, le but du transport de force par l'électricité étant très souvent, comme je l'ai dit dans l'introduction, d'utiliser les forces hydrauliques, il faudra user de précautions particulières lorsqu'on emploiera les moteurs hydrauliques, spécialement les turbines. Dans l'intérieur des villes on se servira fréquemment des machines à gaz, vu la grande commodité de leur emploi.

Pour réduire la perte qui se produit dans les moteurs électriques eux-mêmes, il faudra commencer par améliorer rationnellement la construction ; mais comme dans cet ouvrage nous n'avons même pas à aborder le vaste sujet de la construction des machines électriques, je ne puis indiquer en détail les moyens de les perfectionner ; je serai donc forcé de me borner à quelques courtes indications.

Les pertes de forces dans les machines électriques proviennent principalement de tranformation de l'énergie ou chaleur dans les parties de la machine qui sont en fer, et d'étincelles jaillissant entre les commutateurs : collecteurs et brosses.

Pour supprimer la première cause de perte, il ne faudrait point *de masses de fer*, ou en général de masses métalliques solides, se mouvant dans les champs magnétiques. La *machine de Siemens pour les courants alternatifs* et sa *récente machine* pour les courants continus fournissent à cet égard un bon exemple.

Pour qu'il n'y ait point d'étincelles, il faut que la machine soit construite de telle sorte que le courant n'ait point à passer par des parties de fil non soumises à l'action inductrice des électro-aimants. Cette règle est négligée dans les anciennes machines de Gramme; elle est bien observée dans les machines Brush : dans cette dernière les parties non inductrices de l'armature sont déclanchées automatiquement par le mouvement de la machine elle-même.

En outre, il faut que la position des brosses soit toujours réglée de telle sorte qu'elles se trouvent toujours aux points neutres; il est aussi très utile de diminuer la surface des parties frottantes, comme l'a recommandé le professeur Perry en Angleterre.

Ce qu'il faut avant tout observer, notamment pour le transport de force, c'est la recommandation, que j'ai si souvent rappelée, de construire de grandes machines. L'expérience a partout montré que les machines de grandes dimensions travaillent bien plus économiquement que les petites; partout dans l'industrie on a constaté que la concentration de forces en un point d'où on peut la distribuer est bien plus avantageuse que la production locale de petites quantités d'énergie.

La machine du célèbre physicien anglais G. E. H. Gordon dépasse en grandeur toutes les machines construites jusqu'à présent. Selon l'*Electrician* (t. IX, n° 24), elle transforme en courant 94 pour 100 de la force dépensée. L'élévation de ce rendement est une nouvelle preuve de l'avantage qu'il y a à employer les grandes machines.

Le poids total de cette machine, destinée principalement à l'éclairage par incandescence, est d'environ **18** tonnes. L'armature est fixe et les aimants inducteurs tournent. Le poids des inducteurs est de **7** tonnes. Le diamètre du disque auquel sont fixés les aimants est de $2^m,66$.

Je ne décrirai pas ici cette machine, car elle ne convient pas pour le transport de la force, mais je la mentionne à cause de son rendement élevé. La machine de Gordon, comme la machine d'Edison, est l'indice d'un progrès. C'est surtout pour transporter la force à de grandes distances qu'il faudra employer, à l'avenir, des machines dont les dimensions dépassent de beaucoup celles des machines qu'on a construites jusqu'à présent.

Passons maintenant aux pertes qui dépendent des fils conducteurs et qui se produisent : soit parce qu'on a mal choisi l'épaisseur des fils, soit parce que le métal employé est mauvais conducteur, soit enfin parce que les fils sont mal isolés. Forbes, d'après la revue *Zeitschrift für allgemeine Elektricitætslehre*, a fait des expériences pour déterminer le diamètre de fil conducteur, qui convient le mieux à telle ou telle intensité de courant : sa méthode consistait à chauffer des fils de grosseur différente, par des courants convenables, à une température donnée. Il a fait une partie de ses essais, avec du fil décapé exposé au refroidissement par l'air, une autre partie avec des bobines comme celles employées dans les electro-aimants et les armatures des machines dynamo-électriques.

1° Quand on fait passer un courant de force constante, dans un fil décapé, jusqu'à ce que la température ait atteint une hauteur constante, la quantité de chaleur produite dans une longueur de fil donnée est

égale à la chaleur émise par conductibilité et par rayonnement. Nous sommes donc, semble-t-il, autorisés à
admettre que, pour une température donnée, l'intensité
du courant est proportionnelle à la surface des fils.
Soit C l'intensité du courant, R la résistance de la longueur de fils donnée et D le diamètre du fil; l'échauffement est, d'après la loi de Joule, proportionnel à

$$C^2 R \quad \text{ou à} \quad \frac{C^2}{D^2} \cdot$$

On a donc

$$\frac{C^2}{D^2} = a D,$$

expression dans laquelle a est une constante, ou

$$C = a D^{\frac{3}{2}} \quad . \quad . \quad . \quad . \quad . \quad (1)$$

Pour contrôler l'exactitude de ce théorème, Forbes
choisit trois fils de diamètre différent et de même conductibilité spécifique; sur chacun d'eux, il appliqua
de la cire d'abeilles, qui fond à une température de
57,78° C; la température de l'air ambiant était de
17,78° C. Forbes faisait passer le courant dans un des
fils, et, à de longs intervalles, pour que l'échauffement
fût toujours maximum; il renforçait ce courant jusqu'à
ce que l'échauffement fît fondre la cire. Il déterminait
l'intensité du courant au moyen d'un galvanomètre à
tangente. Il procédait de même avec les deux autres
fils. Les résultats de l'expérience sont consignés dans
le tableau suivant. Si $C = a\, D^{\frac{3}{2}}$, il faut que le quotient
$\dfrac{C}{D^{\frac{3}{2}}}$ soit le même pour tous les fils. Si, au contraire,
comme on l'a souvent admis, $C = a\, D^2$, il faut que le

quotient $\dfrac{C}{D^2}$ soit constant. Pour $C = aD$, c'est $\dfrac{C}{D}$ qui doit devenir constant. Le tableau suivant servira à comparer ces quotients.

D	C	$\dfrac{C}{D}$	$\dfrac{C}{D^{\frac{3}{2}}}$	$\dfrac{C}{D^2}$
Millimètres.				
0.58	0,984	1,696	2,229	2,924
1,22	2,304	1,888	1,709	1,548
1,58	3,026	1,915	1,523	1,212

Les expériences ont montré, d'une manière bien nette, que l'intensité correspondant à un échauffement déterminé n'est pas proportionnelle à la section du fil, non plus qu'au diamètre élevé à la puissance $\frac{3}{2}$, mais bien plutôt au diamètre du fil. Il paraît que ces expériences ont été reprises plus tard avec des fils présentant des différences de diamètre bien plus considérables et que les nouvelles expériences ont été publiées.

2° Imaginons deux bobines, de même grandeur et de même poids, entourées de fil de grosseur différente; supposons que le nombre des tours soit assez grand. La longueur et la résistance d'une longueur de fil déterminée sont inversement proportionnelles au carré du diamètre du fil; par conséquent, la résistance totale de l'une quelconque de ces deux bobines est proportionnelle au quotient $\dfrac{1}{D^4}$, et la quantité de chaleur développée dans la bobine, par unité de temps, est proportionnelle à la valeur C^4R ou à $\dfrac{C^4}{D^4}$. A égalité de surface, la perte de chaleur par conductibilité et par rayonnement sera la même pour les deux bobines. De là résulte :

$$\frac{C^1}{D^4} = a$$

$$C = aD^2 \quad . \quad . \quad . \quad . \quad . \quad . \quad (2)$$

Pour démontrer expérimentalement ce théorème, Forbes s'est servi de deux tubes de laiton à collet et dont un bout était fermé. Autour de ces deux tubes, il enroula du fil métallique, de grosseur différente, en quantité telle que les deux tubes avec leur fil eussent le même poids. Il les remplit d'eau et dans cette eau il mit un thermomètre; ensuite il éleva lentement l'intensité du courant, jusqu'à ce que la température fût constante et suffisamment élevée. Il mesura l'intensité au moyen du galvanomètre. Les expériences donnèrent toujours, pour le quotient, l'intensité nécessaire pour le développement de chaleur déterminé, divisée par le carré du diamètre du fil : constante qui prouve l'exactitude de la formule (2).

Dans les lignes télégraphiques, il faut que les fils soient durables et à bon marché. On emploie ordinairement des fils de fer. Autrefois on se servait surtout de fils de fer galvanisés, de 3 à 4 millimètres de diamètre; aujourd'hui on augmente le diamètre et on se sert de fils de fer non galvanisés.

Le fer est un trop mauvais conducteur pour le transport de la force. M. Deprez, à l'exposition de Munich, a employé un fil de fer ordinaire : c'était plutôt pour montrer la possibilité de cet emploi que pour recommander l'emploi des fils de fer dans le transport de la force.

Pour transporter de grandes quantités d'énergie, il faudrait n'employer que des fils de cuivre. Ils sont, à vrai dire, beaucoup plus chers que les fils de fer ou même de bronze phosphoreux; mais, bien meilleurs conducteurs, ils s'échauffent beaucoup moins, et par suite il y a beaucoup moins de perte d'énergie par échauffement. Cet avantage compense largement la différence de prix.

Il faut avoir grand soin de n'employer que du cuivre tout à fait pur, car les plus faibles traces de métaux étrangers diminuent notablement la conductibilité des fils de cuivre. D'après une communication du capitaine Bucknill, la résistance du cuivre est très différente selon l'origine : la conductibilité du cuivre du Rio-Tinto, par exemple, ne serait que 14 pour 100 de celle du cuivre pur.

M. le professeur Weilenmann, dans une communication qu'il a adressée à la revue *Zeitschrift für angewendete Elektricitætslehre* (t. IV, n° 13), a recherché quel est le métal qu'il faut choisir pour le transport de grandes quantités d'énergie, quand on désire *que le prix total annuel de la perte d'énergie et l'intérêt, ainsi que les frais d'entretien, soient aussi faibles que possible.*

Soit A la section du conducteur, s la résistance spécifique, c l'intensité, p la fraction de l'année, pendant laquelle on se sert du conducteur, E le prix de l'*erg* [1], V le prix du métal par mètre cube : en se servant de la formule de Thomson, on trouve le prix total, de la manière suivante, ainsi que Weilenmann l'indique.

Soit Z 0/0 l'intérêt du capital.

Posons

$$k = \frac{Z}{100} V.$$

<hr>

1. La *dyne* est, dans le système C. G. S., l'unité de force; c'est la force qui donne, en une seconde, à la masse de 1 gramme, une vitesse de 1 centimètre. On appelle *erg* le travail accompli par une *dyne* parcourant une distance de 1 centimètre.

La perte annuelle d'énergie, par centimètre de longueur, est $k\mathrm{A}$.

Il faut ajouter les frais d'entretien : par exemple, les dépenses causées par le renouvellement des conducteurs. Ces frais sont d'autant moindres que la section A est grande, et l'on peut admettre, d'après Weilenmann, que le renouvellement annuel, par mètre courant, est inversement proportionnel à la section.

Donc, si l'on appelle q la fraction de centimètre de longueur, à renouveler par centimètre carré de section, la fraction de renouvellement par section A sera $\dfrac{q}{\mathrm{A}}$ de centimètre de longueur, ou

$$\frac{q}{\mathrm{A}} \cdot \mathrm{A} = q^{\text{cent. cub.}}$$

Soit a le prix du centimètre cube de vieux métal, le prix de renouvellement par centimètre courant sera

$$(\mathrm{V} - a) \cdot q = e;$$

ce prix sera donc constant pour le même métal.

D'autre part, le prix de la perte d'énergie par an est de

$$\frac{31.5 \cdot 10^6 psc^2 \mathrm{E}}{\mathrm{A}}$$

Le prix total de la perte d'énergie est donc

$$\mathrm{G} = \mathrm{KA} + e + \frac{31,5 \cdot 10^6 psc^2 \mathrm{E}}{\mathrm{A}}.$$

Si l'on choisit la section A, de telle sorte que G soit minimum pour un métal donné, on a :

$$\mathrm{A} = 1000\, c \sqrt{\frac{31,5\, ps\mathrm{E}}{k}}.$$

En remplaçant A par sa valeur, on trouve

$$G = 2000 \, c \, \sqrt{31,5 \, p \, (sk) \, E + e}.$$

Quand on a à transporter *de grandes quantités d'énergie*, les frais de renouvellement ne sont pas très élevés, et dans ce cas G est minimum quand (*sk*) est minimum. Or, comme *k* est proportionnel au prix du centimètre cube, il faut, *pour les conducteurs destinés au transport de grandes quantités d'énergie, choisir le métal pour lequel le produit de la résistance spécifique par le prix a la plus petite valeur.*

Soit $G = k \, A + e$.

Soit proposé de trouver un fil qui, tout en coûtant peu d'entretien, n'exige pas une trop grande section. Si nous avons le choix entre le cuivre, le fer et le bronze phosphoreux et si nous faisons, pour le cuivre, $s = 1$, nous trouverons, pour le fer, $s = 7,5$, et pour le bronze phosphoreux $s = 3$.

Les prix par centimètre cube pour chacun de ces métaux sont proportionnels : à 1 pour le fer, à 5 pour le cuivre, à 4 pour le bronze phosphoreux. Ce dernier prix a été emprunté par Weilenmann à une notice de la revue *Zeitschrift für angewendete Elektricitætslehre* (t. IV, fascicule 3).

Nous trouvons donc les valeurs relatives suivantes pour ($s \, k$) : cuivre 5, fer 7,5, bronze phosphoreux 12. Pour transmettre des courants intenses, des fils de cuivre sont donc de beaucoup les moins chers. Mais je répète qu'il ne s'agit que du cuivre tout à fait pur, et que, le cuivre du commerce ne l'étant pas toujours, cette circonstance en restreint beaucoup l'emploi.

Lazare Weiller, d'Angoulème, recommande chaudement un fil de cuivre silicié, pour lequel il a pris un brevet. La conductibilité de ce fil serait deux fois aussi grande que celle du bronze phosphoreux, tandis que sa ténacité absolue ne serait qu'un peu inférieure. L'inventeur fait valoir que le fil de cuivre silicié a, sur le fil de fer et sur le fil d'acier, l'avantage de ne pas se rouiller; il ajoute que, à l'installation, on économise beaucoup de poteaux, d'isolateurs et de salaires d'ouvriers, en employant un mince fil de cuivre silicié au lieu des fils de fer et d'acier, qui sont beaucoup plus gros; que, de plus, le vieux fil vaut 2 fr. 25 le kilogramme. Le fil au silicium aurait, sur le cuivre, l'avantage de ne pas se dilater; à cet égard, il se rapprocherait beaucoup de l'acier de bonne qualité.

Pour empêcher les effets d'induction qui se produisent dans les fils conducteurs réunis, Henry Augustus Clark dispose ces fils dans le câble, de telle sorte qu'un seul et même fil ne se trouve entre les fils pareils que sur une certaine étendue du conducteur. A cet effet, le câble est formé de divers faisceaux de fil; un fil passe, sur une certaine distance, dans un faisceau; sur le parcours de la distance suivante, il entre dans un faisceau voisin, etc., et chaque fois il est remplacé par un fil d'un autre faisceau, etc.

Le brevet comprend, en outre, un procédé pour la vulcanisation des câbles. On place les câbles dans des moules formés de deux parties qui reposent directement sur les tuyaux de vapeur d'un four à vulcaniser; on étend les câbles et on les maintient à distance convenable dans ces fours. Les formes faisant saillie aux deux bouts du four, les morceaux de fil situés aux bouts de la forme se vulcanisent partiellement, et par suite il n'y a pas de points faibles aux joints de l'enveloppe vulcanisée.

En ce qui concerne le meilleur procédé d'isolement des conducteurs souterrains pour le transport de la force, il est difficile d'émettre actuellement une opinion à cet égard. L'isolement ordinaire à la gutta-percha a généralement été reconnu bon; mais il devient trop coûteux depuis que la consommation dépasse la production. Il y a des méthodes nouvelles, qui paraissent donner de bons résultats; toutefois on ne pourra se prononcer définitivement sur ce qu'elles valent que quand elles seront depuis longtemps à l'épreuve. Je me bornerai donc à indiquer simplement les principaux isolants que l'on voyait à l'exposition de Paris, car la connaissance des agents dont on s'est servi jusqu'à présent peut être importante pour le spécialiste et lui suggérer ces perfectionnements.

J'ai déjà mentionné dans les chapitres précédents une partie des nouveaux procédés; j'en citerai encore quelques-uns convenant spécialement pour les câbles employés au transport de la force par l'électricité.

W. J. Henley, pour isoler les fils, les entoure d'une couche d'oxyde de zinc; il prend, pour enveloppe extérieure, une masse résineuse, dont le principal élément est l'ozokérite.

Latimer Clark et Muirhead emploient, pour isoler leurs câbles, la *nigrite*, matière formée de deux parties d'ozokérite et d'une partie de caoutchouc.

Marcus Marcellus Manly, Robert Paterson Manly et William Philipps, de Philadelphie, préconisent la méthode d'isolement suivante. Les fils métalliques conducteurs sont engagés dans un tuyau qui est soumis à une traction agissant de bas en haut et verticalement pendant qu'on introduit la masse isolante par le bout inférieur du tuyau et qu'on la force ainsi à monter peu à peu, à remplir le tuyau et à entourer les fils. On refroidit ensuite le tuyau, et on le tourne en sorte que les fils forment des spirales.

Le système d'Ernest Ulysse Parod, de Paris, a également pour objet l'isolement des câbles devant servir aux transports à grandes distances. Parod emploie des conducteurs qui permettent de prendre en divers points un grand nombre de dérivations.

Ces conducteurs (fig. 34) sont formés de deux cylindres concentriques A et G, présentant la plus grande surface possible. Le cylindre intérieur A est pourvu, sur sa face interne et sur sa face externe, d'armatures conductrices. L'armature de la face interne est reliée, par l'intermédiaire du dôme de cuivre

Fig. 34.

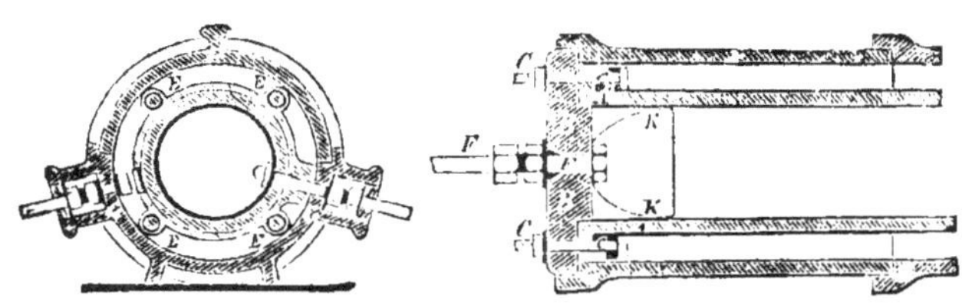

K et du boulon F, avec l'un des pôles de la source d'électricité. Quant à l'armature extérieure de A, elle se relie à l'autre pôle par les boulons C et les collets E. Entre le condensateur proprement dit, A, et le cylindre enveloppant, G, reliés ensemble par le couvercle B. il reste un espace vide, dans lequel l'air peut circuler : cet air est desséché au moyen de chaux éteinte, car l'air humide pourrait déterminer une perte d'électricité. La dérivation vers les appareils à faire marcher se produit par les boulons I et J qui traversent des bouts de tuyau, dont ils sont isolés au moyen de caoutchouc, de laque ou de résine. On peut enlever la partie supérieure du cylindre G, quand il faut faire des réparations.

C'est généralement par les rails que passe le courant
des chemins de fer électriques. A. Ehrich, de Berlin,
emploie, pour cet usage, des plaques de contact spéciales, *e* (fig. 35), qui sont fixées sur une longrine de
bois maintenue le long et à l'intérieur des rails par des
supports. Ces plaques de contact *e* sont séparées les
unes des autres par des pièces intermédiaires *u*. Au-
dessus du milieu de chaque plaque de contact, la lon-

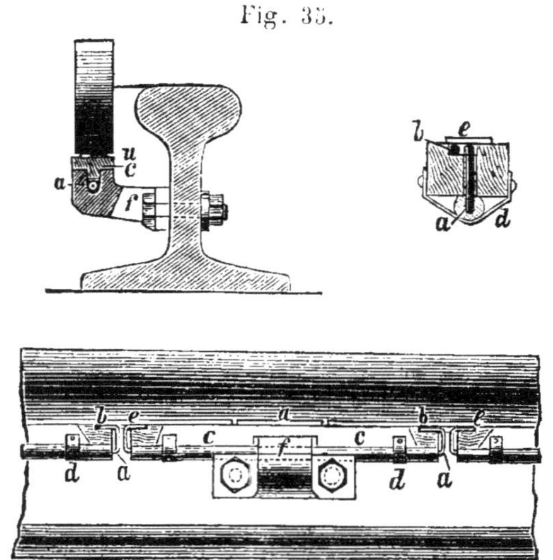

Fig. 35.

grine *c* est percée pour permettre le passage du fil
conducteur, *a*, dépouillé de son enveloppe isolante. Ce
fil conducteur, *a*, est maintenu, par des liens *d*, au-
dessous de la longrine de bois, *c*; aux places dénudées
il est recourbé en anneaux, *b*, qui sont logés dans des
cavités, *c*, au-dessous des plaques de contact, *e*. Des
plaques de contact, le courant passe dans deux roues de
contact, courant sur elles; l'une de ces roues se trouve à
la partie antérieure du wagon, l'autre à la partie pos-

térieure, de sorte que, de ces roues, il y en a toujours au moins une en contact avec la plaque. Le retour du courant se fait, comme ordinairement, par la traverse opposée.

Une méthode d'isolement qui a bien fonctionné depuis qu'elle a été adoptée pour les conducteurs téléphoniques est celle de l'américain Brooks, décrite au chapitre V et consistant à faire passer, dans un tuyau métallique rempli de pétrole, un grand nombre de fils métalliques entourés de jute sèche. Cet isolement, il est vrai, ne vaut pas celui à la gutta-percha; néanmoins il est très satisfaisant. Les tuyaux métalliques, généralement en fonte galvanisée, sont formés de parties de $4^m,50$ de longueur, rivées ensemble. A des inter-valles de 1300 à 1800 mètres, les tuyaux en-trent dans des pièces plus larges, qui com-muniquent avec des

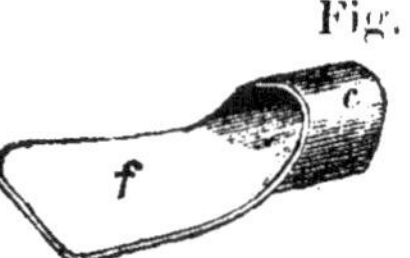
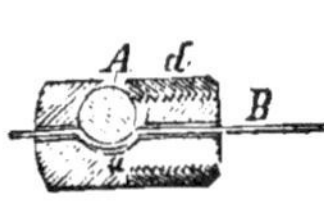

Fig. 36.

tuyaux verticaux par lesquels le pétrole arrive d'un petit réservoir dans la conduite; quand celle-ci est remplie, on ferme les orifices par un système à vis. A sa partie la plus basse, la conduite communique avec un réservoir supérieur par le moyen duquel la pression du liquide est maintenue constante dans l'ensemble des tuyaux. Les faisceaux de fil qui se trouvent dans les tuyaux sont reliés ensemble par de simples liens métalliques.

Ce système d'isolement peut être excellent pour de faibles courants; néanmoins il ne paraît pas approprié aux exigences du transport de la force, car la résistance de l'isolement n'est que de deux mégohms par kilo-mètre.

Les câbles de la maison Berthoud, Borel et C^{io} se

distinguent par leur bon isolement, et, par la modicité relative de leur prix; ils paraissent préférables, pour les transports de force à grandes distances.

Arthur Wilfred Brewtnall, de Londres, a inventé un mode spécial d'isolement, pour les jonctions des fils dérivés avec les fils principaux ou câbles. Que le lecteur veuille bien se reporter à la figure 36. La pièce A en laiton est percée longitudinalement pour permettre le passage du fil de dérivation B, tandis que le fil principal ou câble A est maintenu par. la pièce d dans la partie évidée, a, de A, et presse contre le fil de dérivation, qui par suite se recourbe un peu. Au point de contact, le câble, ainsi que le fil de dérivation, est sans matière isolante. Mais, pour isoler extérieurement le point de jonction, on tire sur l'assemblage une enveloppe de caoutchouc, c; on ramène le prolongement par-dessus, et on le maintient en place au moyen de fil métallique.

On n'est pas, jusqu'à présent, assez renseigné pour recommander spécialement tel ou tel de ces divers systèmes à l'exclusion des autres; l'expérience n'a pas encore prononcé.

CHAPITRE XI

Applications industrielles
du transport de la force par l'électricité.

J'ai fait connaître au lecteur les lois théoriques du transport de la force par l'électricité, et je lui ai signalé les difficultés qui, dans l'industrie, restreignent encore la valeur de ces lois. Il me reste à énumérer quelques-unes des principales applications du transport de la force et à indiquer les résultats qu'elles ont donnés jusqu'à présent.

On peut d'abord distinguer deux cas : le transport à grande distance et l'emploi de la force à petite distance. Le premier est la partie la plus importante du problème, car sa solution permettra d'exploiter largement les puissantes forces hydrauliques, éparses dans la nature ; mais le transport à petite distance n'en est pas moins susceptible d'un nombre considérable d'applications diverses et peut rendre, à l'industrie, des services quotidiens, excessivement précieux.

Considérons, par exemple, ce qu'on a fait à la maison de la *Belle Jardinière*, à Paris. Les ateliers des étages supérieurs sont très intéressants ; un grand nombre de machines à coudre y fonctionnent, dont le moteur est installé dans le sous-sol. Il aurait été, sinon impossible, du moins très difficile d'organiser une semblable transmission au moyen de courroies : il aurait fallu percer les plafonds, placer des arbres auxiliaires ; c'eût été, en un mot, une organisation aussi pénible que dispendieuse à créer. Avec le transport de la force par l'électricité, il a suffi d'amener deux fils dans les ateliers et de monter deux machines électriques, pour réaliser un progrès si favorable, comme on le sait, à la santé des ouvrières.

Le transport de force par l'électricité n'est pas moins important quand on a à foncer des puits dans les mines. Les personnes au courant du travail des mines savent quelle heureuse influence a eue sur toute cette industrie l'emploi des machines à perforer la pierre substituées aux lourds outils qui exigeaient toute la force du mineur.

Pour faire marcher ces grandes perforatrices avec lesquelles on creuse, dans les rochers, les trous qui reçoivent la substance explosible, il fallait installer des moteurs dans les mines ; pour faire marcher ces moteurs, il fallait commencer par avoir dans la mine un réservoir d'air comprimé ou amener l'eau depuis l'ouverture de la mine. En transportant la force par l'électricité, on peut se servir d'un moteur quelconque, installé au-dessus de la mine ; du reste, grâce à la flexibilité des fils, on peut amener l'électricité à de petits moteurs placés au bout des galeries et faisant fonctionner les machines perforatrices.

A l'Exposition d'électricité de Munich, il y avait beaucoup d'appareils intéressants à cet égard. Les renseignements suivants sont empruntés à la revue : *OEsterreichische Zeitschrift für Berg-und Hüttenwesen.*

Le catalogue portait deux machines à perforer les pierres, et une machine à entailler. Impossible de trouver cette dernière, annoncée comme étant de A. Piat, de Paris. Quant aux perforatrices, celle de Siemens et Halske de Berlin ne convient pas pour le service

des mines, car elle est trop volumineuse et son socle
laisse à désirer. Elle agit par chocs et elle a beaucoup
d'analogie avec la perforatrice à main, de Faber. La
transformation du mouvement rotatoire en mouvement
alternatif n'est pas bien agencée ; elle entraîne des
pertes de force.

Dans la section française, il y avait une perforatrice-
rotatrice de Taverdon, à couronne d'acier, et une autre
dont la couronne avait des diamants enchâssés. Elle
coûte 2400 francs ; soit 600 francs de plus qu'une machine à air comprimé.

La comparaison entre le transport de la force par l'air
comprimé et par l'électricité a été à l'avantage de l'é-
lectricité, car l'air comprimé a fourni un effet utile de
25 0/0 tout au plus, tandis que l'électricité a donné 60 0/0
environ.

Marcel Deprez a démontré, au Congrès international
des électriciens, à Paris, qu'avec deux machines Gramme
pareilles on peut, en se servant d'un fil télégraphique
ordinaire, transporter à 50 kilomètres un effet utile égal
à 10, si le travail nécessaire pour faire marcher la machine génératrice de courant est de 16.

Il faut proscrire les moteurs électriques, des mines
où il y a du grisou, parce que ces machines donnent
beaucoup d'étincelles.

Il y avait des machines pour faire partir à la fois un
grand nombre de coups de mine : système Bornhardt,
Abegg (électricité de frottement), Bréguet (courants
d'induction), Emil Bürgin de Bâle. Siemens (machines
dynamo-électriques). La machine inflammatrice de Bürgin n'occupe que 0,02 mètre cube ; il paraît qu'elle peut
envoyer à 7 kilomètres de distance des courants assez
forts pour faire partir un certain nombre de coups.

Enfin, il y avait trois machines pour séparer des minerais attirables à l'aimant, de ceux qui ne sont pas attirables. Je n'entrerai pas dans les détails de construction : ce serait sortir du cadre de cet ouvrage.

Il y a beaucoup de mines ou établissements industriels situés au voisinage d'une chute d'eau, mais pas assez près pour qu'on puisse transporter par des courroies jusqu'aux ateliers la force reçue par des moteurs hydrauliques. J'ai déjà mentionné ce cas dans les précédents chapitres de ce livre. Il y a avantage alors à installer, tout à côté des moteurs hydrauliques, un ou deux générateurs de courant pour transmettre la force aux machines-outils. On éprouve, il est vrai, comme nous l'avons vu plus haut, des pertes de force considérables; néanmoins il y a profit à mettre au service de l'industrie cette force qui se dépense en pure perte et qui est à si bon marché.

Même dans les établissements pourvus de puissantes machines à vapeur, on a parfois l'occasion de transporter de la force par l'électricité. Il n'est point rare que l'on veuille avoir, dans un atelier éloigné du centre de production de la force, une certaine quantité de force motrice : il en faut trop peu pour que cela vaille la peine d'installer une chaudière spéciale, et d'autre part pour amener directement la vapeur ou pour transporter la force mécaniquement l'atelier est trop loin, les obstacles sont trop gênants, les dépenses seraient trop grandes. Il peut être non seulement agréable, mais même utile ou indispensable, pour le propriétaire d'établissements industriels, d'avoir à sa disposition de petites forces motrices, pour l'usage domestique ou pour des expériences. Pour tous ces usages le transport de la force par l'électricité permet d'éviter les inconvénients inhérents à l'installation de machines motrices spéciales.

La première application pratique du transport est
celle qui fut faite par M. Fontaine, en 1873, à l'exposition de Vienne : une pompe marchait sous l'influence
du courant d'une machine de Gramme, distante d'un
kilomètre. Plus tard, en 1877, on fit des essais au musée
d'artillerie de Saint-Thomas-d'Aquin : des officiers de
cette arme firent fonctionner une machine à diviser, au
moyen d'un moteur primaire, placé à 60 mètres de là.

En 1878, M. Cadiat se servit de l'électricité pour le
transport de la force, dans ses ateliers du Val d'Osne.
En même temps la Compagnie de Lyon employait
l'électricité comme force motrice.

Mais le premier exemple d'un emploi pratique, le
premier qui attira l'attention publique, fut celui que
donnèrent les ingénieurs français bien connus, Félix
et Chrétien dans une fabrique de sucre à Sermaize sur
la Marne.

A Sermaize la force de la machine à vapeur qui se
trouve dans la fabrique de sucre était transportée à un
champ éloigné, et y servait à faire marcher une charrue.
Les fils conducteurs avaient une longueur de 1600 mètres, et la charrue labourait 30 à 40 ares par heure.
La machine à vapeur de la sucrerie fournissait 25 chevaux par heure; on en retrouvait 12, par l'électricité.

Les machines à vapeur de la sucrerie ne travaillant
que quatre mois par an, et par suite restant inoccupées
pendant la plus grande partie de l'année, l'idée de les
employer au transport de la force était vraiment heureuse; du reste, l'expérience de MM. Félix et Chrétien
montre bien que, même avec une perte de 50 pour 100,
le transport électrique de la force est très avantageux
quand on se trouve dans des conditions analogues, et
c'est ce qui arrive souvent dans l'industrie.

Pendant l'hiver, les bateaux amenant les betteraves

pour la fabrication du sucre furent déchargés au moyen
de machines à vapeur reliées à des moteurs électriques.
En outre on fit servir les moteurs à produire de la lumière électrique pour la fabrique et le quai du canal.
Tous ces transports de force étaient opérés au moyen
de simples fils télégraphiques, et le travail des moteurs
était complètement satisfaisant.

A l'usine de M. Ménier, à Noisiel, on emploie, depuis
plusieurs années, la force d'une chute d'eau située
dans le voisinage : cette force est transportée par l'é-
lectricité.

Aux hauts-fourneaux de Ruelle, tous les petits appareils, tours, machines à percer, etc., sont mis en mouvement par l'électricité.

Un moteur à vapeur installé au rez-de-chaussée des
magasins du Louvre transmet sa force, par un fil, à un
bâtiment qui se trouve, rue de Valois, à 150 mètres de
distance.

On remarquait à l'exposition d'électricité de Paris, de
très nombreuses applications du transport de la force
à petites distances. Je dirai quelques mots de l'une
d'elles, à laquelle se rapporte la grande gravure qui se
trouve au commencement de cet ouvrage. C'est certainement l'application la plus heureuse et la plus variée
qui ait été faite jusqu'à présent. Elle avait été organisée
par MM. Heilmann, Ducommun et Steinlen de Mulhouse.

Il y avait deux parties distinctes. La première, dans
la galerie des machines, est celle que représente la
gravure. Elle contenait un puissant moteur à vapeur.
On voit une partie de la machine sur la gauche de la
gravure. C'est là aussi que se trouvaient un certain
nombre de machines magnéto-électriques du système
Gramme ; celles-ci servaient de générateurs de courant.
Elles étaient disposées, en deux rangées, dans un es-

pace rectangulaire limité par une grille de fer, (on les
aperçoit à droite et au milieu de notre gravure), et elles
étaient reliées par des courroies de transmission au
moteur à vapeur. Comme on le voit sur la figure, celui-
ci par l'intermédiaire d'une courroie principale de transmission mettait en mouvement un axe principal de
transmission placé en bas, entre la machine à vapeur
et les machines électriques. Sur cet axe étaient fixées
quatre poulies servant à faire marcher les contre-arbres
placés au-dessus des machines électriques sur un écha-
faudage élevé; ces communicateurs eux-mêmes trans-
mettaient enfin leur force aux diverses machines dy-
namo. C'est ainsi que l'on pouvait mettre en marche
ou arrêter, comme on voulait, un grand nombre de ces
dernières.

Dans la seconde partie, il y avait tout un atelier de
machines-outils, mises en mouvement par deux électromoteurs de Gramme, système A.

Un fil, reliant ces deux électromoteurs et les générateurs dynamo-électriques, transmettait aux premiers
une force de trois chevaux qui servait à faire marcher
une douzaine de diverses machines-outils, tours, rabo-
teuses, taraudeuses et fraises, machines à aiguiser et à
polir, etc.

Une autre partie du courant produit dans la section
des machines servait à éclairer l'atelier au moyen de
lampes Werdermann-Reynier. Celles-ci au début étaient
seules. Plus tard, on leur adjoignit des lampes Edison : on en plaçait une au-dessus de chaque machine-
outil, pour éclairer les endroits où la nature du travail
exige plus de lumière.

Je ferai observer, à ce propos, que dans certaines
circonstances un atelier ayant besoin, tour à tour, de
puissance motrice et de lumière, on peut lui fournir

l'une et l'autre à l'aide d'une force qui ne suffisait pas simultanément à ces deux usages : c'est lorsqu'on ne travaille avec toute la force que le jour, et que le moteur ayant juste la force nécessaire pour faire fonctionner les machines-outils, on se trouve, dans ces cas extraordinaires, avoir besoin de produire, par surcroît, de la lumière électrique pour les heures du matin ou du soir. On fera marcher le moteur, à grande vitesse, pendant la nuit ; on emploiera, si l'on veut, une partie du courant pour éclairer la fabrique, ou ses dépendances ou les appartements, et l'on emmagasinera le reste dans des accumulateurs ou piles secondaires, ce qui permettra d'avoir disponible, pour le lendemain matin et soir, une provision de force motrice et de lumière. S'il arrivait que, pendant le jour, on n'eût pas besoin de toute la force motrice, alors, au lieu de s'approvisionner la nuit, on n'aurait évidemment qu'à disposer, le jour, de l'excédent de force disponible pour charger les accumulateurs.

William Siemens procède d'une façon analogue, dans ses très intéressantes observations relatives à l'influence de la lumière électrique sur la croissance des plantes. La force motrice qui lui sert, pendant la nuit, à alimenter les lampes électriques est occupée pendant le jour à faire marcher les pompes d'arrosage et quelques autres appareils de culture : elle ne reste donc jamais oisive.

M. Clovis Dupuy, directeur industriel de la grande maison de blanchiment de toiles, de M. Duchenne-Fournet, de Breuil-en-Auge, a fait une autre et intéressante application du transport de la force par l'électricité. Il y a longtemps qu'à Breuil on se sert de machines électriques pour l'éclairage. Dernièrement, on songea à trouver, pour le jour, un emploi des machines

qui servent à produire la lumière pendant la nuit.
M. Dupuy eut l'idée d'entourer d'une voie ferrée les
prés qui se trouvent au voisinage de l'établissement et
sur lesquels sont étendues les toiles qu'il s'agit de blan-
chir. Sur ce chemin de fer, pensait-il, on pourrait trans-

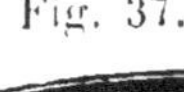

Fig. 37.

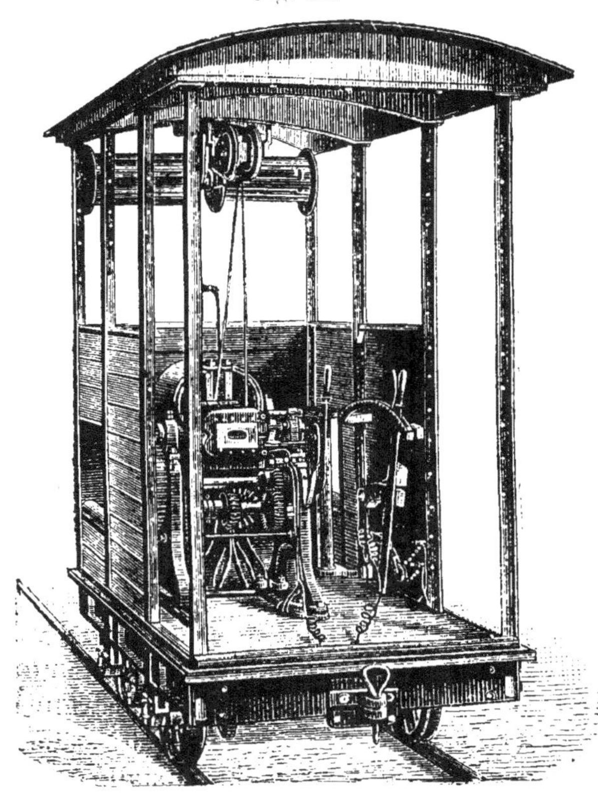

porter les toiles, au moyen d'un wagon traîné par une
locomotive électrique.

Ce projet fut réalisé, et l'on construisit un chemin de
fer de deux kilomètres de longueur, qui sert mainte-

nant à opérer facilement et à bon marché le transport des toiles, très pénible et coûteux auparavant.

Mais l'électricité ne sert pas seulement à les transporter : elle étend ces toiles qui sont toutes cousues ensemble, et quand le blanchiment est terminé, elle les enroule : un appareil relié au moteur électrique ramasse et enlève, en trente-cinq minutes, près de 5000 mètres de toile, travail qui, exécuté par sept hommes, durait de quatre à cinq heures.

Le wagon qui porte le moteur et la grue est représenté (fig. 37).

Une particularité remarquable dans le système de transport de force organisé par M. Dupuy, c'est que la force du moteur à vapeur et des moteurs primaires n'est pas transmise directement, mais qu'elle est accumulée d'abord dans une pile secondaire, d'où elle est conduite, aussitôt qu'il en est besoin, au moteur qui fournit le travail. La pile secondaire est formée par 60 éléments de Faure, placés six par six dans des paniers qui se trouvent dans le wagon que représente la figure. Dans ce même wagon, des fils conducteurs relient les éléments de Faure au moteur (de Siemens) qui fournit le travail.

Cette application de l'électricité par Dupuy m'amène à parler des chemins de fer électriques.

C'est à la maison Siemens et Halske, de Berlin, que revient l'honneur de la première application du transport de la force aux chemins de fer électriques. Déjà, à la dernière exposition de Bruxelles et à celle de Dusseldorff, Siemens et Halske avaient installé un petit chemin de fer électrique, sur lequel deux wagons étaient tirés par un moteur Siemens, placé sur un autre wagon et empruntant sa force motrice à une machine à vapeur fixe. Le transport de force s'opérait très simplement : le courant était amené dans un rail central courant entre les deux rails ordinaires, et de là, il entrait, par les brosses du moteur, qui glissaient sur le rail, dans le moteur lui-même, qui faisait tourner les roues.

Le premier chemin de fer électrique fonctionnant pratiquement pour transporter des voyageurs est celui qui fut construit au commencement de 1881[1], par Siemens et Halske, entre Berlin et Lichtenfeld, et qui fut prolongé jusqu'à l'École des Cadets. Ce chemin de fer avait primitivement une longueur de trois kilomètres; il a maintenant à peu près sept kilomètres. Trente-six trains y passent tous les jours. Le système a donné, jusqu'à présent, d'excellents résultats.

Siemens et Halske construisirent aussi une ligne de tramway électrique entre Berlin et Charlottenburg. Des rails en relief auraient empêché la circulation; on se servit donc de simples rails de tramway; mais ceux-ci étant constamment recouverts de poussière ou de boue ne conduisaient pas le courant principal; on fut donc forcé de placer, à côté de la ligne, des poteaux pour soutenir un fil par lequel le courant, dérivé au moyen d'un contact de glissement, arriva au moteur du chemin de fer. Les rails servirent à ramener le courant. Tel est le système qui fonctionne encore.

Lorsque l'exposition d'électricité de Paris fut ouverte en 1881, les représentants de Siemens à Paris, crurent

---

1. D'après l'*Electrician*, de Londres, Davidson, il y a déjà une trentaine d'années, a construit une *locomotive électrique* et il l'a essayée, du reste sans succès pratique, sur le chemin de fer entre Edimburgh et Glasgow; chacun des deux axes était mis en mouvement directement par un moteur électromagnétique. A chacun des bouts du véhicule, qui avait 20 mètres de longueur et 1^m, 83 de largeur, et qui pesait bien 5000 kilogrammes, il y avait une pile du système de Spurgeon, pile dans laquelle on se sert d'eau acidulée avec de l'acide sulfurique à 10 pour 100. On n'atteignit, sur une ligne parfaitement horizontale, qu'une vitesse de 6,437 mètres par heure, ce qui fit abandonner immédiatement l'entreprise.

n'avoir qu'à reproduire, pour leur ligne de tramway de la place de la Concorde au palais de l'Industrie, les dispositions de la ligne de Lichtenfeld; seulement la ligne aurait passé en l'air, supportée par des colonnes; mais l'administration tarda tellement à donner l'autorisation qu'à la fin il fut trop tard pour exécuter ce projet, et on constata, pendant les expériences, que la boue adhérant aux rails empêchait même qu'ils ne servissent à ramener le courant.

Pour conduire le courant, on commença par se servir d'une simple poulie de contact, glissant sur un fil; mais on reconnut que ce système n'était point pratique, car la voie décrivait une courbe assez prononcée, et, quand on marchait vite, la poulie ne tenait pas bien sur le fil conducteur. Plus tard on établit sur un des côtés de la voie, des poteaux auxquels était fixée une planche horizontale.

Aux deux bouts inférieurs de cette planche étaient vissés deux petits tubes de laiton, évidés par en bas, dans chacun desquels se mouvait une navette fixée aux fils conducteurs qui communiquaient avec le moteur du tramway. L'un des conducteurs tubulaires amenait le courant au moteur, l'autre servait pour le courant de retour. Pendant le glissement, un ressort pressait la navette contre les parois internes des tubes, pour l'empêcher de s'échapper, pendant les marches rapides. Selon la revue *Zeitschrift für angewendete Elektricitätslehre*, on apercevait souvent des étincelles le long de l'appareil de contact, même pendant le jour. Les câbles conducteurs ne servaient pas directement à la traction de la navette; pour cela, on employait un fil. L'appareil de contact ne fonctionnait qu'avec secousses, ce qui tenait à ce que les planches, bien que suspendues, comme des ponts, entre les poteaux, s'étaient fortement courbées. Le diamètre des tubes était de 22 millimètres, l'évidement de 10 millimètres.

Le moteur D (grande machine construite par Hefner-Alteneck et faisant 550 tours par minute) était fixé, comme le montre la figure 38, sous le wagon. Celui-ci avait 7ᵐ,70 de long, 2ᵐ,25 de large 3ᵐ,65 de hauteur. Il pesait, y compris le moteur, 5500 kilogrammes; il pouvait contenir 50 voyageurs. Quand il était plein, le total s'élevait, en moyenne, à 9000 kilogrammes. Tout chargé, il marchait avec une vitesse de 17 kilomètres. Le calcul a prouvé que la vitesse aurait pu atteindre 70 kilomètres à l'heure. Pendant toute la durée de

Fig. 38.

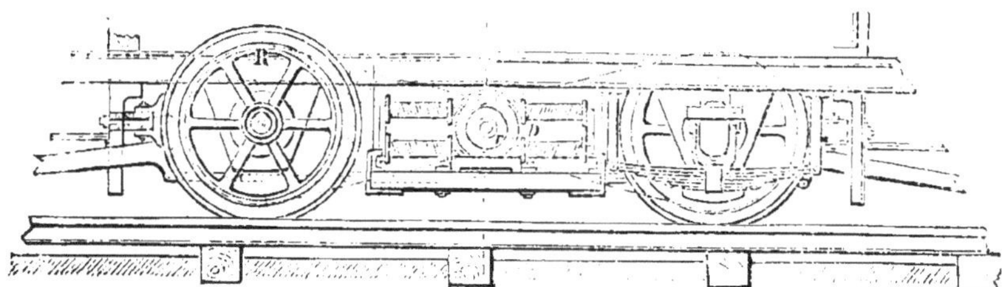

l'exposition, on transporta 84000 personnes qui payèrent 21000 francs.

La machine à vapeur qui fournissait la force motrice donnant un travail de 20 chevaux-vapeur, et le moteur primaire qui y était relié pouvait les absorber. Le moteur secondaire, qui, comme nous le savons, se trouvait sous le wagon, était un peu plus petit, et relié par une chaîne de Gall avec un des axes. Le nombre de tours par minute était de 465 en moyenne,. On ne faisait travailler la machine à vapeur qu'avec une force de 17 chevaux environ, et on retrouvait 8 chevaux. Si l'on se reporte aux chapitres précédents, on verra que ce résultat n'est pas très brillant; mais on ne pouvait guère espérer mieux, vu les difficultés que présentait l'emploi forcé de rails de tramway et l'imperfection assez grande des contacts de glissement.

La voie avait 493 mètres de long; à la place de la Concorde, elle décrivait une courbe de 55 mètres de rayon; à l'entré du Palais de l'Industrie deux autres courbes, l'une de 30, l'autre de 25 mètres. A la dernière, il y avait une rampe de 21 millimètres par mètre. A la vitesse indiquée plus haut, on absorbait, dans les parties droites de la voie, 3,5 chevaux-vapeur; dans les courbes 7,5; à la rampe, 7,5. L'observation confirme ce fait déjà connu, que l'intensité du courant et par suite aussi la force de traction augmentent d'autant plus que le générateur de force tourne plus lentement.

Pour ce qui concerne la conduite du wagon et le réglage de la vitesse, il y avait à cet effet, dans le wagon un rhéostat qui permettait au conducteur d'insérer dans le circuit ou d'en retirer une ou plusieurs résistances, en tournant simplement une manivelle, et d'augmenter ou de diminuer ainsi la vitesse.

Pour arrêter le wagon, il fallait évidemment interrompre le courant; pour que l'arrêt ne fût pas trop brusque, on insérait progressivement des résistances de plus en plus fortes, et ce n'est qu'alors qu'on interrompait le courant. En outre, le wagon était pourvu d'un frein ordinaire.

Edison a inventé un frein de chemin de fer électrique, qui est représenté, figure 39; on l'aperçoit, dans la gravure, sous la pièce de bois E. Le principe du système est l'expérience du disque de cuivre de Faraday. Le disque F est fixé directement sur l'axe du wagon et tourne entre les pôles, très voisins l'un de l'autre, d'un puissant électro-aimant. Pour arrêter, on fait passer dans cet électro-aimant un courant, qui produit, dans le disque de cuivre, F, des courants de Faraday. Le principe employé est celui qui depuis longtemps est appliqué, dans la construction des galvanomètres, pour amortir les oscillations des aiguilles.

On a dit que l'action du frein électrique s'affaiblit de plus en plus au fur et à mesure que la vitesse diminue. Cette critique est juste; aussi est-il à peu près indispensable d'ajouter un frein ordinaire au frein électrique.

Plus tard la Société de tramways à traction par che-

Fig. 39.

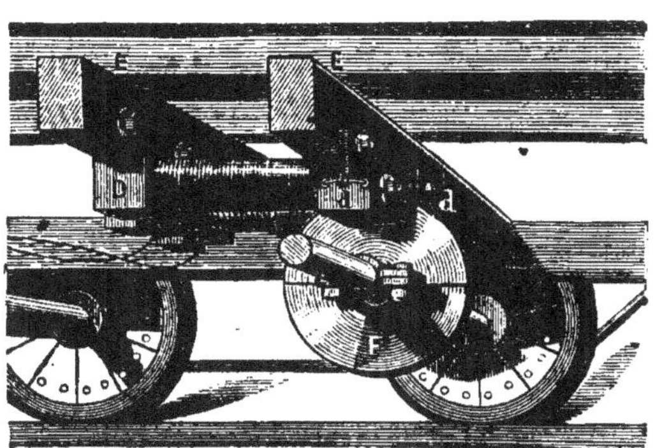

vaux, Roubaix-Tourcoing, a fait l'essai de wagons mus par des accumulateurs Faure. Les accumulateurs sont sous les banquettes, ils transmettent le courant aux électromoteurs placés sous le wagon; ils suffisent, paraît-il, pour 4 à 6 heures. Les wagons, d'après ce système, ont environ 200 millimètres de hauteur en plus, ce qui en améliore beaucoup l'apparence. On assure que les expériences ont réussi et ont décidé la Compagnie à faire construire un certain nombre de wagons.

Les frais d'exploitation des tramways électriques s'élèveraient, d'après M. Boistel, de la maison Siemens frères de Paris, à environ 0 fr. 32 par wagon et par kilomètre. Les tramways à chevaux, de Paris, coûtent, d'exploitation de 0 fr. 52 à 0 fr. 55, tandis que le tramway à vapeur qui va de la place de l'Étoile a Courbevoie coûte 0 fr. 75 par kilomètre et par wagon.

Les tramways et chemins de fer électriques ont, indépendamment de leur bas prix, une grande supériorité sur les chemins de fer ordinaires : c'est qu'ils n'ont ni fumée, ni feu. On arrivera certainement à les employer sous peu, pour les chemins de fer aériens qui existent depuis longtemps à New-York et depuis 1881 à Berlin ; ils conviennent parfaitement pour ce service, tandis que les machines à vapeur sont très incommodes et très peu pratiques. Ce genre de chemins de fer se prêtera tout particulièrement à la traction par l'électricité, car il sera très facile d'isoler les rails, pour le transport de la force.

Grâce à l'absence de feu et de fumée, les locomotives électriques seront plus précieuses encore, pour la traction sur les chemins de fer souterrains et sur les voies qui traversent un grand nombre de tunnels très rapprochés, comme en Suisse.

La *Revue industrielle*, estimait dernièrement à 160 kilomètres la longueur totale des chemins de fer électriques maintenant terminés et livrés à la circulation. Dans ce nombre, la ligne allant de la station de Lichterfelde, près de Berlin, à l'École des Cadets, compte pour 7,6 kilomètres, et la ligne de Charlottenburg au *Spandauer Bock* pour 2,3 kilomètres. Dans le nord de l'Irlande, il y a un chemin de fer électrique, allant du port de Bush aux fabriques de même nom, à une distance de 10 kilomètres. En Hollande, une ligne de 2 kilomètres est en exploitation entre Zandvoort et Kostverlorn.

Les lignes suivantes sont en construction ou concédées :

Une ligne de 2,5 kilomètres de longueur relie la station de Mœdling, sur le chemin de fer du Sud autrichien à la vallée de la Brühl, si riche en beautés naturelles. Il y a, à Wiesbaden, une section de 2 kilomètres de long ; en Saxe une ligne qui fait communiquer entre eux les ateliers des mines de Zankerode ; en Italie, une ligne d'omnibus électrique entre Turin et Milan ; à Saint-Louis (Amérique du Nord) une ligne de 1,8 kilomètre. De New-York part une ligne de 80 kilomètres. En Angleterre, il y a deux lignes souterraines. L'une d'elles passe sous le lit de la Tamise et relie Charing Cross à la station de Waterloo. L'autre a 60 kilomètres de long ; elle se trouve dans le pays de Galles, et elle emprunte sa force motrice à une chute d'eau dans les montagnes de ce pays (Galles du Sud).

On se propose d'appliquer la traction électrique à la traversée du tunnel du Saint-Gothard. On emploierait le système de la maison Siemens et Halske, déjà décrit plus haut. Aux bouts du tunnel, il y a beaucoup de force hydraulique que l'on doit employer à faire tourner des turbines. Il faudrait placer tout le long du tunnel, un câble dont le fil de cuivre aurait 1,54 centimètre d'épaisseur ; un petit wagon installé sur ce fil établirait la communication avec l'électromoteur du train. Les rails serviraient pour le courant de retour. Les frais d'installation sont estimés à 180000 francs.

Le brevet de concession, qui donnait à la Compagnie du chemin de fer du Sud autrichien le droit de construire le chemin de fer électrique de la vallée de la Brühl, chemin de fer dont il a été question plus haut, présente quelques points qui peuvent intéresser beaucoup de lecteurs. La Compagnie s'engage à livrer la voie à la circulation, après l'achèvement des travaux, et à l'exploiter sans interruption pendant toute la durée de la concession. La Compagnie a le droit d'expropriation, même pour les embranchements qu'elle pourrait créer en vue de desservir divers établissements industriels, pourvu que l'État reconnaisse à ces embranchements un caractère d'utilité publique. Le chemin de fer projeté doit être établi sur une largeur de 1 mètre, comme les chemins de fer d'intérêt local. Les trains n'y doivent circuler que pendant le jour, et à une vitesse de 20 kilomètres à l'heure. Le chemin de fer sera à une voie; les achats de terrains seront faits en conséquence. Les rampes les plus fortes, dans la voie courante, sont fixées à $\frac{15}{1000} = \frac{1}{66,66}$. Les rayons minima des courbes, dans la voie courante, ne doivent pas être inférieurs à 30 mètres. La distance moyenne des stations et des haltes sera, tout au plus de 1 kil. 53. On se dispensera, en général, de construire des maisons des gardes ou des cabanes de signaux, le long de la voie courante; on n'en mettra qu'aux points où la ligne est traversée par des routes très fréquentées. La Société emploiera des signaux télégraphiques, et — au besoin — des signaux téléphoniques; elle peut se dispenser d'établir des signaux par sonneries. Il y aura au moins trois wagons, pourvus chacun d'une machine pour le transport de la force par l'électricité, et pouvant contenir dix-huit personnes. On installera, à la station de Mœdling, un moteur à vapeur de 40 chevaux au moins et deux machines électriques, génératrices de courant.

Siemens et Halske ont proposé de remplacer la poste pneumatique qui sert pour le transport des lettres et des télégrammes par une petite voie électrique comme celle représentée, figure 40, et il semble que les auto- rités berlinoises adopteront ce projet.

A l'exposition de Paris, on remarquait, dans le monte-charge de Siemens, une autre application du transport de la force par l'électricité. Sous la plate-forme des voyageurs, qui glissait de bas en haut et de haut en bas, le long d'une tige dentée en fer, était placé un petit moteur de Siemens, recevant le courant fourni par un moteur fixe et mettant en mouvement deux roues dentées R, placées symétriquement l'une en face de l'autre; ces roues dentées mordaient sur les roues de la tige dentée et élevaient ainsi le monte-charge; elles l'abaissaient, au contraire, lorsqu'au moyen d'un commutateur

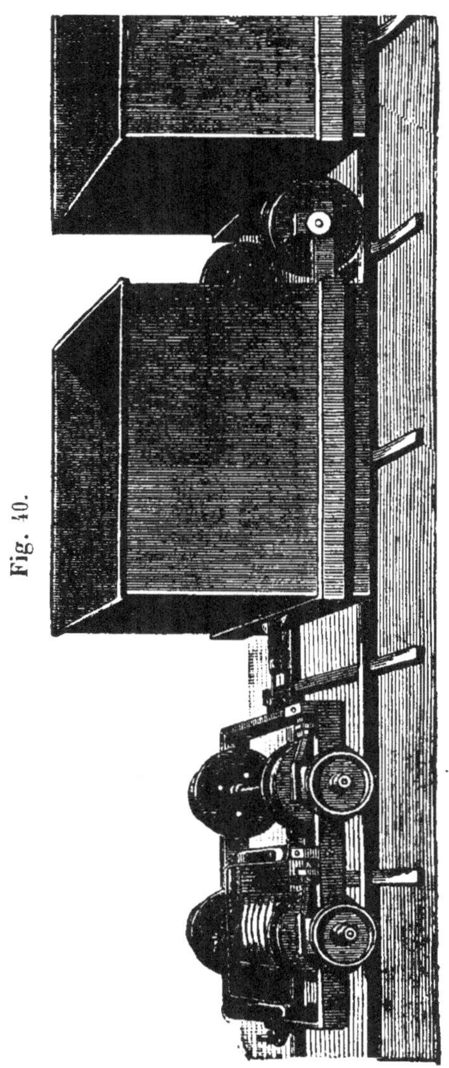

Fig. 40.

on changeait la direction du courant. Il ne pouvait

survenir d'accident, même en cas d'interruption du courant, car dans ce cas les roues dentées mordant sur la tige dentée maintenaient le monte-charge en l'air. Tout l'appareil est enfermé dans une caisse de bois, H.

M. Marcel Deprez a construit un marteau électrique

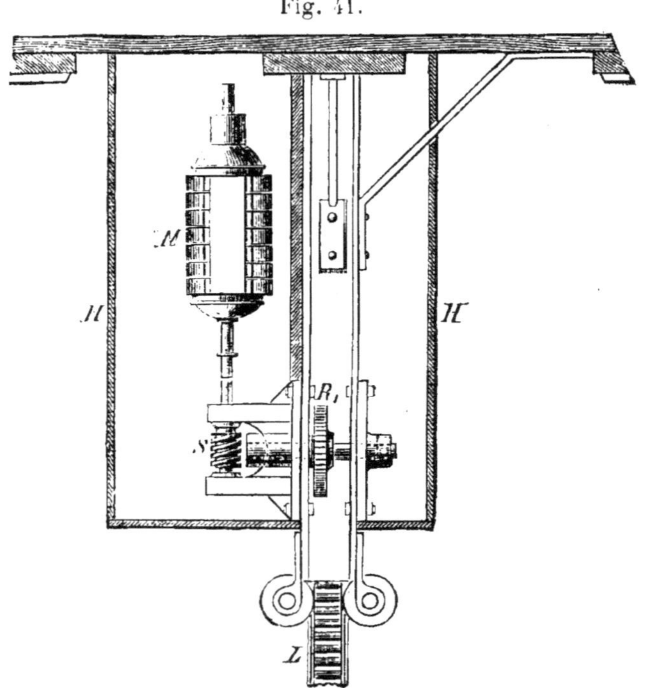

Fig. 41.

qui, comme le marteau à vapeur, est soulevé et abaissé directement par la force sans qu'il y ait transformation du mouvement rectiligne en mouvement rotatoire. On trouve, dans une revue de Paris, les indications suivantes, concernant cette invention :

Le marteau proprement dit de cet appareil qui n'est encore qu'en expérience est un simple bloc cylindrique de fer doux; la fice martelante est aciérée ; sous l'influence de l'électricité, ce marteau monte et descend, à frottement doux, dans un cylindre creux. Sous le marteau se trouve l'enclume.

Le cylindre creux est composé d'un certain nombre de bobines à fil plates, dont les bouts sont réunis ensemble de manière à former un seul conducteur continu, mais non fermé. Les bouts de jonction de ces bobines sont, comme dans l'anneau de Gramme, disposés en cercle. Si l'on réunit le premier et le dernier contact, par les bouts d'un conducteur électrique, avec un générateur de courant, le courant passe successivement par toutes les bobines: mais, si l'on réunit ces contacts, par exemple, avec la dix-septième et la dix-neuvième bobines, le courant ne passe que par les bobines intermédiaires. Pour réunir une section de bobine avec la source de courant, on se sert de deux bras de contact radiaux ou brosses qui sont mis aux contacts désirés, indépendamment l'un de l'autre.

Quand on fait passer un courant électrique dans une section de bobine, ce courant attire à lui le marteau reposant sur l'enclume et le retient jusqu'à ce que le courant soit interrompu; le marteau retombe alors et frappe la pièce à forger, placée sur l'enclume. A chaque ouverture et fermeture d'un contact correspond ainsi un coup de marteau. Au bout de peu de temps, on arrive à travailler avec le marteau électrique, mieux peut-être qu'avec le marteau à vapeur. Lorsqu'on ferme le contact, le marteau dans son élan dépasse sa position de repos, et la hauteur de chute est par conséquent plus grande si l'on interrompt le contact à ce moment. On peut faire, avec ce marteau comme avec les autres, l'expérience bien connue, qui consiste à casser la coquille d'une noix sans écraser l'intérieur.

L'électricien anglais Hopkinson a pris un brevet récemment pour une grue électrique dont l'action est
produite par le jeu de plusieurs roues dentées engre-
nant les unes dans les autres. La figure 42 en représente nettement la construction.

Dans les mines de La Péronnière, l'électricité, par
l'intermédiaire d'un treuil et d'un câble, fait monter
des wagons de charbon, d'une profondeur de 100 mètres.

A l'exposition d'électricité de Paris, Siemens et

Fig. 42.

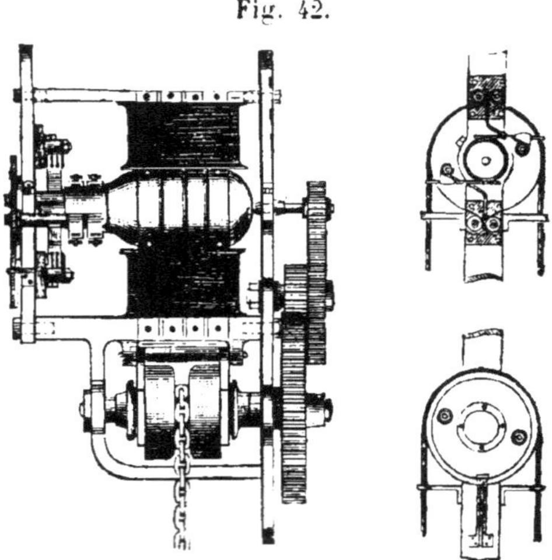

Halske avaient, entre autres appareils, une pompe électrique qui débitait 3500 litres par minute. Les spires de
la machine étaient en fil fort; il est probable que le
courant de cette machine devait d'abord servir à la
galvanoplastie. En général, une grande intensité et peu
de tension ne conviennent pas du tout pour le transport
de la force. La machine électro-dynamique courait
contre les brosses, qui étaient en tôle. Le tout avait l'air
assez primitif.

Jacobi, qui, il y a quarante-cinq ans, faisait marcher un bateau sur la Néva par l'électricité, a eu des successeurs. Le bateau de Trouvé, que j'ai décrit au commencement de cet ouvrage, prouve qu'on a le droit d'espérer voir l'électricité faisant fonctionner les moteurs des bateaux, car depuis l'invention des piles secondaires la force motrice de l'électricité est à un prix relativement modique.

Il existe actuellement un bateau qui marche par l'électricité et qui sert réellement à des transports pour le commerce. C'est le bateau *Electricity*, construit par la Société *Electrical Power-Storage Company*, de Millwall (Londres). Les moteurs, qui sont deux dynamos Siemens, du type D_3, reçoivent le courant de piles secondaires Sellon et Volkmar. Ce bateau a fait sa première course sur la Tamise, le 28 septembre 1882. (Fig. 43 et 44.)

La carcasse du bateau est en fer. Longueur $7^m,50$. largeur au milieu, environ $1^m,50$; le tirant d'eau, à l'avant, est de $0^m,53$; à l'arrière, il est de $0^m,76$. L'organe propulseur est une hélice du système Collis Browne; cette hélice a $0^m,51$ de diamètre et $0^m,91$; de largeur; elle fait 350 tours par minute. Douze personnes peuvent tenir aisément à bord. On charge les accumulateurs pendant que le bateau est à l'ancre; l'électricité vient de l'établissement; elle arrive au bateau par un conducteur qui traverse le chantier. Le bateau est disposé pour recevoir 54 éléments. Les esquisses ci-jointes montrent comment on a pu les installer sans restreindre l'espace réservé au chargement.Les divers éléments sont désignés, dans les esquisses, par les lettres B. Dans les courses d'essai, on s'est servi de 45 éléments. Ces 45 éléments donnaient en tout une force électro-motrice de 96 volts; ils pouvaient fournir, pen-

dant neuf heures, un courant de plus de 30 ampères.
Les accumulateurs pèsent en totalité environ 1000 ki-

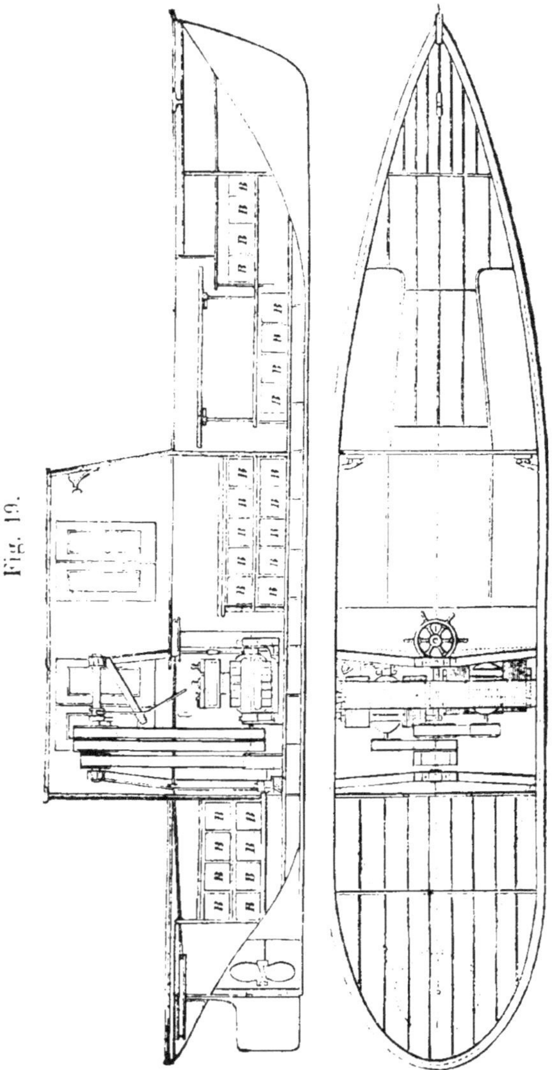

Fig. 19.

los. Les électromoteurs sont disposés de telle sorte
qu'on peut les faire entrer isolément ou tous les deux

à la fois dans le circuit. Chaque moteur peut être introduit ou retiré, facilement et sans choc, au moyen d'un système inventé par Addymann. Il est facile de renverser la marche des deux moteurs, et voici comment. Pour chaque collecteur ou commutateur, il y a deux brosses : l'une est reliée en avant, l'autre en arrière avec un conducteur annulaire; au moyen d'un simple levier, on peut appuyer chaque paire de brosses, à volonté, contre les segments du commutateur. Ce système fonctionne très bien et permet d'arrêter le bateau avec une extrême rapidité. On voit, en examinant les croquis ci-joints, que les moteurs sont reliés par des courroies avec les poulies d'un arbre auxiliaire, d'où part une nouvelle courroie qui passe sur un disque de l'axe propulseur; cet arbre réduit le nombre des tours dans la proportion de 950 à 350. Le gouvernail et l'appareil à renverser la marche sont entre les mains du même employé, qui stationne au milieu du bateau. Comme, faute de vapeur, il fallait renoncer à

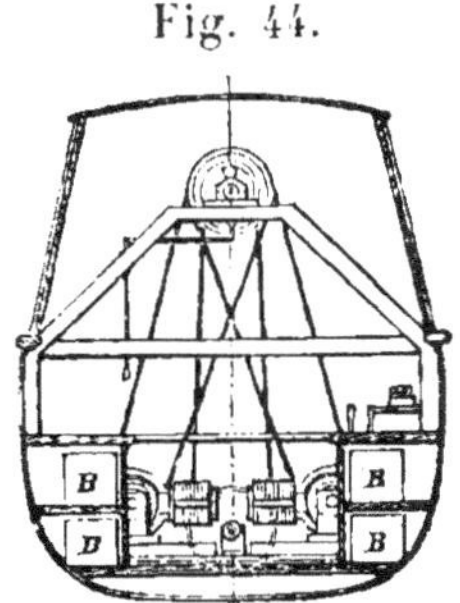

Fig. 44.

se servir d'un sifflet, on l'a remplacé par une grande sonnerie électrique qui, comme le mécanisme, est sous la dépendance des accumulateurs. On avait calculé que la vitesse serait de 14.5 kilomètres par heure; et telle a été, en effet, la vitesse obtenue dans les expériences entre Milwall et *London Bridge*, aller et retour. Le projet et les détails de construction sont l'œuvre de M. Reckenzaun, ingénieur de machines de la *Electrical Power-Storage Company*.

Indépendamment des applications déjà décrites, je pourrais citer encore d'innombrables exemples de transport et de force par l'électricité, soit directes, soit par l'intermédiaire de piles secondaires. Je me bornerai à dire que les résultats ont été excellents; pour passer en revue tous les succès de ce genre, il me faudrait sortir des limites de cet ouvrage. Les faits que j'ai cités suffisent pour prouver que, avec les moyens dont on dispose actuellement, on peut, pour maints usages, transporter de la force par l'électricité; et il est hors de doute que les moteurs électriques, quand ils auront subi certaines modifications rationnelles, remplaceront, dans un grand nombre de circonstances, les anciens moteurs.

CHAPITRE XII

Rendement économique des transports de force par l'électricité.

Dans les chapitres précédents, nous nous sommes occupés presque exclusivement des conditions préliminaires, théoriques et pratiques, du transport de force par l'électricité ; et, même en énumérant les plus récentes applications de ce procédé récemment conquis par la science et hardiment mis à contribution par l'industrie, nous avons laissé dans l'ombre le côté économique de ces applications. Cependant la question économique est toujours ce qu'il y a d'essentiel à considérer dans une nouvelle invention. Certainement, l'État, ainsi que les riches particuliers, peuvent faire des sacrifices pour la réalisation d'idées nouvelles, mais les découvertes n'acquièrent une importance économique que quand elles rapportent des bénéfices à ceux qui les exploitent.

Le problème du transport de la force est si récent que les résultats financiers sont encore peu connus. Par suite, les considérations suivantes sur le rendement économique sont plutôt des conjectures, des possibilités, des vraisemblances. qu'une certitude positive.

L'homme qui, comme nous l'avons vu, a donné la première impulsion aux actives recherches de ces sept dernières années, concernant le sujet traité dans cet ouvrage, G. William Siemens, a fait, le premier, des expériences et des observations sur le rendement économique du transport de la force par l'électricité, et dès 1878 il a pu dire que l'on était en mesure de récupérer, sous forme de travail utile, environ la moitié de la force mécanique primitivement employée à la production du courant électrique.

Cette indication peut être considérée comme étant assez juste aujourd'hui encore, car, comme nous le verrons plus loin, si l'on a observé, depuis, des rendements meilleurs, leur supériorité provient très vraisemblablement d'illusions, volontaires ou non, tandis que, d'autre part, si certains rendements sont moins favorables, leur infériorité provient de l'imperfection des appareils et d'erreurs dont la cause remonte soit aux observateurs, soit aux instruments d'observation.

Higgs dit, dans les conclusions de son ouvrage sur le transport de la force par l'électricité, publié en 1879 [1], que l'on peut, certainement, utiliser 48 pour 100 de la force dépensée et que le résultat, supérieur à celui que l'on peut obtenir au moyen de l'air comprimé, se rapproche du résultat de la transmission hydraulique. Mais le transport par l'électricité a sur les deux autres modes le grand avantage de ne pas être arrêté par l'éloignement et de pouvoir être modifié, à volonté, dans sa direction et dans son intensité. Du reste, les frais d'installation et d'entretien pour le transport de la force par l'électricité sont plus faibles que pour la transmission par l'air comprimé ou par l'eau.

Dans le chapitre V de ce livre, nous avons vu que Deprez, par des calculs théoriques, arrive à 10 chevaux pour 16 chevaux, c'est-à-dire à un effet utile de 62,5 pour 100. Si l'on déduit de ce chiffre les pertes iné-

---

1. *Electric transmission of power*, etc., by Paget Higgs, London, chapitre x, page 85.

vitables dans la pratique, le résultat qu'on pourrait obtenir pratiquement, avec les appareils employés par Deprez, deux machines Gramme, type C, concorderait assez exactement avec celui obtenu par Siemens.

Les expériences de Fontaine, avec deux machines Gramme, du même type, ont donné une proportion semblable.

Quant aux résultats obtenus à l'Exposition d'électricité de 1881, à Munich, on ne sait pas trop à quoi s'en tenir. Il y avait, à Munich, deux hommes qui se livraient à ce genre d'expériences. Sigmund Schuckert, de Nuremberg, faisait marcher, de Hirschau, distant de 5 kilomètres, deux petites machines à battre, installées dans le Palais de cristal, et marchant à vide. Deprez, de Miessbach, éloigné de 56 kilomètres, faisait fonctionner, par l'intermédiaire d'un fil de télégraphe, des pompes centrifuges, etc. Tandis que les rapporteurs allemands estimaient à 25 ou 40 pour 100 l'effet utile de cette dernière installation, en faisant remarquer que ce résultat était parfaitement satisfaisant, vu l'emploi d'un fil télégraphique ordinaire, les journaux français, mentionnant les résultats obtenus par Deprez, parlaient de 67 pour 100 d'effet utile et condamnaient l'installation de Schuckert.

Ainsi, *La Lumière électrique*, après avoir critiqué le transport de force, de Schuckert, affirmait que, dès la fermeture du circuit, on constatait, au frein dynamométrique, une force disponible de 38 kilogrammètres, pendant que la machine motrice, dépensant *à peine* un cheval-vapeur, faisait 2200 tours par minute, et que la machine réceptrice faisait 1500 tours. C'était là un succès; l'effet utile était de 67 0/0. Gravier fait remarquer avec raison, à ce propos, que le nombre de tours est parfaitement indifférent, qu'il n'y avait à tenir compte que de l'effet utile, 38 kilogrammètres, et du travail nécessaire pour le produire, par conséquent à peine 75 kilogrammètres. Or le rapport de ces deux nombres est de 54 0/0. Gravier réfute de même les assertions d'un autre rapporteur et ses réflexions sur la modicité du prix de la force motrice ainsi obtenue.

Nous ne possédons pas encore de renseignements officiels sur les résultats de Deprez. Il y a bien une circulaire du comité électro-technique, mais elle évite généreusement toute assertion positive, elle constate que les appareils employés étaient fort insuffisants, et que, *après avoir fonctionné dix fois avec un entier succès*, ils ont subi des perturbations si considérables que, pendant toute la durée de l'Exposition, on n'a pas pu les réparer. La circulaire conclut : « Marcel Deprez reprendra ces expériences, mais bien plus en grand, et dans quelques semaines il fera des transports de force, sur le conducteur qui lui a servi jusqu'à présent, avec une machine électrique de 40 chevaux-vapeur, disposée pour le travail industriel. Les électro-techniciens attendent avec impatience ces expériences, d'une très grande portée. »

On le voit : jusqu'à plus ample informé, il ne faut pas, dans les calculs d'une installation pour le transport de la force, dépasser le rapport de 50 pour 100, indiqué par Siemens.

Siemens, dans son calcul, supposait une station centrale, où la vapeur pût fournir jusqu'à 100 chevaux pour faire marcher plusieurs machines dynamo-électriques de dimensions convenables. Le courant produit devait ensuite être amené, par des conducteurs appropriés, dans un certain nombre de halles ou de fabriques, pour y être dépensé sous forme de lumière ou de travail mécanique. Il admet que, pour faire marcher une pe-

tite machine à gaz ou à vapeur, il faut brûler au moins
3^{klgr},63 de charbon par heure, tandis que, avec une
machine de 100 chevaux, il en faut 0^{klgr},91, tout au
plus 1^{klgr},13. Si l'on obtient 50 0/0 d'effet utile, la
consommation de charbon par heure et par cheval-
vapeur, dans le transport de la force par l'électricité,
est de

$$1^{klgr},13 \times \frac{100}{50} = 2^{klgr},26.$$

ou 37½ pour 100, de moins que si l'on avait employé
directement une machine à gaz ou une machine à vapeur.

Même avec un rendement de 50 pour 100 seulement,
il sera, dans nombre de cas, beaucoup plus pratique de
faire venir la force motrice d'un endroit éloigné que de
la produire sur place.

M. Glaser de Cew, il y a quelques mois, a écrit sur le
transport de la force par l'électricité un article auquel
j'emprunte le passage suivant :

« L'installation de moteurs à vapeur présente, en
beaucoup d'endroits, de grands inconvénients, tandis que
les petits électro-moteurs, n'ayant pas de produits de
combustion, peuvent être employés presque partout
sans inconvénient. De plus, il est évident que si, au
moyen de l'électricité, on peut utiliser la force d'une
chute d'eau, il vaut bien mieux gagner 50 pour 100 de
cette force que d'employer, sur place, une machine
à vapeur, puisque l'exploitation de la force d'une chute
d'eau est six septièmes de fois plus économique que
celle de la vapeur.

« Mais, même en employant la vapeur, on obtient un
bien meilleur résultat, si l'on n'a besoin que de *petites
forces*, par exemple, pour des grues, des monte-charges,

etc., en faisant venir la force d'un point où elle est centralisée, tel qu'un grand générateur de vapeur, qu'en la produisant sur place, puisque l'on construit actuellement de grandes machines à vapeur qui ne consomment plus que $0^{klgr}.91$ de charbon par heure et par cheval, tandis que les petites machines dévorent au moins $2^{klgr},25$ de charbon par heure et par cheval. On perd donc 60 0/0 par l'emploi des petites machines, tandis que, dans le transport de la force par l'électricité, on ne perd que 50 pour 100. »

Ailleurs, le même auteur essaie de calculer le résultat de l'emploi des accumulateurs de Faure pour la traction sur chemin de fer; il trouve que les rails étant tenus bien propres, la pile de Faure peut faire mouvoir 5 kilogrammes de charge par chaque kilogramme de son propre poids, à une vitesse de 3 mètres par seconde. Ce résultat est loin d'être défavorable; mais, pour des rails de tramway, qui se remplissent de matières étrangères rendant le frottement bien plus considérable que celui des rails ordinaires, les accumulateurs ne peuvent plus faire mouvoir que le double de leur propre poids; cependant, comme nous l'avons vu dans le chapitre précédent, on a constaté, à Paris, que la traction sur tramway par l'électricité était bien plus économique que la traction au moyen de chevaux.

De tout ce qui précède, il résulte que le procédé de transport de la force par l'électricité est déjà capable de vivre, et que, sous peu, vraisemblablement il produira une révolution industrielle aussi remarquable que celle qui date de l'invention de la machine à vapeur.

On n'est donc pas autorisé à sourire des projets que quelques électriciens espèrent exécuter au moyen du transport de la force par l'électricité; on n'a pas le droit

de traiter de chimères leurs lointaines espérances,
lorsque ces rêves sont réputés réalisables par des
hommes aussi sérieux que Siemens, Bessemer, etc.,
auxquels la science et l'industrie doivent tant de recon-
naissance. Le dernier de ces célèbres industriels a dernièrement précisé, de la manière suivante, son ancien
projet de conduire la force motrice, immédiatement
des mines de houille aux grandes villes, par l'intermédiaire de fils conducteurs. On relierait Londres,
par un fil de cuivre de un pouce ($0^m,025$) de diamètre, avec une des mines de houille les plus proches,
pour envoyer à Londres environ 84000 chevaux-vapeur
et de la sorte transporter pratiquement la force du
charbon, à Londres, par fil, au lieu de la transporter
par chemin de fer. Si l'on admet qu'on puisse produire
un cheval-vapeur en consommant 3 quintaux de houille
par heure et que les machines à vapeur fonctionnent
$6\frac{1}{2}$ jours par semaine, Londres, d'après la quantité
de force motrice, citée plus haut, consommerait par
an 1012600 tonnes de charbon. Sur le carreau de la
mine, on brûlerait cette masse de combustible, moyennant une dépense d'environ $7^{fr},50$ par tonne de gros
charbons et de $2^{fr},50$ par tonne de petits charbons,
c'est-à-dire que cette combustion serait d'un quart
au moins plus économique qu'à Londres. Le prix de
la lumière électrique et du fonctionnement des électromoteurs serait ainsi réduit dans de grandes proportions.
De plus, Londres serait délivrée de cet énorme volume
de fumée et de gaz malsains qu'y produit actuellement
la combustion de tant de charbons. Si le fil de cuivre
de $2^{cm},54$ d'épaisseur coûtait environ $66^{fr},52$ par mille
(1609 mètres) et devait aller jusqu'à une fosse située
à 120 milles (193 kilomètres), les intérêts des premiers
frais à 5 0/0 seraient inférieurs à $0^{fr},10$ par tonne de

charbon. La réalisation d'un tel projet n'est pas impossible, étant donnés les résultats acquis jusqu'à ce jour.

Un autre projet, non moins beau, est maintenant élaboré par deux ingénieurs de Vienne, dont l'un s'occupe spécialement des applications industrielles de l'électricité. Ils se proposent de créer d'immenses quantités d'électricité, par la force motrice du Danube, d'amasser cette électricité dans des accumulateurs de Faure et de la vendre en caisses, grandes et petites, aux fabricants et aux industriels pour l'éclairage électrique, pour faire marcher les machines, etc.

Indépendamment du transport de l'électricité dans des caisses, ces ingénieurs ont l'intention de se servir de câbles souterrains, pour transmettre l'électricité à distance; au besoin, ils combineraient les deux méthodes et ils établiraient, dans chaque quartier, *des dépôts d'électricité garantie*, de manière que tous les fabricants, les petits industriels, les couturières, etc., de ce quartier vinssent s'approvisionner de force motrice, pour un ou plusieurs jours, selon les besoins : les consommateurs n'auraient qu'à envoyer leur caisse au magasin, pour qu'on la remplît. On ne peut pas dire *à priori*, tant s'en faut, que ce projet soit inexécutable.

APPENDICE

Je trouve, dans la revue *Centrablatt für Elektrotechnik*, une réfutation, avec chiffres à l'appui, de ce qu'ont publié les journaux français au sujet des résultats obtenus par Deprez à Munich ; cette réfutation est empruntée à un rapport, rédigé par un homme apparemment bien informé, sur le transport de force par l'électricité à l'Exposition de Munich ; je ne puis me dispenser, en l'absence de rapport officiel, et vu le vif intérêt que les expériences de Deprez ont pour mes lecteurs, de faire connaître ces critiques, en laissant de côté tout ce qui est polémique.

« La longueur du fil conducteur, de Miesbach au Palais de cristal, est de 57 kilomètres. La résistance du fil (de 4,5 millimètres de diamètre) était de 950 ohms, la perte par défaut d'isolement était d'environ 3 0/0. Les deux machines de Gramme étaient de même construction et pourvues de fil très fin ; la résistance de chacune d'elles était de 470 ohms. Il y avait donc, dans la totalité du circuit, une résistance de 1890 ohms. La machine de Miesbach faisait 2200 tours par minute ; celle du Palais de cristal en faisait 1500. Or, on sait que la force électromotrice d'une machine, à égale intensité de courant, est directement proportionnelle au nombre des tours. C'est sur ce théorème que l'on s'appuyait pour dire que l'effet utile dépassait 60 pour 100, car $\dfrac{1500}{2200}$ donne à peu près 68 pour 100.

Mais un calcul d'effet utile, d'après le nombre de tours, n'est approximativement exact que quand les deux machines sont parfaitement bien isolées, parfaitement intactes, et qu'il ne survient en route aucune perte de courant. Dans un transport de force, à Montceau-les-Mines, le générateur de force allait plus vite que le générateur de courant; d'après le mode de calcul précédent, on aurait obtenu plus de 100 pour 100 d'effet utile.

« D'après les communications qui m'ont été faites par M. Kitter, l'intensité du courant, dans le Palais de cristal, était de 0,5 ampères, et la tension était de 850 volts. La résistance de la machine était de 470 ohms, par conséquent la perte de tension dans l'intérieur de la machine était de 235 volts, de sorte qu'il reste 615 volts de force contre-électro-motrice. D'après cela, le travail théorique de la machine aurait donc été de

$$E = \frac{ie}{9,81} = \frac{0.5 \times 615}{9,81} = 31,3 \text{ kilogrammètres,}$$

tandis qu'en mesurant directement avec un frein de Prony, on aurait trouvé 38 kilogrammètres.

« Estimons à 8 pour 100 la perte par le travail d'aimantation de l'anneau, par les courants de Foucault et par frottement, ce qui n'est pas exagéré pour 1500 tours : nous trouvons que la valeur vraisemblable du travail utile est de 28,8 kilogrammètres, au lieu de 38.

« Le travail dépensé au générateur de force est, en volts-ampères, de

$$E_{\text{GF}} = 850 \text{ volts} \times 0,5 \text{ ampère} = 425 \text{ volt-ampères.}$$

« En calculant la perte dans le conducteur, il faut considérer que, par suite de l'imperfection de l'isolement, il y avait une perte de courant égale à 3 pour 100.

L'intensité à Miesbach était donc de **0,515** ampères. La perte de travail dans le conducteur est de

$$E_C = 244,9 \text{ volt-ampères.}$$

« Le travail, dans le générateur de courant, puisque la résistance est de 470 ohms et que l'intensité est de 0, 515 ampères, est égal à

$$E_{GC} = (0,515)^2 \times 470 = 124,9 \text{ volt-ampères.}$$

« Le générateur de courant produit donc un travail électrique de

$$\begin{aligned}
E_{GF} &= 425 \\
E_C &= 244,9 \\
E_{GC} &= 124,6 \\
\hline
E &= 794,5
\end{aligned}$$

« Ajoutons 10 pour 100, pour la perte de travail par aimantation de l'anneau, par les courants de Foucault et par le frottement, ce qui n'est pas exagéré quand le nombre de tours est de **2200** : nous trouvons ainsi que le travail transmis par le moteur au générateur de courant est de 874 volt-ampères ou de 89,1 kilogrammètres. De là résulte que l'effet utile est de

$$\frac{31.3}{89,1} = 35 \text{ pour } 100.$$

« Loin de moi la pensée de prétendre que l'effet utile n'ait pas été plus considérable, mais je ne crois pas que ce soit vraisemblable; du reste M. Deprez, dans une publication postérieure, a indiqué 35 0/0 comme limite extrême de l'effet utile.

« Maintenant, quelques observations d'une importance générale et ce sera tout. D'après les dimensions électriques indiquées plus haut, la tension aux bornes de la machine était de 1330 volts environ. C'est là une tension qui, vu les petites dimensions qu'avaient les machines de Gramme, faisait plus que compromettre la régularité de leur fonctionnement. En effet, dans les quelques jours qu'il a durés, il s'est produit un grand nombre d'effets fâcheux d'induction qui interrompaient la marche; en outre, on peut se demander si de telles tensions peuvent être tolérées par la police. Nous ne croyons pas que l'autorité compétente autorise des exploitations de ce genre, quand elle en connaîtra les dangers.

« En ce qui concerne l'avantage qu'il y aurait, a-t-on dit, à se servir de fils télégraphiques, je présenterai l'observation suivante :

« Soit i l'intensité du courant dans un conducteur pour le transport de la force,

« Soit e la force contre-électro-motrice du générateur de force,

« Soit r la résistance du circuit susdit,

« Et T le travail consommé par le générateur de courant, on peut, en négligeant les pertes par aimantation, par les courants de Foucault et par les frottements, écrire l'équation de travail :

$$\text{A} = ie - i^2r \quad \ldots \ldots \quad (1)$$

« Le travail accompli par le générateur de force est alors :

$$\text{A}_1 = ie \quad \ldots \ldots \ldots \quad (2)$$

« Par conséquent

$$\text{A} = \text{A}_1 - i^2r \quad \ldots \ldots \quad (3).$$

« La production de force ne dépend donc que du produit $i\,e$, et il est parfaitement indifférent que l'on fasse grandir *e* proportionnellement pour maintenir le produit constant. Donc, si l'on pose

$$i = o$$

et

$$e = \infty.$$

l'équation (3) se transforme en

$$A = A_1 \quad . \quad . \quad . \quad . \quad . \quad (4),$$

car i^2, carré d'une quantité infiniment petite, est négligeable et par suite on a

$$i^2 r = o.$$

« L'équation (4) signifie donc que, dans ce cas limité et irréalisable, l'effet utile serait égal à 100 pour 100. Mais, en revanche, la perte par défaut d'isolement serait excessive. »

FIN DE LA PREMIÈRE PARTIE

AVERTISSEMENT DE L'ÉDITEUR

La première partie de cet ouvrage était déjà imprimée lorsque nous avons été assez heureux pour obtenir le concours de M. Marcel Deprez.

Les notes suivantes complètent et rectifient quelques-unes des assertions de l'auteur allemand; n'ayant pu les intercaler dans le texte traduit, nous avons dû les réunir à la fin du volume ; le lecteur devra donc les consulter et se reporter ensuite aux pages auxquelles elles renvoyent.

DEUXIÈME PARTIE

Par M. Marcel Deprez

DERNIÈRES EXPÉRIENCES

DE TRANSPORT DE FORCE

Lorsque les premiers résultats de l'expérience de transport de force entre Miesbach et Munich, en 1882, furent connus du public, la valeur du rendement annoncé souleva de très vives polémiques en France comme à l'étranger, et lorsque parut le rapport du comité électro-technique, on crut voir une contradiction entre les chiffres qu'il contenait et ceux annoncés d'abord par nous. Il n'en était rien en réalité. Lorsqu'en effet les premières expériences furent faites, dans le Palais de Cristal, quelques mesures rapides seules furent prises. La charge au frein de la réceptrice étant connu, les vitesses furent seules mesurées, et comme lorsque deux machines génératrice et réceptrice sont identiques (tel était le cas), le rendement économique (abstraction faite des frottements, de la résistance de l'air, des trépidations, etc.) a pour valeur véritable le rapport des vitesses, on put, en faisant varier la vitesse de la génératrice depuis 1,600 tours jusqu'à 2,200 par minute et celle

de la réceptrice de 750 jusqu'à 1,500 tours, obtenir des
rendements électriques variables entre 45 0/0 et 68 0/0.
Ces valeurs, il va sans dire, n'étaient pas celles du rendement mécanique que, le rapport entre le travail
au frein de la réceptrice et le travail moteur absorbé
par la génératrice pouvait seul exprimer. Malheureusement il n'existait pas à Miesbach de dynamomètre, lors
de ces premières expériences, et son installation n'eut
lieu que lorsque commencèrent les opérations de la
commission. Entre temps, l'expérience avait pendant
quinze jours marché dans d'excellentes conditions et
tous les soirs, le travail transmis, 1/2 cheval environ,
avait été utilisé pour actionner une pompe centrifuge
alimentant la cascade ; mais le jour même où la commission voulut faire ses premières mesures, des communications anormales furent par mégarde établies et rompues
plusieurs fois entre la ligne de Miesbach et des appareils
situés dans l'intérieur même du palais. Ces alternatives de
fermeture et de rupture déterminèrent dans les machines
des extra-courants d'une très grande intensité qui
endommagèrent fortement l'isolation des anneaux.
Malgré cela on put marcher dans de médiocres conditions, il est vrai, pendant un temps suffisant pour que
la commission ait pu prendre quelques mesures suffisamment exactes, la génératrice faisant 1,600 tours et la
réceptrice 750. Le travail utile n'était que de 20 kilom.
à peine par seconde et le travail mesuré à Miesbach
étant environ de 1 cheval, le rendement industriel ne fut
qu'à peu près de 25 0/0.

On voulut alors augmenter le travail absolu de la
réceptrice, et sans toucher à la charge du frein on poussa
la vitesse de la génératrice à 2,000 tours par minute ;
la vitesse de la réceptrice augmenta naturellement, et
le tachymètre indiquait 1,200 tours, lorsqu'un des balais,

mal serré, se détacha tout à coup et tomba. Cette dernière rupture de courant effectuée alors que la force électromotrice développée par la génératrice dépassant 2,000 volts, acheva de ruiner l'isolation des anneaux, et à partir de ce moment la réceptrice ne put même plus tourner à vide.

Telle est en quelques mots l'histoire de cette expérience hardie qui fut le premier exemple d'un transport de force à *grande distance* et à laquelle fut consacré le rapport suivant par le comité électrotechnique de l'Exposition de Munich.

CERTIFICAT DÉLIVRÉ A M. MARCEL DEPREZ

PAR LE COMITÉ ÉLECTRO-TECHNIQUE DE MUNICH

A l'aide de deux machines dynamo-électriques (système Gramme) d'égale construction, M. Marcel Deprez a transporté à Munich, à une distance de 57 kilomètres, à travers un fil télégraphique en fer de 4 mm.,5 de diamètre, le travail fourni à Miesbach par une machine à vapeur. La machine réceptrice placée dans le Palais de Cristal a mis en mouvement pendant huit jours une pompe centrifuge alimentant une cascade d'environ 2 m. 5 de hauteur.

Les machines dynamo-électriques ont été mises en mouvement pour la première fois le 25 septembre à 7 heures du soir, et, d'après les données de M. l'ingénieur Datterer, désigné par le Comité, la réceptrice plac.e à Munich tournait à la vitesse de 1,500 tours par minute, le frein servant à mesurer le travail était chargé de 1,5 kilog.

Une série d'accidents dus à ce fait que les machines étaient construites pour des expériences de laboratoire et non pour l'usage pratique, arrêtèrent au bout de huit jours la marche jusque-là complètement satisfaisante des machines. Les cercles qui entouraient l'anneau d'une des machines se rompirent ; par suite, les fils de l'anneau, de 4 millimètres, de diamètre, furent endommagés et durent être isolés de nouveau. Dans le bourg lointain de Miesbach, ces réparations ne purent être faites qu'avec de grandes difficultés et exigèrent de la part des collaborateurs de M. Marcel Deprez beaucoup de patience et de persévérance.

Les 9 et 10 octobre, lorsque la commission d'essai commença ses mesures, on ne put atteindre à Miesbach, avec la machine réparée, qu'une vitesse de 1,600 tours par minute ; les résultats obtenus furent par suite beaucoup moins favorables qu'ils ne l'eussent été à la vitesse normale de 2,000 tours atteinte tout d'abord.

Pendant quelques instants seulement on put atteindre pendant les mesures, la vitesse de 2,000 tours par minute et encore au commencement des expériences un des balais de la machine se détacha, ce qui produisit un extra-courant et détruisit complètement la machine.

Les résultats obtenus, dans ces circonstances défavorables, sous la direction de MM. les professeurs Dorn, Kittler, Pfeiffer et Schroeter ont été les suivants :

Résistance de la ligne . . . . . . 950 ohms 2
  —   de la machine à Miesbach. 453 — 1
  —   de la machine à Munich. 453 — 4

	MIESBACH			MUNICH	
Heure.	Nombre de tours par minute.	Intensité en ampères I.	Nombre de tours par minute.	Différence de potentiel en volts E_2.
10 octobre, 12^h $32'$ — $37'$ . . .	1611	0,519	752	850

De là on tire :

DIFFÉRENCE de potentiel à Miesbach $E_1 = E_2 + 950 \times I$.	TRAVAIL ÉLECTRIQUE		TRAVAIL ÉLECTRIQUE total		TRAVAIL D'ÉCHAUFFEMENT dans tout le circuit		TRAVAIL DISPONIBLE pour le transport de la force		
	extérieur $E_1 I$.	en chevaux $\frac{E_1 I}{736}$	$E_1 I + I^2$ $\times 453,1$	chevaux.	$I^2 \times 1856,7$	en chevaux.	$E_2 I - I^2$ $\times 453,4$	en chevaux	en 0/0 du travail électrique total
1343 volts.	697	0,947	819	1,13	500	0,680	319	0,433	.38,9

Les déterminations électriques du travail entreprises en même temps que les mesures électriques n'ont donné aucun résultat exact ; d'abord la machine de Munich n'avait pas une base assez solide et une partie du travail était absorbée par les vibrations de la machine ; ensuite le dynamomètre V. Hefner-Alteneck, employé à Miesbach, était construit pour mesurer des forces de 15 chevaux, et les limites d'erreur de cet appareil étaient trop grandes pour la petite force à mesurer. Le travail obtenu à Munich au frein s'est élevé à 0,25 H P ; il faudrait y ajouter le travail absorbé par les vibrations de la machine ; au lieu de se servir de mesures directes, on aurait une évaluation plus exacte du travail dépensé à Miesbach en partant du travail électrique dépensé à Miesbach et du rendement de la machine de Munich, identique à celle de Miesbach, rendement que l'on peut estimer par les chiffres donnés ci-dessus, en tenant compte des trépidations.

Comme par suite des nombreux accidents indiqués plus haut, les résultats obtenus pendant les mesures de la Commission d'essai sont notablement moins favorables que pendant les premières expériences, M. Marcel Deprez s'est décidé à répéter l'expérience à Munich avec des machines plus solidement construites et nous croyons qu'alors seulement, on pourra prononcer un jugement décisif sur le rendement. Nous n'hésitons cependant pas à proclamer la réussite du transport de la force de Miesbach à Munich, transport en tout cas important dans l'histoire de l'électro-technique.

La Commission d'essai pour les expériences électro-
techniques du palais de Cristal de Munich.

<table>
<tr><td>Le secrétaire,</td><td style="text-align:right">Le Président,</td></tr>
<tr><td>Osc. V. Miller.</td><td style="text-align:right">Dr V. Beetz.</td></tr>
</table>

Munich, 11 janvier 1882.

A Monsieur Marcel Deprez, Paris

Très honoré Monsieur,

Comme vous avez eu l'extrème bonté de laisser espérer aux membres du Comité soussignés, la continuation de vos expériences de transport électrique de force entre Miesbach et Munich, nous ne voulons pas négliger de vous faire savoir que le Comité d'expériences électro-techniques s'est dissous, mais que cependant des essais électro-techniques seront encore exécutés par le Comité soussigné de l'Union polytechnique.

L'Union polytechnique pense qu'elle ne peut mieux inaugurer la mission qu'elle a acceptée que par l'expérience grandiose que vous avez en vue, et que de tous côtés la population attend avec une grande anxiété. Aussi se permet-elle de vous prier respectueusement de vouloir bien lui confirmer les assurances données au Comité d'expérience électro-techniques et de venir répéter ici, en grand, votre expérience si importante au point de vue de l'histoire de l'électro-technique, et qui a déjà donné une valeur historique à la ligne de Miesbach à Munich.

Nous croyons pouvoir vous assurer que vous trouverez l'appui le plus puissant auprès des administrations de l'État et de la ville, auprès du consortium fondé à Munich pour l'encouragement des entreprises électro-techniques, auprès de l'Union polytechnique, et enfin auprès des professeurs et des industriels de notre ville. Nous espérons donc recevoir bientôt de vous une réponse favorable.

Veuillez agréer notre très haute considération,

Le Comité d'expériences électro-techniques au palais de cristal de Munich

Le Président,   *Le Vice-Président,*

Dᵣ V. Beetz.   Friedrich Haenle.

Les Secrétaires:

Osc. V. Miller,   Jos. V. Schmaedel.

L'Union polytechnique

Dᵣ E. Voit, *Président.*

Dans ce rapport, il est à remarquer que la différence de potentiel (E_2) aux bornes de la réceptrice de Munich ayant été mesurée exactement et trouvée égale à 850 volts, tandis que l'intensité du courant mesurée à Miesbach était de 0,519 ampères, on en conclut la différence de potentiel E_1 aux bornes de la génératrice de Miesbach en ajoutant à E_2 le produit de la résistance de la ligne (950 ohms) par l'intensité ($I = 0,519.$) On trouve ainsi $E_1 = 1343$ volts. Pour trouver ensuite le travail électrique *extérieur à la génératrice*, il suffit de multiplier la différence de potentiel ($E_1 = 1343$) par l'intensité ($I = 0,519$, ce qui donne 697 volts ampères ou en chevaux $\dfrac{697}{9,81 \times 75} = 0.947$

Le travail électrique total est obtenu en ajoutant au travail extérieur à la génératrice (697 V.-A.) le travail dû à l'échauffement de cette génératrice et qui a pour expression le produit de la résistance intérieure de cette machine par l'intensité du courant ou $453, 1 \times \overline{0,519^2} = 122$. On a ainsi $697 + 122 = 819$ V.-A. ou 1,13 chevaux pour le travail électrique total développé par la génératrice.

Si de ce travail électrique total (819 V.-A.), on retranche le travail d'échauffement de tout le circuit $(1856,7 \times \overline{0,519}^2 = 500$ V.-A.), on trouve le travail mécanique disponible sur la réceptrice : 319 V.-A. ou 0 chev. 533, ce qui, divisé par le travail électrique total (819 V.-A.) de la génératrice, donne enfin 0,389 pour la valeur du coefficient économique.

Nous ferons remarquer que le procès-verbal ne contient pas les chiffres obtenus dans l'expérience de très courte durée qui eut lieu le 20 octobre et pendant laquelle la génératrice tourna à 2,000 tours et la réceptrice à plus de 1,100 tours par minute. Il la mentionne seulement en faisant remarquer qu'elle a pris fin presque immédiatement par suite de la chute d'un balai.

Cette expérience eut, comme on pense, un très grand retentissement. Elle démontrait d'une manière complète que le transport électrique de la force était possible à de grandes distances par l'intermédiaire d'une ligne de prix peu élevé; mais comme peu de mesures, somme toute, avaient pu être faites à Munich, je résolus, au commencement de l'année 1883, de recommencer de nouvelles expériences à Paris, pour que l'on pût suivre d'exactes mesures et opérer sur des forces plus considérables.

Le chemin de fer du Nord offrit gracieusement à cette époque la force et l'emplacement nécessaires aux machines. Celles-ci furent, pour la génératrice, une machine à deux anneaux créée spécialement par moi, pour le transport de la force, et, pour la réceptrice, une machine Gramme type D, convenablement modifiée. Cette fois, pour faciliter les mesures, les deux machines furent placées côte à côte dans les ateliers de La Chapelle, et réunies d'un côté par un câble très court et de l'autre par un fil télégraphique ordinaire qui, partant de la génératrice, allait jusqu'au Bourget et revenait à la réceptrice. En outre, le Conservatoire prêta, pour mesurer le travail moteur, le dynamomètre de rotation du général Morin, et ce fut un frein de Prony dont on se servit pour mesurer le travail disponible à la circonférence de la poutre de la réceptrice.

Avec cette installation, une longue série d'expériences purent être faites pendant plus de deux mois. Les unes furent faites par M. Marcel Deprez seul, d'autres avec le concours de MM. Tresca et Hopkinson, et enfin les dernières furent directement faites par la commission nommée par l'Académie des sciences.

Les premières expériences eurent lieu le dimanche 11 février avec la collaboration de MM. Tresca et Cornu; elles furent reprises le dimanche suivant, 18 février, avec M. Hopkinson qui voulut bien se charger des mesures électriques, et les résultats obtenus, ainsi que tous les détails de l'installation, furent communiqués par M. Tresca à l'Académie des sciences dans les deux notes suivantes.

RÉSULTATS DES EXPÉRIENCES

FAITES DANS LES ATELIERS DU CHEMIN DE FER DU NORD SUR LE TRANSPORT ÉLECTRIQUE DU TRAVAIL A GRANDE DISTANCE

DE M. MARCEL DEPREZ

Séance du 19 *février* 1883.

Note de M. Tresca.

« Depuis les expériences de MM. Chrétien et Félix à Sermaize. dont j'ai rendu compte à l'Académie dans sa

·séance du 26 mai 1879, et même depuis celles de MM. Fontaine et Breguet à l'Exposition de Vienne, en 1873, je me suis efforcé de trouver une installation à l'aide de laquelle il me fût possible de déterminer toutes les données électriques et mécaniques de la transmission du travail par l'intermédiaire des machines dynamo-électriques.

« L'occasion paraissait aussi favorable qu'on puisse l'espérer à l'Exposition de 1881, mais les constructeurs de machines n'apportèrent pas à notre appel le bon vouloir sur lequel nous avions compté, et les seules déterminations que nous ayons pu faire sur les installations de MM. Ducommun et Steinlen ne purent être aussi complètes et aussi sûres que nous l'aurions désiré ; c'est à peine si leur discussion conduit à une appréciation encore incertaine du rendement réalisable.

« Nous achevons en ce moment une série d'expériences analogues aux ateliers des magasins du Louvre, avenue Rapp, sur les nouvelles machines dites *cylindriques*, de M. Gramme ; mais c'est là encore une installation trop peu importante pour qu'elle puisse conduire à des résultats définitifs.

M. Breguet effectuait sa transmission à une distance de près de 1 kilomètre et y avait appliqué une petite pompe ; MM. Chrétien et Félix faisaient fonctionner une charrue ou une machine à battre, à une distance de 650 mètres environ ; MM. Ducommun et Steinlen agissent de 84 mètres à 560 ; les magasins du Louvre, à 120 mètres.

« Ces conditions diverses étaient bien éloignées de celles dont il est question dans les séances. de l'Académie, et M. Marcel Deprez étant venu nous demander de vouloir bien nous charger de faire nous-même les constatations nécessaires, nous avons, avec empressement, consenti à nous en charger, ce qui nous permet de présenter, dès aujourd'hui, à l'Académie le procès-verbal très complet des essais qui ont eu lieu le 11 de ce mois et dont tous les éléments, en concordance très satisfaisante, ne laissent place à aucune incertitude. Nous en pouvons prendre la complète responsabilité.

« Le fil télégraphique de 4 millimètres de diamètre par lequel la transmission était faite présentait une résistance de 160 ohms ; il avait, de Paris au Bourget et retour, une longueur totale de 17,000 mètres, mais les machines étaient en outre réunies entre leurs autres pôles par un fil court ; les conditions dans lesquelles on a opéré correspondent sensiblement au cas dans lequel les deux machines auraient été placées, l'une par rapport à l'autre, à une distance de 8,500 mètres seulement et reliées par un double fil d'aller et retour.

« La machine génératrice, par la forme de ses armatures, était d'un système particulier, à double bobine et à fil de 1 millimètre de diamètre, qui appartient à M. Deprez ; la réceptrice était une grande machine Gramme, type de la guerre, modifiée pour l'objet auquel elle devait être employée. Les résistances de ces deux machines étaient respectivement 56 et 83 ohms.

« Dans chaque expérience on a déterminé simultanément le nombre de leurs révolutions par minute, au moyen de compteurs spéciaux.

« Toutes les mesures électriques ont été faites par M. le Dr J. Hopkinson, de la Société Royale de Londres, avec la série des appareils de sir William Thomson ; elles ont d'ailleurs concordé très exactement avec les indications consignées les jours précédents par M. Deprez, sur son carnet d'expériences, avec l'emploi de ses propres instruments.

« Les mesures de la différence de potentiel entre les

deux pôles de chacune des machines dynamo-électriques ont été prises avec un galvanomètre de Thomson, en employant une résistance supplémentaire de 50,000 ohms.

« Les mesures du courant ont été effectuées au moyen d'un autre galvanomètre de Thomson, dans lequel le courant tout entier était introduit.

« Les aimants de ces deux instruments, après avoir été vérifiés à Londres, le 9 février, ont été examinés de nouveau le 13, à leur retour de Paris, et il a été constaté qu'ils n'avaient subi aucune modification; chaque division du galvanomètre destiné au potentiel correspondait à 50 volts 7, et chaque division du galvanomètre de courant à 0 amp. 223.

« Le dynamomètre de rotation à styles de M. le général Morin, prêté pour la circonstance par le Conservatoire des arts et métiers, et destiné à mesurer le travail moteur, était relié à la machine génératrice par un arbre intermédiaire, et les quatre poulies qui formaient la transmission conduisaient, suivant les rapports des diamètres, à une augmentation du nombre des tours dans le rapport de $\dfrac{0,830}{0.520} \times \dfrac{1,400}{0,34} = 6,01$ ou, plus exactement, en tenant compte de la demi-épaisseur des courroies $\dfrac{0,835}{0.525} \times \dfrac{1,405}{0,345} = 6,48$.

« Les expériences ont été faites dans des conditions telles que le rapport observé entre les nombres de tours a été réellement $\dfrac{60,6}{95,6} = 6,35$, ce qui suffit pour établir qu'il n'y a eu aucun glissement anormal, dont il faille tenir compte, dans l'installation de la transmission.

« Le travail moteur a été mesuré par des diagrammes dans lesquels chaque millimètre d'ordonnée représentait un effort de 8 kilog. 80, le chemin parcouru par tour étant $\pi \times 0,835 = 2$ mèt. 623 ; il a paru convenable de calculer une fois pour toutes le nombre par lequel il faudrait multiplier le produit du nombre des tours en une minute par le nombre des millimètres d'ordonnée moyenne pour obtenir immédiatement la valeur du travail moteur en kilogrammètres par seconde. Ce coefficient qui s'obtient ainsi qu'il suit, $\dfrac{8,80 \times 2,623}{60} = 3,847$, nous a servi pour toutes les réductions comprises dans le tableau des valeurs numériques.

« Le travail disponible sur l'arbre de la réceptrice a été constamment mesuré par un frein de Prony, parfaitement équilibré, dont le bras de levier avait horizontalement une longueur $L = 0,796$ correspondant à un parcours de 5 mètres par tour. Ce levier ayant été constamment soumis à une charge de 5 kilogrammes, ce travail a été calculé à raison de 25 kilogrammètres pour chacune des révolutions effectuées par seconde.

« Sept expériences ont été faites successivement dans les conditions qui viennent d'être indiquées; un seul diagramme, celui de la dernière expérience, nous a fait défaut et l'on a en outre, dans une huitième détermination dynamométrique, évalué le travail consommé par la transmission mécanique, comprise entre le dynamomètre et la machine génératrice. La vitesse était alors plus grande que dans le cours des autres expériences, mais nous en déduirons seulement le travail consommé par tour, de manière à pouvoir immédiatement en calculer l'influence pour chacune des expériences précédentes.

« Le tableau suivant renferme toutes les données recueillies, ainsi que leurs moyennes :

Tableau des données numériques de toutes les expériences.

Numéros des diagrammes.	DYNAMOMÈTRE.				COURANT.	GÉNÉRATRICE.			RÉCEPTRICE			FREIN.
	Ordonnée moyenne des diagram.	Tours par minute.	Travail en kilogr.	Travail moteur en chevaux.	Intensité du courant en ampères.	Force électromotrice en volts.	Nombre de tours en min.	Travail électrique en chevaux.	Force électromotrice en volts.	Nombre de tours en min.	Travail électriq en chev.	Travail au frein en chev. (1)
I.	12m87	101	500,07	6,66	2,523	1441	633	4,89	1037	418	3,50	2,32
II.	12,84	98	484,09	6,45	2,594	1324	596	4,61	936	369	3,26	2,05
III.	13,49	97	503,39	6,71	2,531	1237	608	4,19	887	384	3,01	2,13
IV.	12,48	92	441,70	5,89	2,564	1247	571	4,27	869	345	2,99	1,92
V.	13,01	87	435,43	5,80	2,564	1212	533	4,17	814	315	2,80	1,75
VI.	12,52	90	433,48	5,78	2,576	1276	580	4,41	908	363	3,14	2,01
Totaux. . .	77,21	565	2798,16	37,29	15,352	7743	3541	26,56	5451	2194	18,70	12,18
Moyennes.	12,87	94,2	466,36	6,21	2,559	1290,5	590,2	4,42	908,5	365,8	3,12	2,03
VII	x	104	x	x	2,645	1533	590	5,47	1146	502	4,09	2,75
VIII.	0,78	112	36,6	0,45	et pour chaque tour par minute 0 kgm. 3.							

1. Les vitesses correspondantes sont celles de l'arbre de la directrice.

« Le travail mécanique a été évalué en chevaux, à raison de 75 kilogrammètres par seconde; mais nous devons faire remarquer que les travaux électriques ont été déduits, par M. Hopkinson, des mesures directes faites au galvanomètre, en estimant le cheval à 76 kilogrammètres. Malgré la légère incorrection qui en résulte, il nous a paru plus convenable de conserver les chiffres accusés par l'observateur anglais.

« En ne considérant d'abord que le résultat moyen des six premières expériences qui sont seules complètes, nous voyons que l'on a transmis 2 chev. 03 pour une dépense de 6 chev. 21 sur l'arbre du dynamomètre, ce qui correspond à un rendement de 0,327. Et cette conclusion se trouve surabondamment corroborée par l'examen comparatif des chiffres successifs de chacune des colonnes.

Pour la vitesse moyenne de 94 tours 2 par minute au dynamomètre, le travail de la transmission mécanique, y compris la rotation à vide de la génératrice, s'élèverait à $0,3 \times 94,2 = 28$ kgm. 26 ou à 0 chev. 377, et le chiffre précédent de rendement se trouverait ainsi porté à $2,01 : (6,21 - 0,38) = 0,345$; mais nous attachons, en réalité, peu d'importance à cette correction, tant parce qu'elle est minime que par l'impossibilité dans laquelle on se trouvera presque toujours, dans les applications, de supprimer ce travail supplémentaire, qui comprendrait tout au moins l'effet des résistances mécaniques de l'arbre de la machine génératrice.

« Mais c'est surtout dans l'étude de rendement des diverses parties de l'installation que nous trouverons des indications d'un grand intérêt, qui sont mises en évidence dans le tableau suivant de la décomposition de chacune des expériences en trois parties distinctes.

Tableau des quantités de travail mesurées sur les différents points de l'installation.

DÉSIGNATION DES EXPÉRIENCES.	I.	II.	III.	IV.	V.	VI.	TOTAUX.	MOYENN.
Travail moteur au dynamomètre . .	6,66	6,45	6,71	5,89	5.80	5,78	37,29	6,21
Travail perdu à la génératrice (par différence).	1,77	1,84	2,52?	1.60	1,63	1,37	10,73	1,79
Travail électrique à la sortie de la génératrice	4,89	4,61	4,19	4,29	4,17	4,41	26,56	4,43
Travail dépensé dans le circuit (par différence).	1,39	1,35	1,18	1,30	1,37	1,27	7,86	1,31 [1]
Travail électrique à l'entrée de la réceptrice.	3,50	3,26	3,01	2,99	2,80	3,14	18,70	3,12
Travail perdu à la réceptrice (par différence)	1,18	1,21	0,88	1,07	1,05	1.13	6,52	1,09
Travail transmis à l'arbre du frein. .	2,32	2,05	2,13	1,92	1,75	2,01	12,18	2,03

Rendements.

	I.	II.	III.	IV.	V.	VI.	TOTAUX.	MOYENN.
Rendement de la génératrice en travail électrique	0,734	0,715	0,624	0,728	0,719	0,763	4,283	0,712
Rendement du circuit en travail électrique	0,715	0,707	0,721	0,697	0,670	0,712	4,212	0,706
Rendement de la réceptrice en travail mécanique.	0,671	0,610	0,707	0,642	0,625	0,640	3,895	0,651
Rendement définitif entre les deux extrémités.	0,348	0,348	0,347	0,326	0,302	0,348	1,959	0,326

1. La résistance calculée de la ligne (160 ohms) pour l'intensité moyenne de 2,559 amp., représente en travail 1 chev., 42.

« Ces résultats se prêtent immédiatement à une interprétation extrèmement simple si l'on énonce que chacune des trois parties de l'installation donne un effet utile d'environ 0,70.

« Les résistances de la génératrice, la chaleur qui s'y développe, les pertes par les balais et les étincelles se traduisent par une dépense d'énergie de 30 pour 100.

« Dans les conditions de l'expérience, la chaleur développée dans le circuit représente 30 pour 100 de l'énergie électrique qui lui est confiée. On aurait pu craindre qu'il ne se fît dans la ligne quelque communication anormale entre le fil d'aller et le fil de retour, mais les fils étaient posés sur poteaux dans tout leur parcours et il suffit de faire remarquer à cet égard que la perte intermédiaire entre la génératrice et la réceptrice est en moyenne égale aux 122 kilogrammètres qui correspondent à la résistance totale du circuit qui est de 160 ohms.

« Enfin les résistances de la réceptrice, l'influence de ses balais et des étincelles absorbent aussi 30 pour 100 du travail électrique qui lui est imparti.

« En nombres ronds, l'effet utile diffère peu de $\overline{0,70}^3 = 0,343$.

« Il n'est pas dans notre rôle de déduire les conséquences qui se rattachent à ce point de vue, mais il nous a paru fort utile de mettre le fait lui-même en relief.

« Dorénavant on sera en droit d'exiger, dans toutes les expériences de cette nature, la mesure du travail qui traverse chacune des parties de l'appareil de transmission. Les moyens que nous possédons pour la mesure de l'énergie électrique sont bien plus avancés que ceux à l'aide desquels nous pouvons enregistrer le passage du travail ou celui de la chaleur, et l'on ne saurait trop insister sur la facilité et la sûreté que l'emploi des courants met à notre disposition sous ce rapport. Les unités électriques sont dès maintenant en parfait accord avec les unités mécaniques.

« Dans les données de la septième expérience qui peuvent être mises en parallèle avec les précédentes, nous sommes réduits aux indications suivantes :

Travail électrique de la génératrice. . . 4,64
Perte intermédiaire par différence. . . . 1,34
Travail électrique à la réceptrice. . . . 3,30
Perte intermédiaire par différence. . . . 0,51
Travail réellement transmis. 2,79
Rendement du circuit. 0,711
Rendement de la réceptrice. 0,845

« Le chiffre de ce dernier rendement diffère notablement de ceux qui sont compris dans le Tableau général; mais il n'est pas trop hasardé de conclure de celui de 0,711 que le rendement en travail transmis, favorisé cependant par une augmentation notable de la vitesse, ne saurait différer beaucoup de ceux qui ont directement été mesurés.

« En partant des résistances des deux machines au repos, on peut calculer encore le travail perdu en chaleur que déterminent ces résistances dans chacune des expériences faites, et en déduire par conséquent, pas différence, pour l'une et l'autre machine, le travail supplémentaire perdu soit par les frottements, soit par les étincelles, soit en même temps par l'augmentation possible des résistances électriques pendant le fonctionnement. Il nous suffira de dire que, pour la génératrice, l'ensemble de ces pertes s'élève à 0 ch. 92 et à 0 oh. 36 pour la génératrice. Cette différence s'explique par la vitesse relative du travail qui est mis en jeu dans la directrice et sa mesure, en complétant les indications qui ont été données déjà sur les différentes déperditions, rend compte de toutes les conditions pratiques des expériences faites.

« Je ne saurais oublier en terminant de rendre hommage aux soins et à l'habileté que M. Hopkinson a su apporter, dans ces expériences, à toutes les déterminations électriques qui ont seules permis de porter l'investigation jusque dans tous les détails des diverses transformations de l'énergie dans ses modes successifs de manifestation.

« En ce qui concerne les rendements électriques, il est évidemment nécessaire de déduire avec soin le travail de la transmission, travail qui n'y joue aucun rôle et qui ne pourrait que fausser la précision des indications successives données sur le parcours du travail.

« En résumé, le travail réellement transmis à une distance de 8 ½ km. par un fil télégraphique ordinaire, en fer de 4 millimètres de diamètre, dans le mode d'installation de M. Deprez, représente le tiers du travail moteur.

« Si, les courants restant les mêmes, on faisait abstraction de la résistance du circuit intermédiaire, l'effet utile correspondant pourrait s'élever, d'après ces évaluations, à près de moitié du travail moteur.

« L'expérience dont il s'agit, sévèrement contrôlée dans toutes ses parties, a réalisé pour la première fois le transport de 2 ch., et même, dans un des essais, celui de 2 ch. 79 à une aussi grande distance.

« Les résultats qui précèdent correspondent à une vitesse de 590 tours seulement par minute à la génératrice ; une nouvelle série d'expériences a été faite hier à la vitesse moyenne de 814 tours. Il en sera rendu compte avec les mêmes détails dans la prochaine séance ; mais nous pouvons dire déjà qu'il résulte d'un premier examen de celle qui correspond à la plus

grande vitesse et dans laquelle on a transmis 3 ch. 68,
que le rendement, déduction faite du travail absorbé
par la transmission mécanique à la génératrice, s'est
élevé pour 890 tours à 42 pour 100 au lieu de 35, et,
sans déduction du travail de transmission, à 0,33 au
lieu de 0,32. »

RÉSULTATS

D'UNE

NOUVELLE SÉRIE D'EXPÉRIENCES

SUR LES APPAREILS DE TRANSPORT DE TRAVAIL MÉCANIQUE INSTALLÉS
AU CHEMIN DE FER DU NORD

PAR M. MARCEL DEPREZ

Séance du 26 février 1883.

Note de M. Tresca

« Pour faire suite aux indications que nous avons
présentées à l'Académie dans sa dernière séance, nous
avons l'honneur de lui faire connaître les résultats de
la deuxième série d'expériences que nous avons faites,
le 18 de ce mois, sur l'installation, au chemin de fer du
Nord, des appareils de M. Marcel Deprez. Rien n'avait
été changé à ces appareils et l'on se proposait seulement d'en constater à nouveau le fonctionnement, en
donnant à l'arbre de la génératrice une vitesse de 900
tours environ par minute, soit une augmentation de
moitié relativement aux essais du 11 février.

« Les observations ont été conduites comme les précédentes, si ce n'est que les déterminations électriques
ont été déduites de la lecture des galvanomètres de
M. Deprez, sous le contrôle de notre confrère M. Cornu,
qui avait bien voulu se charger de ce soin.

« Cinq expériences seulement ont été faites, les premières n'ayant eu pour objet que la détermination du travail dépensé par le fonctionnement à vide de la génératrice.

« Parmi les cinq autres, nous laisserons de côté la huitième, pour laquelle le crayon du dynanomètre n'a pas donné de tracé, par suite de la rupture du papier, et nous signalons la deuxième comme moins sûre que les autres au point de vue du travail moteur, par suite de la faible longueur du diagramme correspondant.

« Voici comment les dernières constatations ont été faites.

« *Mesure de l'intensité.* — Les indications du galvanomètre d'intensité, dans le circuit unique des machines dynamo-électriques et du fil télégraphique, ont oscillé, pendant toute la durée des expériences, entre 10 div. 5 et 11 div. 0, soit en moyenne 10 div. 75, ce qui correspond, d'après la constante de l'instrument indiquée par M. Deprez (1 div. $= 2$ amp. 5), à une intensité presque constante de 2 amp. 637. On verra d'ailleurs que cette intensité se trouve en concordance satisfaisante avec les autres valeurs des diverses déterminations.

« *Mesure des différences de potentiel aux bornes des machines.* — On mesurait, par un galvanomètre sensible d'une résistance de 56 ohms (chiffre donné par M. Deprez,) l'intensité dans une dérivation prise aux deux bornes de chaque machine et formée par une grande résistance connue, 50,000 ou 30,000 ohms successivement.

« La constante de l'instrument 1 div. $= \dfrac{1}{200}$ ampère, permet de déduire de chaque observation la force électromotrice en volts, au moyen de l'une des formules

$$E = \frac{n}{220}\,(50056) \text{ ou } E = \frac{n'}{220}\,(30056).$$

Voici d'abord les indications directes des lectures :

Lectures du galvanomètre.

NUMÉRO de l'expé- rience.	ZÉRO du galvano- mètre.	RÉSISTANCES ADDITIONNELLES.			
		50000 ohms.		30000 ohms.	
		Génératrice.	Réceptrice.	Génératrice.	Réceptrice.
VI ...	1,25	$+6,50$	$-11,75$	$+11,75$	$-11,60$
VII ..	1,50	$+5,00$	$-6,60$	$+9,60$	$-10,00$
VIII ..	1,55	$+7,50$	$-8,90$	$+13,80$	$-13,80$
IX ...	1,55	$+7,75$	$-8,95$	$+13,90$	$-13,90$

« Les valeurs des déviations de n et de n' qui en résultent par voie d'addition pour les deux machines respectivement doivent pour chacune d'elles conduire à un rapport constant pour $n : n'$, et la vérification de cette proportionnalité suffirait pour démontrer que les constantes instrumentales sont restées très stables pendant toute la durée des observations.

« En introduisant les valeurs ainsi déduites de n et de n' dans les équations précitées qui donnent les valeurs correspondantes de E, on trouve facilement les valeurs successives de la force électromotrice entre les pôles de chacune des deux machines.

Forces électromotrices en volts.

	GÉNÉRATRICE.			RÉCEPTRICE.			RAPPORTS.
	$R = 50000$	$R = 30000$	Moyenn.	$R = 50000$	$R = 30000$	Moyenn.	
VI...	1763	1776	1770	1422	1414	1418	0,801
VII ..	1479	1516	1498	1160	1161	1161	0,775
IX...	2059	2097	2078	1672	1673	1673	0,805
X....	2116	2110	2113	1684	1687	1687	0,798

Tableau des données numériques de toutes les expériences.

NUMÉROS des diagram.	DYNAMOMÈTRE.				Courant.	GÉNÉRATRICE.			RÉCEPTRICE			FREIN.	
	Ordonnées moyenn. des diagram.	Tours par minute.	Travail en kilogr.	Travail moteur en chevaux.	Intensité en ampères.	Force électromotrice en volts.	Tours par minute.	Travail électrique en chevaux.	Force électromotrice en volts.	Tours par minute.	Travail électrique en chevaux.	Travail transmis en chevaux.	Rendement.
VI....	15,39	127	751,92	10,025	2,687	1770	792	6,462	1418	578	5,177	3,211	0,320
VII...	15,77	111	673,42	8,978	2,687	1498	705	5,468	1161	488	4,329	2,711	0,301
IX....	15,84	138	840,93	11,212	2,687	2078	876	7,586	1673	650	6,108	3,611	0,322
XI....	15,93	138	845,70	11,274	2,687	2113	883	7,714	1686	663	6,155	3,683	0,326
Totaux..	62,93	514	»	41,489	»	7459	3256	27,230	5938	2379	21,679	13,216	1,269
Moyennes.	15,73	128,5	»	10,395	»	1865	814	6,808	1485	595	5,420	3,304	0,319
VIII...	x	126	x	x	2,687	1853	814	6,765	1364	620	4,980	x	x
V.....	3,36	118	152,95	2,029 et par tour 0 ch., 0172,									

« Les deux modes de mesure ayant conduit pour chaque expérience à des valeurs presque identiques de la force électro-motrice, leur moyenne peut inspirer toute confiance.

« *Mesure du travail mécanique.* — Le même dynamomètre et le même frein qui devaient être employés le 11 ont servi à mesurer le travail moteur et le travail transmis, de sorte qu'il n'est aucunement nécessaire d'entrer dans de nouvelles explications à cet égard.

« Les résultats des quatre expériences sont compris dans le Tableau précédent, auquel nous avons cru devoir conserver exactement la même forme que dans notre précédente Communication.

« Le rapport entre les vitesses de la réceptrice et celles de la génératrice est ici 595 : 814 = 0,743, tandis qu'il ne s'élevait qu'à 0,620 dans les essais du 11 février.

« Nous avons, dans un second Tableau, groupé toutes les évaluations du travail représentées par ces données de manière à montrer avec plus de détails les différentes pertes sur chacun des points de la transmission.

« Nous entrerons dans quelques explications sur la discussion à laquelle se prêtent les nombres de ce tableau.

« 1° Le travail de l'expérience VII est seul un peu incertain, quoique le relevé de l'ordonnée moyenne du diagramme ait été fait sur une longueur de 2 mètres environ.

« 2° Le travail accusé dans la marche à vide est ici beaucoup plus considérable que dans la première série d'expériences ; les courroies avaient été certainement raccourcies, et se trouvaient trop tendues.

« Chaque tour du dynamomètre correspondrait à un travail de 0 ch. 0172, tandis que nous n'avions trouvé précédemment que 0 ch.004.

*Tableau des quantités de **travail** mesurées sur les différents points de l'installation.*

DÉSIGNATION DES EXPÉRIENCES.	VI.	VII.	IX.	X.	TOTAUX	MOYENNES
1. Travail moteur mesuré au dynamomètre.	10,025	8,997	11,211	11,324	41,557	10,389
2. Travail mécanique dépensé par la transmission jusques et y compris l'arbre de la génératrice	2,173	1,896	2,358	2,358	8,785	2,196
3. Travail mécanique réellement fourni à la génératrice.	7,852	7,101	8,853	8,966	32,772	8,193
4. Travail électrique dépensé par la résistance de la génératrice.	0,549	5,049	0,549	0,549	»	0,549
5. Perte de travail supplémentaire (par différence).	0,879	1,091	0,712	0,696	3,378	0,844
6. Travail électrique à la sortie de la génératrice	6,424	5,461	7,532	7,721	27,198	6,799
7. Travail dépensé en chaleur dans le circuit.	1,243	1,218	1,479	1,561	5,501	1,373
8. Travail électrique à l'entrée de la réceptrice	5,181	4,243	2,413	6,160	21,707	5,426
9. Travail électrique dépensé par la résistance de la réceptrice	0,814	0,814	0,814	0,814	»	0,814
10. Perte de travail supplémentaire (par différence).	1,156	0,713	1,688	1,673	5,235	1,309
11. Travail mécanique transmis à l'arbre du frein.	3,211	2,711	3,611	3,683	13,216	3,304

« Quoi qu'il en soit, ce travail de 2 chev. 196 comprend les résistances de toutes les courroies, celle de l'arbre de couche et de ses paliers, celle aussi de l'arbre de la génératrice et du frottement de ses coussinets. Si même quelque aimantation subsistait ou venait à se produire dans la marche à vide, le travail en serait également enregistré.

« Il faudrait, dans tous les cas, passer de la vitesse de l'arbre moteur à celle de la génératrice, et l'on sera presque toujours conduit à des résistances de même ordre.

« Cependant, au point de vue du calcul du travail électrique et des pertes successives qu'il éprouve, il était essentiel de chiffrer à part cette perte de la transmission.

« 3° Cette déduction faite sur le travail moteur, le travail disponible se trouve réduit à 8 chev., 193 sur 10,389, ou aux 0,789 de sa valeur primitive mesurée au dynamomètre.

« 4° La chaleur qui serait produite, aux dépens de ce travail moteur, par le passage du courant dans la machine génératrice, dont la résistance, au repos et à froid, est de 56 ohms, représente une chute de travail de 0 chev. 549 commune à toutes les expériences.

« 5° L'expérience prouve qu'il y a encore une chute supplémentaire de travail entre ce que reçoit la génératrice et la puissance dynamique du courant qu'elle abandonne au circuit ; cette perte s'élève en moyenne à 0 chev. 844 et représente tout ce qui n'a pas été compté dans l'estimation calculée de la chaleur développée dans la génératrice. La résistance de cette génératrice est-elle plus grande quand elle fonctionne à circuit fermé qu'à circuit interrompu ? Dans quelle mesure les balais ne captent-ils qu'une partie de ce courant ? Quel est le travail perdu par les étincelles ? Se produit-il des contre-courants qui augmentent les résistances ? Ce sont là autant de questions que nous ne pouvons envisager qu'en bloc, et dont la solution est réservée à des études ultérieures.

« 6° Toujours est-il que le courant introduit dans le fil télégraphique qui reliait les deux stations ne présente plus que 6 chev. 799, soit 0,654 du travail moteur, ou 0,829 du travail qui était disponible sur l'arbre de la machine génératrice.

« 7° En parcourant le fil télégraphique de 17 kilom. de longueur, dont la résistance est de 160 ohms, l'énergie transformée en chaleur représenterait $\dfrac{2,687^2 \times 160}{g}$ kilogrammètres ou 1 chev. 570 ; nous trouvons pour différence moyenne entre le départ de la génératrice et l'arrivée à la réceptrice, 1 chev. 373 seulement ; au point de vue des petites variations d'intensité que l'on n'a pu s'attacher à mesurer pendant le cours des expériences, on peut considérer ces deux évaluations concordantes et auxquelles il y a lieu d'ajouter les résistances passives de l'arbre de la réceptrice, dont aucune évaluation directe n'a pu être obtenue par des tracés dynamométriques comme pour la génératrice.

« 8° Les observations faites à la réceptrice ont montré que le courant n'y représentait plus que 5 chev. 424, soit les 0,522 du travail moteur primitif, ou 0,662 du travail mécanique disponible sur l'arbre de la génératrice.

« 9° La résistance de la réceptrice, à raison de 83 ohms au repos, correspondrait à une transformation en chaleur d'une énergie de 0 chev. 828, qui est inscrite sur la neuvième ligne horizontale du tableau.

« 10° Mais cette réduction ne correspond pas à beaucoup près à la différence entre le travail du courant à

l'entrée de la réceptrice et le travail dépensé en frottement par le frein installé sur six arbres. La différence
qui s'élève à 1 chev., 309 doit être attribuée aux causes
déjà énumérées au paragraphe 5°. Cette perte paraît
avoir augmenté d'une manière notable pour les grandes
forces électromotrices de la deuxième série d'expériences, et une partie de cette augmentation doit être,
sans aucun doute, attribuée aux étincelles.

« 11° Enfin nous arrivons au travail mesuré au frein
et qui ne représente en moyenne que 3 chev. 304, c'est-
à-dire 0 chev. 318 du travail moteur, ou 0 chev. 403 du
travail disponible sur l'arbre de la génératrice.

« Les quantités de travail retrouvées sous forme de
chaleur et nécessairement perdues pour l'effet utile
peuvent d'ailleurs s'additionner ainsi qu'il suit :

Dans la génératrice. 0,549
Dans le circuit intermédiaire. 1,373
Dans la réceptrice. 0,814
           Total. 2,736

« Cette quantité minimum du travail représentée par
de la chaleur équivaut à 0 chev. 263 du travail mécanique dépensé ou à 0 chev. 334 du travail sur l'arbre de
la génératrice.

« D'un autre côté, les pertes non calculables s'élèvent :

A la génératrice. 0,844
A la réceptrice. 1,309
           Total. 2,153

qui forment les 0 chev. 207 du travail total ou 0 chev.
263 du travail mécanique disponible sur l'arbre de la
génératrice.

« On peut aussi grouper les chiffres d'une autre
façon encore :

Travail de la transmission mécanique. . . 0,211
Travail perdu en chaleur développée par les
   résistances 0,263
Travail perdu d'une manière adventice aux
   points de transformation. 0,207
Travail réellement transmis. 0,318
Total. 1,000

La troisième évaluation de ce résumé est évidemment celle que les efforts des constructeurs doivent viser, et si l'on parvenait à en corriger les causes, on arriverait à se rapprocher, toutes choses égales d'ailleurs, d'un maximum d'utilisation de 50 pour 100.

« En soumettant les expériences IX et X au même mode d'examen, les chiffres seraient très peu différents.

Travail de la transmission mécanique. . . 0,209
Travail perdu en chaleur disséminée. . . 0,256
Travail perdu aux points de transformation. 0,212
Travail réellement transmis. 0,314
Travail. 1,000

« Nous appelons tout particulièrement l'attention des électriciens sur cette indication du point précis où se produit cette chute de travail qui reste à étudier, et qui doit être d'un grand intérêt pour la théorie des machines dynamo-électriques.

« En tous cas, on trouvera dans les déductions qui précèdent un second exemple de la répartition mieux précisée de toutes les pertes dans les diverses parties de l'appareil de transmission.

« Les tensions électriques de plus de 2,000 volts sont déjà considérables en vue des applications, mais elles ont permis de transmettre cette fois un travail de près de quatre chevaux à la distance précédemment indiquée, équivalant à fort peu près à une distance effective de 8 kilom. 5 entre les deux stations extrêmes. »

Ces deux rapports se passent de commentaires ; cependant, pour montrer l'influence qu'exerce la vitesse sur la grandeur du travail utile transmis et sur le rendement mécanique industriel, je réunis et classai par ordre toutes les expériences dans le tableau général suivant qui contient tous les résultats trouvés et qui peut en quelque sorte servir de conclusion au travail de M. Tresca.

Travail transmis et rendement mécanique industriel en fonction de la génératrice.

GÉNÉRATRICE.			RÉCEPTRICE.			RENDEMENTS mécaniques industriels.
Vitesses en tours par minute.	Travail absorbé, transmission déduite		Vitesses en tours par minute.	Travail utile rendu au frein		
	en kilogr. par seconde	en chevaux.		en kilogr. par seconde	en chevaux.	
	k	ch.		k	ch.	0/0
553	408,9	5.45	315	131,25	1,75	32,1
571	414,2	5,52	345	114	1,92	34,8
580	406,5	5,42	362	150,75	2,01	37,1
596	454,75	6,06	369	153,75	2,05	33,8
608	474,40	6,32	384	159,75	2,13	33,7
633	469,83	6.26	418	174	2,32	37
646	478,40	6,33	426	177,5	2,37	37,4
662	483,20	6,44	448	186,75	2,49	38,6
705	531,50	7,08	488	203,30	2,71	38,2
741	550	7,45	528	220	2,93	39,3
754	556	7,41	561	234	3,12	42
767	579,5	7,72	548	228,25	3,04	39,40
792	588,3	7,85	578	240,8	3,21	40,9
806	607,9	8,10	608	253,25	3,38	41,7
814	618	8,24	620	257,50	3,43	41,7
876	662,6	8,83	650	270,8	3,61	40,8
883	667,3	8,90	663	276	3,68	41,3
910	699	9,32	726	302,5	4,03	43,3

A la suite de ces deux rapports, l'Académie des sciences fut intéressée vivement par les résultats qu'ils contenaient. Quoique les expériences précédentes eussent été très concluantes, et, bien qu'elles n'eussent donné lieu qu'à des discussions sans importance, elle me demanda de faire de nouvelles expériences. Pour les suivre, elle nomma, le 19 février même, sur la demande d'un secrétaire perpétuel, une commission spéciale composée de MM. Bertrand, président, Tresca, de Lesseps, de Freycinet, comme rapporteur. Ces savants exécutèrent alors, le 4 mars suivant une nouvelle série d'expériences plus complètes encore que toutes celles qui avaient été faites jusqu'alors. On put transmettre une force plus considérable en faisant tourner les machines à des vitesses qui n'avaient pas encore été atteintes, et enfin, à la séance du 9 avril 1883, M. Cornu lut à l'Académie le rapport complet qui suit.

RAPPORT

SUR LES

MACHINES ÉLECTRODYNAMIQUES

APPLIQUÉES A LA

TRANSMISSION DU TRAVAIL MÉCANIQUE

DE M. MARCEL DEPREZ

(*Commissaires* : MM. BERTRAND, TRESCA, DE LESSEPS, DE FREYCINET; CORNU, *rapporteur*.)

« A l'occasion des communications de M. Tresca sur les expériences de M. Marcel Deprez une commission fut, sur la proposition de M. le Secrétaire perpétuel, nommée pour examiner de nouvelles expériences (séance du 19 février 1883). M. Cornu, au nom de la commission, rend compte, ainsi qu'il suit, de la mission, qui lui a été confiée.

« Le problème du transport à grande distance de la force, par l'intermédiaire d'un courant électrique, intéresse à la fois l'industrie et la science. En effet, si l'on pouvait utiliser la totalité ou même seulement une partie minime des forces naturelles, telles que celles des torrents, des marées, etc., qui sont perdues par suite de la distance des régions où elles se développent, l'industrie trouverait, sous une forme inépuisable, l'aliment qu'elle emprunte aux combustibles minéraux dont l'abondance n'est pas indéfinie et sur l'avenir desquels les économistes ne sont pas sans inquiétude.

« La science, de son côté, ne peut rester indifférente à la solution de ce grand problème dont elle a fourni tous les éléments, énoncé toutes les lois. Les ingénieurs viennent puiser chez elle les principes, sources de leurs progrès incessants, et en échange lui apportent des engins nouveaux, d'une puissance croissante, qui lui permettent de pousser plus avant ses investigations et de préparer l'avenir.

« Comme pour la plupart des grands progrès industriels modernes, c'est dans le laboratoire du savant qu'on trouve l'origine de cette belle question : le premier exemple de transport de la force à distance a été en effet accompli par Faraday. En poussant l'aimant inducteur dans la bobine induite, Faraday faisait dévier l'aiguille de son galvanomètre : l'effort de sa main produisait donc, à quelques mètres de distance, un effort sur l'aiguille par l'intermédiaire d'un courant électrique, effort minuscule, il est vrai, mais qui est véritablement le germe de tous les progrès ultérieurs.

« Gauss et Weber augmentèrent la distance de transmission et la grandeur de l'effort. Aujourd'hui on cherche à transmettre à plusieurs dizaines de kilomètres ou de myriamètres la force motrice nécessaire à une puissante usine ; et de plus on demande que l'opération soit économique.

« C'est là en effet ce qui constitue la difficulté du problème dont les trois termes caractéristiques sont :

« 1° Transporter par l'intermédiaire du courant électrique une quantité d'énergie considérable ;

« 2° La transporter à une grande distance ;

« 3° Faire en sorte que le prix de revient spécifique (c'est-à-dire rapporté à la quantité d'énergie transmise) des machines et des conducteurs intermédiaires ne dépasse pas une valeur donnée.

« Ces trois termes sont également importants; car si l'on consent à supprimer l'un d'eux, les difficultés disparaissent, le problème devient facile, sinon résolu depuis longtemps.

« Il semble qu'on doive ajouter comme quatrième terme une condition à laquelle les mécaniciens accordent généralement une importance capitale, à savoir que le rendement, c'est-à-dire le rapport du travail transmis au travail dépensé, soit aussi élevé que possible.

« Dans les conditions spéciales où le problème du transport de la force se pose, la question du rendement n'est qu'accessoire, car il s'agit le plus souvent de mettre en œuvre des forces utilisées par l'éloignement de leur source ; aussi, quelque faible que soit la proportion utilisée, pourvu qu'elle revienne à bon marché, le résultat sera toujours avantageux. Néanmoins, il est évident que la solution du problème sera d'autant plus parfaite que le rendement obtenu sera plus élevé.

« Il pourrait paraître utile, pour mieux juger l'état de la question, de rappeler les essais de transport électrique d'énergie exécutés dans ces dernières années, soit en France, soit à l'étranger ; mais cette énumération même succinte des principaux essais nous entraînerait hors des limites imposées à ce rapport et n'aurait qu'un intérêt secondaire. Ces essais, si intéressants qu'ils soient, au point de vue historique, ne remplissent pas pour la plupart l'une des trois conditions indispensables indiquées plus haut.

« En effet la quantité de travail transmis est parfois notable comme dans l'expérience de Sermaize, dans le chemin de fer électrique de MM. Siemens et dans de récentes installations faites aux mines de la Péronnière et de Blanzy ; mais la distance, c'est-à-dire la résistance des fils conducteurs, est très faible (quelques ohms au plus) ; d'autres fois la résistance est plus considérable, mais alors la quantité de travail utile transmis est insignifiante ; de plus, dans la majeure partie des cas, aucune disposition sérieuse n'a été prise pour mesurer d'une manière précise le travail dépensé ou le travail recueilli.

« La seule expérience où l'on ait cherché à remplir les conditions réelles du problème est celle de Miesbach-Munich exécutée par M. Deprez à une distance de 5 kilomètres ; la jonction établie par les fils télégraphiques représentait une résistance totale de 950 ohms, et le travail transmis a dépassé ½ cheval. Le télégramme de félicitations que le Dr Von Beetz, président du Comité technique de l'Exposition, a adressé, le 2 octobre 1882, à l'Académie, pour annoncer le succès de l'expérience, témoigne de l'importance du résultat acquis : la violence des polémiques qui s'élevèrent à ce propos suffirait peut-être à elle seule à prouver que l'auteur avait, sinon résolu le problème, du moins en avait touché de bien près la solution.

« Nous n'avons point à examiner ni à juger cette expérience exécuté dans des conditions imparfaites, et pour laquelle d'ailleurs les mesures électriques et dynamiques sont notoirement insuffisantes.

« Le rôle de votre Commission doit donc se borner à exposer succintement les résultats des expériences auxquelles elle a pris part ; elles ont d'autant plus d'intérêt qu'elles sont le complément et la confirmation de celles dont l'un de nous a rendu compte en détail dans les séances des 19 et 26 février 1883.

« Ces expériences ont été exécutées le 4 mars dernier aux ateliers du chemin de fer du Nord, gracieusement mis à la disposition de M. Deprez pour l'application de ses machines dynamo-électriques au transport de la force par l'intermédiaire d'un fil télégraphique.

« La disposition générale des machines était celle qui a été décrite précédemment et que nous allons rappeler en quelques mots.

« La machine génératrice (type M. Deprez, n° 20) était reliée à la machine réceptrice (machine Gramme, type D, transformée) d'un côté par un fil court et peu résistant, de l'autre par un fil télégraphique en fer galvanisé de 4 millimètres de diamètre passant par la station du Bourget et présentant un développement total de 17 kilomètres.

« Cette disposition offrait l'avantage de placer les deux machines côte à côte et de faciliter singulièrement les mesures simultanées : elle diffère, il est vrai, des conditions imposées au transport de la force à grande distance, à cause de la jonction directe des deux machines ; on pourrait donc élever une objection contre ce mode d'expériences.

« On sait en effet que l'essai d'appareils télégraphiques, dans les conditions de jonction où se trouvent
les deux machines, ne permettrait aucune conclusion
sur la valeur des appareils au point de vue de leur rendement en ligne, c'est-à-dire de leur rapidité de fonctionnement ; mais cette objection s'amoindrit singulièrement si l'on remarque que les signaux télégraphiques
sont caractérisés par la discontinuité des courants,
discontinuité que la capacité électrique des longues
lignes, l'électrification des isolants, etc., tendent à effacer et à détruire ; c'est pourquoi les lignes télégraphiques
ne peuvent être, au point de vue de l'appréciation des
appareils, remplacées par un fil court de résistance équivalente ; mais, pour la transmission d'un courant uniforme, ces difficultés n'existent nullement, car il s'agit
de savoir seulement si le flux électrique parcourt sans
complications le circuit donné, ce dont on a eu la preuve
numérique dans chaque expérience : l'objection tirée
de la comparaison avec les appareils télégraphiques
perd donc la plus grande partie, sinon la totalité de sa
valeur. Il en eût été tout autrement si les courants utilisés avaient été alternatifs, comme dans certaines
machines servant à la production de lumière : aussi la
Commission, sans s'arrêter à cette objection, a-t-elle,
sous bénéfices de certaines réserves [1], accepté les conditions qui lui ont été offertes et examiné en détail tous
les éléments qu'il a été possible d'observer.

---

1. Le désir a été exprimé par un des membres qu'on pût établir
à volonté une communication avec le sol sur le fil court joignant
les deux machines : il eut été, en effet, fort intéressant de comparer
les résultats obtenus avec ou sans cette communication au sol, qu
aurait modifié profondément la distribution des potentiels dans le
circuit sans altérer théoriquement l'intensité du courant, ou aurai
eu, en outre, un contrôle de l'isolement de la ligne : des difficultés

« Voici le résultat des mesures exécutées par la Commission ; M. Tresca s'était chargé des mesures dynamométriques, M. Cornu des mesures électriques :

I. — DONNÉES DYNAMOMÉTRIQUES (*Dynamomètre enregistreur du général Morin*)

NUMÉRO DE L'EXPÉRIENCE.	DYNAMOMÈTRE		GÉNÉRATRICE	RÉCEPTRICE.		REMARQUES.
	Nombre de tours par min. $v.$	Ordonnée moyenne du diag. $y.$	Nombre de tours par min $N.$	Nombre de tours par min. $n.$	Charge du frein	
		mm			kg	
I	50	12,68	378	104	5	
II	57	13,18	370	88	5	
III	40	1,79	»	»	»	
IV	157	3,53	»	»	»	
V	132	14,43	850	602	5	Expérience interrompue.
VI	144	14,29	923	709	5	Frein mal tenu
VII	132	14,05	850	643	5	
VIII	159	15,04	1024	799	5	
IX	155	2,69	»	»	»	
X	166	2,00	»	»	»	

Circonférence de la poulie du dynamomètre de transmission, y compris la demi-épaisseur de la courroie . . . . $C + \frac{1}{2}\varepsilon = 2^m,623$

Circonférence de l'extrémité du levier du frein de la réceptrice 5,00

Rapport des vitesses de rotation de la génératrice au dynamomètre, déduit des rayons des poulies de transmission augmentés de la demi-épaisseur des courroies. 6,35

matérielles (sans compter le danger qui pouvait résulter pour les observateurs appelés à toucher des machines imparfaitement isolées), ont empêché de réaliser cette disposition. On verra du reste plus loin que les déterminations électriques apportent, dans chaque expérience une vérification satisfaisante du fonctionnement de la ligne télégraphique.

« 3° *Calcul du travail recueilli sur l'arbre de la réceptrice.* — Le travail par tours en chevaux est évidemment égal à

$$\frac{5^m \times 5^k}{75 \times 60} = 0 \text{ ch., } 005556.$$

« Il ne comprend pas le travail des résistances passives de l'arbre : travail difficile à évaluer, surtout si l'on veut tenir compte de la vitesse.

« 4° *Rendement dynamométrique brut et rendement transmission déduite.* — Le rendement brut est le quotient du travail mesuré au frein de la réceptrice divisé par le travail mesuré au dynamomètre de transmission : le rendement, transmission déduite, est le quotient du travail mesuré au frein de la réceptrice divisé par le travail mesuré au dynamomètre de transmission diminué du travail absorbé par la transmission et par l'arbre de la génératrice.

« *Tarage du dynamomètre de rotation.* — Le dynamomètre employé est celui du général Morin, appartenant au Conservatoire des Arts et Métiers. Il permet d'enregistrer sur une bande de papier, qui se déroule proportionnellement à la vitesse de rotation, l'effort exercé sur la poulie du dynamomètre, mesuré par la flexion d'un double ressort d'acier à profil parabolique.

Voici le détail des observations effectuées pour le tarage de ce dynamomètre à la fin des expériences lorsque l'appareil est rentré à la galerie des machines du Conservatoire. (Voir le tableau p. 458.)

On donne le relevé des ordonnées correspondant à toutes les charges, croissant ou décroissant par 20 kil., pour constater que la flexion enregistrée est sensiblement proportionnelle à l'effort.

Pour calculer la constante du dynamomètre, on a retranché de l'ordonnée maximum celle qui correspond à la première ou à la dernière charge de 20 kil. : on élimine ainsi la *parallaxe* des crayons.

L'ordonnée de 1 millimètre sur la bande de l'enregistreur correspond à un effort de 8 kil., 8 à la circonférence de la poulie du dynamomètre munie de sa courroie.

IV. — COEFFICIENTS DE RÉDUCTION DES MESURES ÉLECTRIQUES.

« 1° *Calcul des différences de potentiel* U *aux bornes d'une machine.* — On observe l'intensité i dans la dérivation formée par le galvanomètre n° 1 dont la résistance propre est g et la résistance additionnelle s : on a évidemment

$$(g + g') i = \text{U}.$$

« On obtient l'intensité en ampères en multipliant la déviation δ du galvanomètre n° 1, par $m = 0,00458$ (*voir* plus loin le tarage des galvanomètres) : et, comme $g_1 = 55$ ohms, 23 et $g' = 50,000$ ohms, on a

$$U = \delta \times 50055 \times 0,00458 = 229,25\,\delta$$

exprimée en volts.

« 2° *Calcul de la force électro-motrice* E *développée dans la machine*. — Le circuit dérivé ci-dessus, complété par le circuit de la machine, donne, d'après la loi de Kirchhoff,

$$(g+s)i+\text{RI}=\text{E},$$

ou bien

$$\text{E}=\text{U}+\text{RI},$$

R étant la résistance de la machine ; I l'intensité du courant principal et E la force électromotrice développée.

« Pour la réceptrice E, U et I sont de même signe. On aura donc numériquement à ajouter RI à U.

« Pour la réceptrice e et u sont de signe contraire à I. On aura donc numériquement

$$e=u-r\text{I}.$$

« 3° *Calcul de l'intensité du courant principal* I. — Elle est donnée par la déviation Δ du galvanomètre n° 2, dont la résistance est $g_2 = 29,73$, dont les bornes sont réunies par un fil de résistance $s = 1,23$. On a évidemment

$$\text{I} = i\left(1 + \frac{g_2}{s}\right),$$

i étant l'intensité lue au galvanomètre : on l'obtient en ampères, en multipliant la déviation Δ par $M = 0,00980$ (*voir* plus loin le tarage des galvanomètres) de sorte qu'on a

$$\text{I} = \Delta . 0,0098 \left(1 + \frac{29,73}{1,23}\right) = \Delta \times 0,247.$$

Tarage des galvanomètres. — Les deux galvanomètres que M. Deprez a employés sont formés par une lame d'acier fendue en *arête de poisson*, maintenue entre les branches d'un aimant puissant. On les a tarés simultanément au lieu même des expériences, avant et après la séance du 4 mars, en les mettant dans le circuit d'une pile de 10 Daniells, montée depuis trois jours (cylindres de zinc de 10c.

de hauteur), accouplés comme 5 éléments à double surface, avec une série de résistances prises sur la boîte servant aux mesures.

RÉSISTANCE additionnelle. x	LECTURES				DÉVIATIONS CONCLUES		REMARQUES.
	Galvanomètre n° 1.		Galvanomètre n° 2.		Gal. n° 1 $2\,\delta$	Gal. n° 2 $2\,\Delta$	

Première série (avant les expériences).

ohms.	^{o}	^{o}	^{o}	^{o}	^{o}	^{o}	
0.	—13,75	11,17	6,40	—5,22	24,42*	11,62*	
100.	— 7,00	5.10	3,45	—2,22	12,10	5.67	
200.	— 5,00	3,05	2,47	—1,30	8,05	3,77	Déviation
300.	— 4,00	2,10	2,00	—0,85	6,10*	2,85*	incertaine,
400.	— 3,55	1,70	1,65	—0,55	5,25	2,20.	s'accorde
500.	— 2,95	1,07	1,47	—0,45	4,02	1,92	mal avec
1000.	— 1,95	0,25	1,10	—0,00	2,20	1,10	l'ensemble

Deuxième série (après les expériences).

ohms	^{o}	^{o}	^{o}	^{o}	^{o}	^{o}	
0..	—11,80	13,60	6,45	—5,20	25,40*	11,65*	
100..	— 5,10	6,90	3,45	—2,15	12,00	5,60	
200..	— 3,00	4,80	2,47	—1,80	7,80	3,67	
300..	— 1,95	3,95	1,95	—0,73	5,90	2,68	
400..	— 1,50	3,40	1,80	—0,45	4,90*	2,25*	

« L'intensité $i = m\,\delta = M\Delta = \dfrac{5D}{a + x}$, D étant la force électromotrice d'un élément Daniell et a la somme des résistances fixes. On a évidemment, en retranchant l'inverse de deux valeurs $\delta'\,\delta''$,

$$\frac{1}{2m\delta'} - \frac{1}{2m\delta''} = \frac{x' - x''}{10\,D} ;$$

d'où

$$m = \frac{10\,D}{x' - x''} \left(\frac{1}{2\,\delta'} - \frac{1}{2\delta''} \right).$$

« En adoptant les chiffres marqués d'un astérisque dans chaque série, en obtient :

	Galvanomètre n° 1	Galvanomètre n° 2
Première série.	$m = 0,004100$ D	$M = 0,008827$ D
Deuxième série	$m = 0.004118$ D	$M = 0,00896$ D5
Moyenne . . · .	$m = 0,00411$ D	$M = 0.00890$ D

Troisième série.

« Une troisième série de mesures a été faite en mesurant la valeur absolue de l'intensité dans le circuit contenant une pile de 5 éléments Daniell simples et les deux galvanomètres, et une résistance x dont les extrémités présentaient une différence de potentiel égale à celle des pôles d'un élément Daniell. On a trouvé

$$2\delta = 18°, 57, \qquad 2\Delta = 8°, 76$$

et, pour $x = 24$ ohms, 7, d'où $i = \dfrac{D}{24,7}$ en ampères,

$$m = 0,00436\,D. \qquad M = 0,00924\,D.$$

« Si l'on prend la moyenne de ce résultat et du précédent en adoptant $D = 1$ volt, 08, on obtient la valeur en ampères d'une division

$$m = 0\,\text{amp.}, 00458, \qquad M = 0\,\text{amp.}, 00980.$$

« La réduction des observations conduit aux résultats suivants :

RÉSULTATS DYNANOMÉTRIQUES.

NUMÉRO de l'expérience.	NOMBRE DE TOURS par minute.		TRAVAIL MÉCANIQUE.				RENDEMENT DYNANOMÉTRIQUE.	
			fourni		recueilli au frein de la réceptrice.	transmis par tour de la génératrice.	brut.	transmission déduite.
	génératrice. N	réceptrice. n	par la poulie du dynanomètre T	à la génératrice. Tm	Tu		$\dfrac{Tu}{T}$	$\dfrac{Tu}{Tm}$
I............	378	104	ch. 3,838	ch. 3,296	ch. 0,578	ch. 0,00153	0,151	0,176
II...........	370	88	3,854	3,331	0,489	105	0,127	0,147
V..........	850	602	9,771	7,665	3,344	393	0,342	0,435
VI.........	923	709	10,556	8,259	3,939	427	0,372	0,477
VII........	850	643	9,514	7,408	3,572	420	0,375	0,482
VIII.......	1024	799	12,267	9,731	4,439	433	0,362	0,456

« L'inspection de ce tableau montre que le travail absorbé par la génératrice et transmis à la réceptrice a augmenté avec la vitesse de la génératrice.

« Le fait capital est qu'on a atteint le transport de près de *quatre chevaux et demi* à travers une résistance effective de 160 ohms, représentant une double ligne télégraphique de 8 kilomètres $\frac{1}{2}$ de longueur.

« Quant au rendement brut, il représente 37 $\frac{1}{2}$ pour 100 de travail dépensé; c'est le chiffre qu'on peut adopter si l'on veut tenir compte dans une certaine mesure des pertes que toute machine motrice absorbe pour son fonctionnement et qu'on rencontre quel que soit le moteur employé. Si, au contraire, on veut faire abstraction du moteur mécanique pour s'attacher exclusivement au résultat produit par les transformations successives de l'énergie, on peut dire que le rendement dynamométrique a dépassé 48 pour 100.

« A quelque point de vue qu'on se place, ces résultats sont considérables et feront époque dans l'histoire du grand problème industriel et scientifique auquel M. Marcel Deprez consacre ses efforts depuis plusieurs années.

« La discussion des chiffres du tableau parait indiquer que si la quantité de travail transmis va en augmentant avec la vitesse des machines, le rendement a passé par un maximum, pour une vitesse de la génératrice voisine de 850 tours. Cette conclusion déduite de résultats trop peu nombreux n'aurait pas d'importance si les expériences du 18 février ne conduisaient pas à la même remarque.

« Nous la signalons en passant, afin que les études ultérieures puissent éclaircir cette conclusion qui ne s'accorde pas avec ce qu'on pense généralement à ce sujet. En revanche, on remarquera que la quantité de travail transmis croît plus que proportionnellement à la vitesse de la génératrice, mais en convergeant vers la proportionnalité[1].

« Cette remarque tend à démontrer que la génératrice n'a pas encore atteint le maximum de son effet, et qu'une rotation plus rapide permettrait de transmettre une quantité de travail notablement plus grande.

« L'expérience confirme d'ailleurs, sous une autre forme, cette manière de voir : à ces grandes vitesses de la génératrice la réceptrice, dont on faisait usage, et qui était une ancienne machine Gramme modifiée, paraissait avoir atteint son maximum de transmission. Ses collecteurs étaient le siège d'étincelles continues extrèmement brillantes et souvent des cercles de feu entouraient subitement toute la périphérie de l'arbre ; la machine était en quelque sorte saturée et il y aurait eu danger de la détruire si on lui avait imposé un travail électrique plus considérable. La génératrice fonctionnait au contraire d'une manière beaucoup plus régulière, les étincelles aux collecteurs étaient faibles : il est donc fort probable, suivant l'opinion de M. De-

1. *Chiffres déduits des Tableaux de M. Tresca.*

Numéro de l'expérience.	Nombre de tours par minute de la génératrice.	Travail mécanique fourni à la génératrice.	Travail recueilli à la réceptrice.	Rendement, transmission déduite.	REMARQUE.
		ch.	ch.	ch.	Le rendement de la réceptrice a pu être légèrement amélioré dans les expériences du 4 mars par suite de la suppression d'un coussinet et d'un nouveau calage des balais.
VI....	792	7,852	3,211	0,409	
VII...	705	7,101	2,711	0,382	
IX. ..	876	8,853	3,611	0.408	
X.....	883	8,966	3,683	0,411	

prez, qu'on eût obtenu une transmission plus considérable et un rendement plus grand, si l'on avait pu disposer comme réceptrice d'une machine identique à la génératrice [1].

« Le premier résultat à constater sur le tableau ci-après, c'est que la ligne télégraphique a sensiblement présenté, pendant la transmission de la force, c'est-à-dire avec un courant d'environ 2 amp., 5, la résistance de 160 ohms qu'on lui trouve avec le courant de 0 amp., 01 pendant les essais préalables. C'est ce que montre la colonne intitulée : *Résistance effective de la ligne télégraphique*, obtenue en divisant par l'intensité I la différence U — u qui représente en définitive la différence de potentiel aux extrémités de la ligne : la moyenne des résultats 159,6 coïncide avec le chiffre 160 déterminé bien des fois.

« La divergence des résultats partiels provient des oscillations inévitables de la vitesse des machines et surtout de l'impossibilité où l'on était de faire des mesures de U, u, I absolument simultanées.

« Cette identité entre la résistance effective de la ligne et la résistance mesurée est très importante au point de vue de l'accord entre la théorie et l'expérience pour l'analyse des phénomènes de transformation d'énergie dans le circuit. Elle montre que la consommation d'énergie nécessaire pour franchir la résistance de 160 ohms est pratiquement exactement égale à la valeur prévue par la théorie. Cette quantité d'énergie exprimée

---

1. Lors de l'étude de cette génératrice en vue de la détermination de sa caractéristique à la vitesse de 740 tours par minute, l'intensité en court circuit (250 ohms) a, d'après les registres d'expériences de M. Deprez, atteint 9 amp. 80, ce qui correspond à une dépense de plus de 30 chevaux-vapeur : elle aurait même, paraît-il, absorbé accidentellement jusqu'à 50 chevaux-vapeur.

RESULTATS ÉLECTRIQUES

NUMÉRO de l'expérience.	NOMBRE de tours par minute de la		Intensité I.	DIFFÉRENCE de potentiel aux bornes de la		Résistance effective de la ligne télégraphique $\dfrac{U-u}{I}$.	FORCE électro-motrice totale développée dans la		Rendement électrique $\dfrac{e}{E}$.
	génératrice N.	réceptrice n.		génératrice U.	réceptrice u.		génératrice E	réceptrice e.	
			amp.	volts	volts	ohms.	volts		
I............	378	104	2,39	722	321	167	855	116	0,136
II...........	370	88	2,52	745	355	155	888	138	0,155
VI..........	923	709	2,52	2086	1685	159	2229	1468	0,658
VII.........	850	643	2,57	1937	1479	179	2083	1258	0,604
VIII........	1029	799	2,50	2338	1994	138	2480	1779	0,717
Valeur moyenne........						159,6			

en kilogrammètres par seconde est égale à $\dfrac{\rho\mathrm{I}^2}{g}$ et en

chevaux vapeur $\dfrac{\rho\mathrm{I}^2}{75.g}\cdot$ Comme l'intensité du courant est

restée sensiblement constante et égale à **2** amp., **5**, a perte de travail mécanique est égale, pendant toute la série, à environ

$$\frac{160 \times \overline{2,5}^2}{75 \times 9,81} = 1 \text{ chev. } 358$$

« On sait que cette quantité d'énergie est disséminée sous forme de chaleur.

« Un autre résultat conforme à la théorie est la proportionnalité des forces électromotrices à la vitesse, l'intensité restant constante : si, en effet, on calcule les quotients :

$$\frac{\mathrm{N}}{\mathrm{E}} \text{ et } \frac{e}{n},$$

on trouve :

	Expériences.				
	I	II	VI	VII	VIII
Génératrice $\dfrac{\mathrm{E}}{\mathrm{N}}$	2,26	2,40	2,41	2,45	2,42
Réceptrice $\dfrac{e}{n}$	1,12	1,57	1,07	1,96	2,23

« Pour la génératrice, la proportionnalité est très satisfaisante; pour la réceptrice, elle le devient dans les expériences où la vitesse n a été bien mesurée.

« La dernière colonne donne le rapport des forces élec-

tromotrices totales $\dfrac{e}{\mathrm{E}}$ développées dans chaque machine:

on sait depuis longtemps que ce rapport représente le rendement dynamométrique lorsqu'on néglige les phénomènes d'induction qui accompagnent toujours la production du courant principal dans les machines dynamo-électriques. En effet, d'après le principe bien connu de la conservation de l'énergie, on a

$$EI = T_m, \; eI = T_u,$$

en appelant T_m le travail cédé à la génératrice et T_u le travail recueilli à la réceptrice. D'où l'on conclut.

$$\frac{e}{E} = \frac{T}{T_m},$$

ce qui démontre l'identité des deux rendements.

« On remarquera que E et e sont liées par la loi de Ohm, qu'on écrira, en appelant R et r les résistances intérieures des deux machines

$$(R + r + \rho)\,I = E - e,$$

c'est-à-dire,

$$\rho I = (EI - RI) - (eI + rI) = U - u.$$

relation vérifiée ci-dessus avec exactitude.

« L'expérience montre que le rendement électrique est notablement plus élevé que le rendement dynamo-métrique : de là une objection grave à la validité de la théorie électrique du transport de la force.

« Heureusement il est facile de trouver l'origine de ce désaccord : comme nous avons vu que le désaccord n'est pas sur la ligne de transmission, il ne peut se rencontrer qu'aux sièges de la transformation de l'énergie électrique en énergie mécanique et inversement.

« Or l'expérience fournit l'évaluation de l'énergie électrique dans chaque machine; on peut donc la comparer directement avec les chiffres dynamométriques T_m et T_u observés d'autre part.

« On sait qu'on exprime l'énergie électrique en chevaux-vapeur en divisant les produits EI et eI par $75\,g$ $(g = 9,81)$; on formera donc aisément le tableau suivant :

NUMÉRO de l'expérience.	ÉNERGIE ÉLECTRIQUE développée dans la		TRAVAIL MÉCANIQUE		COEFFICIENT PRATIQUE de transformation pour la	
	génératrice $\dfrac{EI}{75\,g}$.	réceptrice $\dfrac{eI}{75\,g}$.	cédé à la génératrice. Tm.	recueilli à la réceptrice Tu.	génératrice H.	réceptrice h
	ch	ch.	ch.	ch.		
I.	2,663	0,362	3,296	0,578	0,809	1,596?
II.	2,923	0,454	3,331	0,489	0,877	1,077?
VI	7,336	4,831	8,259	3,939	0.888	0,815
VII. . . .	6,991	4,222	7,408	3,572	0,944	0,846
VIII . . .	8,097	5,809	9,731	4,439	0,832	0,764
Moyenne..					0,870	0,806

« On reconnaît que dans chacune des machines l'énergie créée est inférieure à l'énergie dépensée dont elle devrait être théoriquement l'équivalent[1]; dans les deux cas, bien que les transformations soient inverses il y a donc une déperdition d'énergie utilisable, de sorte que si l'on désigne par H le coefficient pratique de transformation de la génératrice et par h celui de la réceptrice, correspondant à leurs allures, on doit substituer aux équations de la conservation de l'énergie, les relations

$$EI = HT_m, \qquad h.eI = T_n,$$

1. Il n'y a pas lieu de s'arrêter à l'anomalie présentée par la réceptrice dans les expériences I et II : le travail recueilli a vraisemblablement été estimé trop haut, par suite de la difficulté de maintenir le frein à ces faibles vitesses ; le frein a probablement été quelques instants un peu desserré, ce qui a augmenté momentanément la vitesse sans travail correspondant.

de sorte que le rendement dynamométrique devient

$$\frac{T_u}{T_m} = \frac{e}{E}\, h\mathrm{II}$$

« On voit ainsi pourquoi le rendement dynamométrique est toujours moindre que le rendement électrique; quant aux coefficients h et II, ils dépendent évidemment de la construction des machines et de leurs vitesses. Il est donc probable que le produit h II est variable avec cette vitesse [1]. Cette analyse du jeu des transformations d'énergie dans les machines dynamo-électriques montre que les choses paraissent se passer exactement comme dans toutes les machines où un travail mécanique se transmet, bien que la nature des actions intermédiaires soit toute différente; le coefficient pratique de rendement des moteurs s'élève peu au-dessus de 75 pour 100.

« Les machines examinées par la Commission donnent 87 et 81 pour cent, soit en moyenne 84 pour cent dans chacune de leurs transformations [2] : on peut donc dire que vu leur grande résistance elles sont dans de bonnes conditions ; mais on voit en même temps qu'il reste une marge de 13 pour 100 dans la meilleure machine pour atteindre le maximum de perfection de II, qui est l'unité.

1. L'examen des nombres précédents et de ceux de la série du 28 février tendraient à faire penser que ce produit, voisin de l'unité pour les faibles vitesses, diminue rapidement avec les grandes vitesses. Cela expliquerait la singularité du maximum de rendement indiqué plus haut.

2. On retrouve, dans les expériences faites à l'Exposition d'électricité, par MM. Allard, Joubert, Leblanc, Potier et Tresca, ce chiffre de 87 pour 100 pour le rendement électrique moyen des machines à lumière.

CHARGES APPLIQUÉES au dynamomètre.	II. — DANS LE SENS DE LA MARCHE pendant les expériences					III. — EN SENS CONTRAIRE.						IV. — DANS LE SENS DE LA MARCHE pendant les expériences.					
k	Distance des traits à vide.	Flèches en charg. (mm)	Flèches par 20 k.	Flèches en décharg. (mm)	Flèches par 20 k.	Distance des traits à vide.	Flèches en charge. (mm)	Flèches par 20 k.	Flèches en décharg. (mm)	Flèches par 20 k.	Distance des traits à vide.	Distance des traits à vide.	Flèches en charg. (mm)	Flèches par 20 k.	Flèches en décharg. (mm)	Flèches par 20 k.	Distance des traits à vide.
20.	0	2,2	2,3	2,3	2,5	2,2	4,5	2,3	5,4	2,1	3,0	1,7	4,8	3,1	5,4	2,9	3,1
40.	»	4,5	2,3	4,8	2,6	2,3	6,7	2,2	7,5	2,3	3,1	2,0	7,0	2,2	8,3	2,2	3,2
60.	»	6,8	2,3	7,4	2,0	2,3	9,0	2,3	9,8	2,4	3,2	2,0	9,4	2,4	10,5	2,3	3,2
80.	»	9,1	2,3	9,4	2,4	»	11,2	2,3	12,2	2,0	»	»	12,0	2,6	12,8	2,2	»
100.	»	11,6	2,5	11,8	2,3	»	13,6	2,4	14,2	2,3	»	»	14,5	2,5	15,0	2,2	»
120.	»	14,0	2,4	14,1	1,9	»	15,9	2,3	16,5	2,2	»	»	16,8	2,3	17,2	2,5	»
140.	»	16,2	2,2	16,0	2,4	»	18,3	2,4	18,7	2,2	»	»	19,2	2,4	19,7	2,1	»
160.	»	18,4	2,2	18,4	2,1	»	20,8	2,5	20,9	2,5	»	»	21,4	2,2	21,8	2,0	»
180.	»	20,5	2,1	20,5	2,1	»	22,9	2,1	23,4	2,1	»	»	23,8	2,4	23,8	2,3	»
200.	»	22,8	2,3	22,6	2,4	»	25,3	2,4	25,5	2,0	»	»	25,9	2,1	26,1	2,1	»
220.	»	24,8	2,0	25,0	»	»	27,4	2,1	27,5	»	»	»	28,0	2,1	28,2	»	»
		24,8		25,0			27,4		27,5				28,0		28,2		
		—2,2		—2,3			—4,5		—5,4				—4,8		—5,4		
		22,6		22,7			22,9		22,1				23,2		22,8		

II. — $22{,}65$ $200 : 22{,}65 = 8{,}83$

III. — $22{,}50$ $200 : 22{,}50 = 8{,}89$

IV. — $23{,}00$ $200 : 23{,}00 = 8{,}69$

Moyenne 8k,80 par millim.

« Cette discussion montre clairement que le rendement pratique de la transmission de l'énergie est représenté par le produit de trois facteurs

$$\frac{e}{E}, \text{ H et } h.$$

« M. M. Deprez a atteint, pour le premier, une valeur 0,717, bien supérieure à celles qu'on a obtenues jusqu'ici avec un circuit aussi résistant; mais ces conditions de grande résistance et de faible intensité ont eu probablement pour effet d'abaisser les deux autres H et h, qui, dans les bonnes machines à lumière, fonctionnant avec des courants intenses, ont dépassé 0,90. Cette remarque indique la voie à suivre pour essayer de nouveaux perfectionnements.

« Il reste à dire quelques mots des principes qui ont conduit M. Deprez aux résultats qui viennent d'être exposés.

« Réduite à la plus simple expression, l'idée de l'auteur a consisté à remarquer que la perte d'énergie sous forme de chaleur disséminée le long du circuit (laquelle forme la difficulté en quelque sorte irréductible du problème) est proportionnelle au *carré* de l'intensité du courant employé, tandis que le travail transmis et le travail dépensé sont proportionnels au produit de la force électromotrice E ou e par la *première puissance* de l'intensité. Or, comme il existe entre ces quantités, la relation

$$EI - eI = (R + r + \rho)\, I^2,$$

on voit que le rapport de la quantité perdue $(R + r + \rho)\, I^2$ à la quantité recueillie eI peut devenir théoriquement aussi petit qu'on le veut, à la condition de diminuer le rapport $\dfrac{I}{e}$.

« M. Deprez s'est donc attaché à construire des machines pouvant fonctionner avec des courants d'intensité relativement faibles, tout en produisant des forces électromotrices considérables.

« Toutefois, cette condition n'est pas la seule à remplir; il faut que l'accroissement du facteur $(R + r + \rho)$ ne compense pas la diminution du facteur $\dfrac{I}{e}$; or, pour obtenir une grande force électromotrice dans une machine dynamo-électrique sans dépasser les vitesses acceptées dans la pratique, il est nécessaire d'augmenter la longueur du fil induit et du fil inducteur. On est alors entre deux difficultés également grandes qui forment une sorte de dilemme.

« Ou bien on multipliera les tours de fil sans en changer le volume et l'on est conduit à des machines à fil fin dont la résistance accroit rapidement celle qu'il s'agit de combattre; ou bien on essaiera de diminuer la résistance électrique par l'accroissement du diamètre des fils, ce qui grandira dans des proportions fâcheuses le volume et par suite le prix de revient de la machine.

« Les variables du problème ne sont donc pas pratiquement indépendantes, et c'est dans le choix judicieux des éléments disponibles que l'ingénieur peut arriver à des progrès notables. En particulier, il doit se préoccuper de produire un champ magnétique aussi intense que possible avec une résistance donnée du fil inducteur.

« C'est surtout dans cette voie de l'accroissement de la puissance des inducteurs que M. Deprez a dirigé ses efforts; il a su obtenir des inducteurs dont le champ magnétique, à dépense égale d'énergie et pour de faibles intensités, l'emporte de beaucoup sur celui des machines de même poids connues jusqu'ici.

« Ainsi l'intensité moyenne du champ magnétique [1] de la génératrice s'élève à environ 1,033 unités absolues : elle ne coûte en kilogrammètres par seconde que

$$\frac{20 \text{ ohms} \times (2 \text{ amp., } 5)^2}{g} = 12 \text{ kgm.,} 74 \text{ ou } 0 \text{ chev., } 170.$$

La réceptrice (machine Gramme type D, transformée) est beaucoup moins avantageuse sous ce rapport :

1. On désigne ici par *intensité moyenne du champ magnétique* l'intensité qu'il faudrait supposer au champ magnétique compris entre les pièces polaires et le fer de l'anneau, si la distribution du magnétisme était uniforme sur les deux pièces polaires (considérées comme des demi-cylindres) de telle façon que les lignes de force fussent normales à la surface de l'anneau. On calcule cette intensité φ en remarquant que la force électromotrice E se développe seulement dans les fils extérieurs parallèles à l'axe de rotation et qu'elle est égale au travail des forces électro magnétiques qui s'exercent sur ces fils supposés parcourus par un courant égal à l'unité : par conséquent en appelant l la longueur totale efficace du fil induit

$$E = \varphi \times l \pi ND,$$

D étant le diamètre moyen de la couche extérieure des fils; comme approximation on peut prendre l égal au quart de la longueur totale du fil, car les forces électromotrices ne s'ajoutent que dans une moitié de l'anneau. Si l'on introduit le poids P total et le diamètre d du fil employé dont Δ est le poids spécifique, on obtient l'expression

$$\varphi = \frac{E_1}{D} \frac{\Delta d^2}{P} \times 10^8,$$

E_1 étant la force électromotrice, pour un tour par seconde, exprimée en volts.

Les tableaux précédents permettent de conclure la valeur de E_1 pour chacune des deux machines; on trouve en moyenne $\dfrac{E}{N} =$ 2 volts, 42, correspondant à un tour par minute, pour la génératrice et 2 volts, 19 pour la réceptrice.

Il suffit de savoir, en outre, que le poids total de fil de cuivre, déduction faite de l'isolant, est de 44 kg. sur l'ensemble des deux anneaux de la génératrice, comme sur l'anneau de la réceptrice et que le diamètre de ce fil est de 0^m001 ; on a admis $\Delta = 8,8$ pour le poids spécifique du cuivre.

l'intensité moyenne de son champ magnétique n'est que de 718 unités ou les $\frac{3}{4}$ du précédent : tandis qu'elle coûte

$$\frac{47 \text{ ohms} \times (2 \text{ amp.}, 5)^2}{g} = 20 \text{ kgm.}, 94 \text{ ou } 0 \text{ chev.}, 400,$$

c'est-à-dire deux fois et demie davantage.

« L'emploi de ces grandes forces électromotrices ne laisse pas que de présenter des difficultés assez sérieuses et exige une grande prudence non seulement pour la sécurité des personnes chargées de manier les machines, mais pour la conservation des machines elles-mêmes ; en effet, lorsque la résistance du circuit ou la vitesse d'une machine vient à varier brusquement, l'intensité du courant acquiert une valeur énorme. La chaleur développée peut détruire les isolants et mettre les machines hors de service, aussi est-il nécessaire, pour la mise en marche ou l'arrêt des appareils, de prendre des précautions spéciales telles que l'introduction ou la suppression de résistances auxiliaires.

« Il reste donc de ce côté des questions importantes à résoudre pour rendre facile et en quelque sorte automatique l'usage de ces machines ; il est juste d'ajouter que M. Deprez s'est occupé de résoudre ces difficultés et a imaginé plusieurs dispositifs ingénieux qui simplifient toutes ces manœuvres.

« En résumé les résultats obtenus par M. M. Deprez, conformes de tout point aux principes théoriques qui doivent guider les ingénieurs, dépassent de beaucoup tout ce qui a été accompli avant lui par la grandeur du travail transmis comparée à la résistance du conducteur de transmission, et de plus sont remarquables par le rendement mécanique obtenu.

« La machine qu'il a conçue et exécutée présente des perfectionnements notables sur celles que l'on construit aujourd'hui pour le même usage ; il aurait vraisembla-

blement conduit à des résultats encore plus avantageux si elle avait pu être construite une seconde fois
pour former la réceptrice.

« La Commission n'a pas qualité pour juger la valeur
économique et l'avenir industriel des résultats obtenus :
mais, après l'examen approfondi auquel elle s'est livrée
des appareils et des principes mis en œuvre, elle
n'hésite pas à proclamer l'importance des faits qu'elle
a été à même de constater.

« En conséquence elle propose à l'Académie de féli-
citer M. Marcel Deprez des progrès importants qu'il a
accompli dans la solution du problème si intéressant
du transport électrique de l'énergie, et de l'encourager
à poursuivre ses travaux en continuant à mettre,
comme il l'a fait jusqu'ici, les ressources d'un esprit
ingénieux au service des principes les mieux établis de
la science électrique. »

Les conclusions du rapport sont mises aux voix et
adoptées.

Quelque concluantes qu'aient été ces expériences du
chemin de fer du Nord, et bien qu'elles eussent démontré la validité des principes théoriques sur lesquels
nous nous sommes appuyés, elles soulevèrent encore
d'assez vives discussions dans le monde des électriciens.
La précaution que l'on avait prise de mettre les deux
machines côte à côte pour faciliter les mesures nous fut
notamment reprochée et on fit remarquer avec un sem-
blant de raison qu'avec une ligne disposée en boucle,
toutes les déperditions de courant par les poteaux deve-
naient favorables à la marche des machines, et que, par
suite des dérivations ainsi établies, la ligne n'avait pas,
pendant le passage du courant, la résistance mesurée
pendant le repos des machines. Malheureusement pour

nos contradicteurs, cette objection est sans valeur.
Avant de commencer les expériences, on avait pris soin
en effet de s'assurer qu'il n'existait réellement aucune
déperdition appréciable par les poteaux télégraphiques
et le travail calorifique absorbé par la ligne pendant
la marche fut toujours, comme la lecture des rapports
précédents le montre, celui qu'absorberait, théoriquement, un fil ayant la résistance mesurée tout d'abord.
Néanmoins, on discuta quand même. Le rendement, le
travail transmis, la durée des expériences furent pris
successivement à partie, et ce ne furent véritablement
que les expériences de Grenoble qui, quelques mois
plus tard, vinrent clore tout débat. La ville de Grenoble,
en effet, que sa situation toute particulière faisait intéresser vivement aux expériences de transport de force,
avait délégué son maire, M. Rey, pour suivre les essais
du chemin de fer du Nord. La réussite de ces essais lui
montrant que la voie était bonne, le maire de Grenoble
vint au nom du conseil municipal nous demander à
renouveler nos expériences, en ligne cette fois, dans le
département de l'Isère, et qu'au cas où cette demande
serait agréée, il annonça que la ville se chargerait de
tous les frais. La proposition était trop tentante pour ne
pas être immédiatement acceptée, et elle le fut en effet.
On fit aussitôt remettre en état les machines, qu'une
averse, lors de leur installation à la Chapelle, avait
quelque peu endommagées, et on expédia la génératrice
à Vizille, tandis qu'à Grenoble on installait la machine
Gramme D qui lui servait de réceptrice. La distance
était cette fois de 14 kilomètres, et la ligne, qui était
en bronze silicieux, offrait une résistance de 167 ohms.
Les expériences commencèrent au mois d'août 1883,
elles durèrent plusieurs mois, et le succès fut véritablement plus grand qu'on ne l'avait espéré, car les ma-

chines, étant en meilleur état qu'au chemin de fer du Nord, permirent de transmettre un travail plus considérable avec un rendement plus élevé.

Une commission fut nommée par le maire pour faire toutes les mesures mécaniques et électriques, nous donnons ci-dessous le rapport in-extenso de M. le capitaine Boulanger, président de la commission.

EXPÉRIENCES DE GRENOBLE

RAPPORT DE LA COMMISSION

Parmi les nombreuses applications de l'électricité, le transport de la force à distance est sans contredit l'une des plus importantes pour l'industrie, surtout si, après avoir amené l'énergie en un point convenable, on peut la distribuer et la répartir suivant les besoins de chacun.

Cette question intéresse toutes les grandes villes et particulièrement celles qui, comme Grenoble, ont autour d'elles, disséminées dans les montagnes, des sources considérables d'énergie dont le seul défaut est d'être difficilement accessibles.

Aussi, lorsqu'au mois de mars dernier, M. Marcel Deprez entreprit, aux ateliers du chemin de fer du Nord, ses expériences sur le transport de la force, M. le maire de Grenoble, frappé des avantages qui en résulteraient pour notre ville, demanda à l'inventeur de venir continuer ses travaux à Grenoble.

M. Marcel Deprez accéda à cette demande et les expériences de Grenoble auront certainement fait faire à cette importante question de transport de la force, un pas de plus vers la pratique. Car, bien que les appareils employés fussent les mêmes qu'à la gare du Nord, leur installation se rapprochait davantage des conditions d'une application usuelle.

Il ne faut pas oublier toutefois que ce sont seulement des expériences et qu'à ce titre, les appareils étudiés présentent un certain degré de fragilité et d'instabilité que l'on arriverait probablement à faire disparaître ou tout au moins à atténuer considérablement dans une installation définitive.

Dans tous les cas, il y a un côté de la question qu'il est impossible d'étudier actuellement, c'est le côté économique que l'on ne pourra faire intervenir que quand on possédera des machines et une installation générale se rapprochant plus de la pratique industrielle que ne peuvent le faire les appareils d'étude employés aujourd'hui.

Les expériences faites au moyen de ces appareils ont donc simplement pour but de faire connaitre s'il y a lieu de les poursuivre, en opérant dans de vastes proportions et en s'acheminant ainsi peu à peu vers le résultat définitif.

C'est pour atteindre ce but qu'une Commission fut nommée par M. le maire de Grenoble et chargée par lui de constater, au moyen de mesures, la valeur des résultats fournis par les expériences.

D'après ce que nous avons dit en commençant, la question du transport de l'énergie comprend deux parties bien distinctes qui ont été étudiées séparément par M. Marcel Deprez : ce sont le transport proprement dit du travail et ensuite sa distribution. Aussi la Commission crut-elle devoir faire porter ses observations sur deux séries d'expériences relatives aux deux parties du problème, et ce sont les résultats de ces expériences qui font l'objet de chacun des deux chapitres du présent rapport.

I

Transport de la Force

La question du transport de la force a été, jusqu'à présent, la mieux étudiée, au point de vue expérimental, et les expériences de la gare du Nord ont montré déjà les résultats auxquels on peut arriver, comme quantité de travail transmise et comme rendement. Les expériences de Grenoble viennent donc leur faire suite en étendant la série des observations. Elles présentent toutefois un intérêt particulier, résultant du mode d'installation des machines, qui n'était pas le même dans les deux cas.

A Paris, les deux machines avaient été placées l'une à côté de l'autre dans les ateliers du chemin de fer du Nord. Elles étaient réunies, d'un côté, par un fil gros et court ; de l'autre, par un fil télégraphique de 17 kilomètres de longueur, passant par le Bourget. Cette disposition fut critiquée comme s'éloignant trop de la disposition qu'il faut absolument adopter dans la pratique et qui consiste à placer les deux machines à distance et à les réunir par deux fils égaux. Il est évident que si l'isolement de la ligne est parfait, les machines peuvent être placées en des points quelconques du circuit ; mais il n'en est plus de même si la ligne a des pertes par le sol ; on arrive, en effet, à ce résultat que, plus la ligne est mal isolée, plus la quantité de travail transportée augmente, car la résistance du circuit est diminué.

A la vérité, l'expérience a montré que les pertes par

la ligne étaient négligeables; il n'en est pas moins vrai que l'objection existe et qu'il était nécessaire de l'écarter dans les nouvelles expériences.

Aussi, dans les expériences de Grenoble, la réceptrice (machine Gramme, type D, transformée), étant placée dans la Halle, la machine génératrice (type Marcel Deprez, n° 10) avait été installée à l'usine Damaye et Cie, située auprès de la gare de Vizille. Les deux machines se trouvaient donc réellement séparées par une distance de 14 kilomètres, et elles étaient réunies par deux fils de bronze silicieux, ayant seulement deux millimètres de diamètre.

Le diamètre de ce fil a été choisi de telle sorte que la résistance de la ligne fût à peu près la même qu'à la gare du Nord. M. Marcel Deprez a, en effet, établi ce théorème que, pour deux machines données, le rendement est indépendant de la distance, à la condition que la résistance de la ligne soit dans un rapport constant avec la somme des résistances des machines. La distance des machines, dans les expériences de Grenoble, étant plus grande qu'aux ateliers du chemin de fer du Nord, permettait donc de vérifier l'exactitude de ce théorème, pourvu qu'on ne changeât pas la résistance de la ligne.

Les machines expérimentées étaient bien les mêmes dans les deux cas : mais elles avaient subi des modifications avant d'être envoyées à Grenoble. Différentes pièces avaient été isolées avec soin du bâti métallique. Le fil des inducteurs de la réceptrice avait été changé; enfin, les deux machines étaient toutes deux isolées du sol au moyen de bâtis en bois sec. C'est à ces modifications qu'il faut attribuer la supériorité des résultats obtenus à Grenoble sur ceux qu'avaient donné les expériences faites au mois de mars.

Les mesures exécutées par la commission sont de

deux sortes : les mesures dynamométriques, dont s'étaient chargés MM. Kuss et Jordan, et les mesures électriques, faites par MM. Boulanger et Labatut.

La double ligne, formée par les fils de bronze silicieux, était aérienne et avait été construite par l'Administration des Télégraphes; de plus, les poteaux de cette ligne supportaient un troisième fil en fer, destiné à établir entre les deux postes une communication téléphonique.

MESURES DYNAMOMÉTRIQUES

Les seuls appareils de mesure dont pût disposer la Commission étaient des freins de Prony ; il en résulte qu'on fut obligé, pour mesurer le travail absorbé par la génératrice, d'avoir recours à la méthode de substitution. Cette méthode semble, au premier abord, moins précise que celle qui repose sur l'emploi des dynamomètres de transmission ; toutefois, les vérifications nombreuses qui furent faites pendant les expériences, donnèrent toujours des résultats parfaitement concordants et montrèrent qu'en somme, dans la pratique, la méthode de substitution, qui présente d'ailleurs l'avantage immense d'être d'un emploi plus commode, donne une précision très suffisante.

La figure 46 montre la disposition des appareils et des transmissions à Vizille-Gare. La génératrice placée en G recevait le mouvement d'une turbine placée en A ; le travail maximum qu'ait pu fournir la turbine avec une vitesse convenable fut trouvé égal à 27 chevaux-vapeur. Pendant les expériences, toutes les transmissions auxiliaires étaient débrayées, de sorte que la turbine actionnait seulement la génératrice, par l'intermédiaire des arbres AB et BC et du renvoi D. Enfin la vanne était tou-

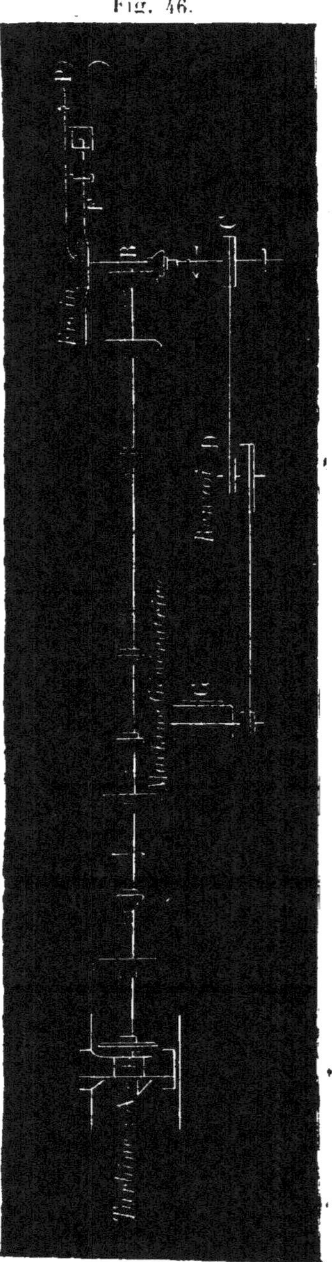

Fig. 46.

jours disposée de telle sorte que le travail de la turbine fût constamment comparable au travail absorbé par la génératrice.

Un frein de Prony monté sur une poulie de $0^m,60$ de diamètre fut installé en F sur l'arbre CB. Ce frein avait été équilibré à vide et son bras de levier avait une longueur de $2^m,50$. Enfin sa température était maintenue sensiblement constante par l'écoulement continu d'une émulsion de savon et d'huile d'olive renfermée dans un réservoir r. On s'assura d'ailleurs de la sensibilité de l'appareil en constatant que, le frein étant chargé de 54 kilog., l'addition d'un poids de 50 grammes dans le plateau suffisait pour détruire l'équilibre.

En appelant P le poids suspendu au frein, y compris le poids du plateau, N_0 le nombre de tours par minute et L la longueur du bras de levier, le travail est donné en chevaux-vapeur par la formule :

$$T = \frac{2\pi L N_0 P}{4500} = 0{,}00349\, N_0\, P.$$

A Grenoble, le travail reçu était mesuré par un frein de plus petites dimensions, monté sur la poulie de la réceptrice. Le bras de levier du frein étant de $0^m,815$, sa formule était : $Tu = 0,001138\ np$.

Voici alors comment on opérait pour mesurer le travail cédé à la génératrice. La turbine était mise en marche, sans que la génératrice fût embrayée, c'est-à-dire en faisant tourner seulement la poulie folle du renvoi D. Le frein étant alors équilibré avec une charge P, et on comptait en même temps le nombre de tours par minute N_0 de l'arbre BC. On plaçait ensuite un point p au frein de Grenoble, et on embrayait la génératrice. L'équilibre se trouvait détruit, et on le rétablissait à Vizille, de manière à reproduire exactement la vitesse N_0 de l'arbre BC, ce qui se faisait à moins d'un tour près. La charge du frein de Vizille était d'ailleurs devenue P' ; lorsque l'équilibre était rétabli, on notait simultanément les indications des deux freins.

Dans ces conditions, il est évident que le travail dépensé par la génératrice et le renvoi D est donné par l'expression $Tb = 0,00349\ (P - P')$. C'est ce que nous appellerons le travail moteur brut. Cela suppose toutefois que le travail total fourni par la turbine ne varie pas pendant la durée de l'expérience.

Pour s'assurer que cette dernière condition était remplie, après chaque série d'expériences, c'est-à-dire avant de modifier la vitesse de la turbine, on tarait de nouveau le frein avec la machine non embrayée et on constata chaque fois que, pour la même charge, l'arbre du frein reprenait exactement la même vitesse, ce qui justifie pleinement l'emploi de la méthode de substitution.

Tableau nº 1.

DATES DES EXPÉRIENCES.	NUMÉROS DES EXPÉRIENCES.	Nombre de tours par minute de l'arbre de frein N_0.	VIZILLE						GRENOBLE				OBSERVATIONS.
			Nombre de tours par minute de la génératrice		Charge du frein.		Travail total sur l'arbre de frein $0{,}00349\,N_0\,P = T$	Travail moteur		Nombre de tours par minute de la réceptrice n.	Charge du frein p	Travail reçu $0{,}001138\,np = Tu$.	Rendement $\dfrac{Tu}{Tm} \times 100$	
			Calculés N_1	Mesurés N	Génératrice en repos P.	Génératrice en marche P'.		Brut $0{,}00349\,N_0(P-P)=Tb$	Transmission déduite Tm					
					Kil.	Kil.	Ch. v.	Ch. v.	Ch. v.		Kil.	Ch. v.		
22 août 1883	A 1	110	730	724	54 00	38 25	20 73	6 04	5 79	604	4	2 75	47 5	
	A 2	110	730	726	54 00	36 35	20 73	6 77	6 52	540	5	3 07	47 0	
	A 3	110	730	726	54 00	32 90	20 73	8 10	7 85	488	6	3 33	42 4	
	B 1	124	822	810	43 20	25 80	18 69	7 53	7 25	641	5	3 65	50 8	
	B 2	124	822	817	43 50	23 50	18 82	8 65	8 37	590	6	4 03	48 1	
	B 3	124	822	807	43 50	21 90	18 82	9 34	9 06	535	7	4 26	47 0	
	B 4	124	822	832	43 50	18 80	18 82	10 68	10 40	504	8	4 59	44 1	
	C 1	142	942	936	» »	14 30	» »	» »	» »	758	5	4 31	» »	On a omis d'inscrire le poids P. — Expérience annulée.
	C 2	140	929	915	32 00	14 90	15 63	8 35	8 03	684	6	4 67	58 1	
	C 3	140	929	906	32 00	13 30	15 63	9 13	8 81	622	7	4 95	56 2	
	C 4	140	929	906	32 00	10 50	15 63	10 50	10 18	591	8	5 38	52 8	
	D 1	150	995	950	27 00	7 30	14 13	10 31	9 97	646	8	5 88	58 9	

Date	Série	N°													Observations
28 août	E	1	140	928	890	39 70	19 50	19 35	9 87	9 35	650	7	6 00	52 5	Par suite de l'insuffisance du nombre des observateurs à Vizille, cette série n'a pas paru présenter une assez grande sécurité, et c'est cette raison qui a motivé les expériences du 1er septembre.
		2	150	994	980	36 20	14 70	18 95	11 25	10 91	700	7	5 57	51 1	
		3	150	994	990	36 20	7 70	18 95	14 91	14 57	690	8	6 28	43 1	
		4	150	994	1000	36 20	6 85	18 95	15 81	15 47	638	9	6 53	42 2	
		5	150	994	985	36 20	6 60	18 95	15 94	15 60	584	10	6 64	42 6	
		6	162	1074	1040	30 00	» »	16 96	» »	» »	763	7	6 07	» »	
		7	162	1074	1060	30 00	» »	16 96	» »	» »	733	8	6 65	» »	
		8	162	1074	1056	30 00	9 00	16 96	11 87	11 50	673	9	6 89	59 9	
		9	162	1074	1014	30 00	8 20	16 96	12 32	11 95	608	10	6 92	57 9	
1er septembre	H	1	110	730	720	54 00	35 20	20 73	7 22	6 97	484	6	3 30	47 3	
		2	110	730	730	54 00	32 00	20 73	8 45	8 20	446	7	3 55	43 2	
		3	110	730	732	54 00	30 00	20 73	9 21	8 96	406	8	3 69	41 1	
	K	1	130	870	865	40 50	21 50	18 37	8 62	8 33	614	6	4 19	50 3	
		2	130	870	865	40 50	18 20	18 37	10 11	9 82	586	7	4 66	47 4	
		3	130	870	875	40 50	15 50	18 37	11 34	11 05	258	8	5 08	45 9	
	L	1	145	961	946	45 00	27 70	22 77	8 75	8 42	712	6	4 86	57 7	A partir de ce moment, la vanne était complètement levée.
		2	145	961	951	45 00	24 20	22 77	10 43	10 10	686	7	5 46	54 0	
		3	145	961	970	45 00	21 70	22 77	11 79	11 46	662	8	6 02	52 5	
	M	1	160	1061	1040	35 00	17 00	19 54	10 05	9 69	830	6	5 66	58 3	
		2	160	1061	1040	35 00	14 50	19 54	11 44	11 08	778	7	6 19	55 8	
		3	160	1061	1050	35 00	12 10	19 54	12 69	12 33	734	8	6 68	54 1	
	N	1	170	1127	1140	28 50	9 00	16 90	11 56	11 18	875	7	6 97	62 3	

Les expériences furent commencées le 22 août, la Commission étant divisée en deux groupes qui opéraient simultanément à Grenoble et à Vizille. Un accident survenu à la ligne interrompit les travaux de la Commission qui ne put les reprendre que le 28 août. Par suite de l'absence d'une partie des membres, les mesures prises à Vizille dans cette deuxième journée ne présentèrent pas une sécurité suffisante et le 1er septembre on fit une troisième série, ce qui porta à 35 le nombre des expériences.

Les résultats de ces expériences sont consignés dans le tableau n° 1, qui précède.

La seule inspection de ce tableau permet de juger de l'importance des résultats obtenus. Le rendement a en effet atteint 62,3 pour 100 en transportant près de 7 chev.

Les nombres portés dans la dernière colonne du tableau n°1 représentent le rendement mécanique $\dfrac{Tu}{Tm}$, Tm étant le travail cédé à la poulie du renvoi. En réalité, le rendement devrait être calculé en prenant le travail cédé à la poulie de la génératrice, puisque Tu représente le travail recueilli sur la poulie de la réceptrice. Le travail moteur devrait donc être diminué un peu, par suite de la perte due aux glissements de la courroie. Les colonnes du tableau n° 1, qui donnent les vitesses de la génératrice calculées d'après le rapport des diamètres des poulies, et ces vitesses, mesurées directement, permettent de se rendre compte de ces glissements. On voit d'ailleurs qu'ils ne sont pas plus importants que ceux qui se sont produits à la gare du Nord et qui ont été considérés comme négligeables.

Il faut remarquer, du reste, que l'intervention de la perte de travail due aux glissements des courroies aurait pour effet d'élever légèrement le rendement.

MESURES ÉLECTRIQUES

Les appareils employés pour les mesures électriques étaient des galvanomètres à arête de poisson, système Marcel Deprez. La première opération fut le tarage de ces galvanomètres ; diverses méthodes peuvent être employés pour cet objet, mais la plupart ont l'inconvénient de reposer sur la connaissance exacte de la force électromotrice d'une pile de Daniell prise comme étalon. Or, cette force électromotrice est variable avec une foule de circonstances, il en résulte des erreurs qui peuvent faire varier notablement les indications des appareils.

C'est afin d'éviter cette incertitude dans les résultats que l'on s'arrêta, pour déterminer les constantes des galvanomètres, à la méthode chimique qui était en même temps la plus précise pour constater la valeur des pertes par la ligne. Dans ce cas, le nombre qui sert de point de départ est la quantité d'argent électrolysé pendant une seconde par un courant dont l'intensité est est égale à 1 ampère. Ce poids, qui est alors un nombre absolument fixe, a été déterminé par M. Mascart et trouvé par lui égal à 0 gr. 0011248.

Le tarage se faisait alors très simplement : les galvanomètres n° 2 et n° 3 étaient intercalés dans le circuit de la ligne, le premier à Vizille, le second à Grenoble. A côté de chacun d'eux était installé un voltamètre formé de deux plaques d'argent pur plongeant dans une dissolution d'azotate d'argent. Ces plaques avaient chacune une surface d'environ un décimètre carré. Le courant était fourni par la machine génératrice et le circuit comprenait, outre la ligne, une résistance inerte additionnelle de 627 ohms.

L'expérience faite une seconde fois fut répétée lorsque toutes les mesures furent terminées, et on obtint ainsi les résultats suivants :

Tableau n° 2

NUMÉROS des expériences.	POIDS de l'électrode positive avant l'expérience.	POIDS de l'électrode positive après l'expérience.	Différences des poids p.	DURÉES des expériences en secondes t.	INTENSITÉS $\dfrac{p}{0.0011248 \times t} = i$.	Déviations moyenn. d.	VALEURS de $m = \dfrac{i}{d}$.	OBSERVATIONS
	Gr.	Gr.	Gr.		Ampères			
1er tarage { n° 2 à Vizille . .	39 43959	26 20184	13 23775	3600	3 268	12°57	0 260	Le galvanomètre n° 2 dévie à gauche.
n° 3 à Grenoble.	39 78262	27 22920	12 55342	3600	3 099	11 69	0 265	Le galvanomètre n° 3 dévie à droite.
2e tarage { n° 2 à Vizille . .	36 03719	27 32100	8 71529	2205	3 514	13 56	0 259	
n° 3 à Grenoble.	34 68220	26 54209	8 14020	2205	3 282	13 51	0 243	

Si on prend pour m les moyennes des résultats obtenus dans les deux experiences, on aura enfin :

Pour le galvanomètre n° 2. . . . . $m_2 = 0,26$
      —   n° 3. . . . . $m_2 = 0,254$

Les données nécessaires pour entreprendre les mesures électriques comprenaient encore les résistances des divers appareils employés. Ces résistances, mesurées à plusieurs reprises, donnèrent :

Résistance de la ligne. . . . . $p = 167,00$

$$\text{Machines}\begin{cases} \text{génératrice} \begin{cases} \text{Inducteurs} \dots\dots 20,10 \\ \text{Anneaux } 2\times 18,30 = 36,60 \end{cases} R = 56,70 \\ \text{réceptrice..} \begin{cases} \text{Inducteurs} \dots\dots 61,00 \\ \text{Anneaux} \dots\dots 36,00 \end{cases} r = 97,00 \end{cases}$$

Galvanomètre n° 2 — $30^{\text{ohms}}7$ avec un shunt de $1^{\text{ohm}}387$
      —   n° 3 — 35   65   —   1   395
(Les coefficients m_2 et m_2 ont été déterminés en tenant compte des shunts)

Les mesures électriques devaient porter sur les intensités et les forces électromotrices, d'où l'on peut déduire les différences de potentiel aux bornes des machines. Pour obtenir les intensités en ampères, il suffisait d'intercaler un galvanomètre dans le circuit et de multiplier les déviations lues par le coefficient m.

La détermination des forces électromotrices présentait des difficultés beaucoup plus grandes, provenant de ce qu'il n'existe pas encore d'appareils de mesure destinés à des potentiels aussi élevés. Dans les expériences du chemin de fer du Nord, on mesurait directement les différences de potentiel U aux bornes d'une machine et on en déduisait la force électromotrice par la relation
$$E = U + RI.$$

I étant l'intensité du courant et R la résistance de la machine.

Cette méthode fut essayée à Vizille et un galvanomètre très résistant placé en dérivation sur les bornes de la génératrice. Une clef Morse permettait de le faire fonctionner pendant un temps très court ; malgré cette précaution et bien que la résistance ajoutée au galvanomètre dépassât 80,000 ohms, celui-ci, qui était un voltamètre Carpentier, fut brûlé. Cet accident montrait que la méthode est difficilement applicable et demande une très grande habileté expérimentale. Aussi dut-on l'abandonner et on chercha alors à déterminer E pour en déduire ensuite U.

Voici comment on procéda :

Les expériences faites aux ateliers du chemin de fer du Nord avaient vérifié, pour les deux machines, le fait de la proportionnalité des forces électromotrices aux vitesses des anneaux, lorsque l'intensité ne change pas. On a donc là un moyen commode de déterminer la force électromotrice d'une machine, à la condition de connaître, pour chaque intensité, le nombre constant par lequel on devra multiplier sa vitesse.

Afin de trouver facilement la valeur de ce coefficient pour une intensité quelconque, on construisit une courbe ayant pour abscisses les intensités et pour ordonnées les valeurs du coefficient $\dfrac{N}{E}$ correspondant. La série F comprenant 12 expériences, fut destinée à la construction de cette courbe. La machine génératrice fonctionnant à différentes vitesses envoyait le courant dans la ligne et dans les résistances variables, intercalées à Grenoble. On obtenait ainsi des intensités I pour Vizille, i pour Grenoble ; l'expérience montrant que I et i diffèrent peu, on peut prendre pour intensité moyenne :

$$\frac{I + i}{2} = Im.$$

Tableau n° 3.

NUMÉROS des expériences.	NOMBRE de tours par minute de la génératrice. N	RÉSISTANCE.		DÉVIATIONS.		INTENSITÉS.		INTENSITÉ MOYENNE $\frac{I+i}{2}=Im$	VALEURS de $AIm=E$	VALEURS de $\frac{E}{N}$	OBSERVATIONS.
		Additionnelle X.	Totale A.	Galv. n°2 à Vizille.	Galv. n°3 à Grenoble	A Vizille I	A Grenoble i				
		Ohms	Omhs			Amp.	Amp.	Amp.	Volts		
1	704	627	851	5 45	5 80	1 41	1 47	1 44	1225 44	1 74	Le galvanomètre n° 2 à Vizille dévie à gauche.
2	703	482	706	10°80	10°80	2 81	2 74	2 77	1955 62	2 78	Le galvanomètre n° 3 à Grenoble dévie à droite.
3	706	343	567	14 65	14 50	3 81	3 68	3 75	2126 25	3 13	
4	794	627	851	9 50	9 40	2 47	2 39	2 43	2007 93	2 60	
5	803	554	778	11 00	11 00	2 86	2 79	2 82	2193 96	2 73	
6	806	482	706	12 90	13 00	3 35	3 30	3 32	2343 92	2 90	
7	912	627	851	12 00	11 80	3 12	3 00	3 06	2604 06	2 85	
8	904	554	778	13 45	13 40	3 50	3 40	3 45	2684 10	2 96	
9	902	482	706	15 45	15 30	4 02	3 89	3 95	2788 70	3 09	
10	996	627	851	13 45	13 45	3 50	3 42	3 46	2944 46	2 95	
11	992	575	799	14 75	14 90	3 84	3 78	3 81	3044 19	3 06	
12	990	531	755	16 00	16 05	4 16	4 08	4 12	3110 60	3 14	

The rows 1 to 12 are grouped under the brace labelled F.

Il en résulte que si A représente la résistance totale du circuit, y compris celle de la machine, on a : $E = AIm$.

On peut donc facilement calculer $\dfrac{E}{N}$.

Le tableau n° 3 donne les nombres obtenus dans cette série d'expériences.

La figure 47 montre la courbe obtenue en prenant pour coordonnées les valeurs de Im et de $\dfrac{E}{N}$; cette courbe permet de calculer la force électromotrice de la génératrice, lorsqu'on connait la vitesse et l'intensité du courant produit.

Fig. 47.

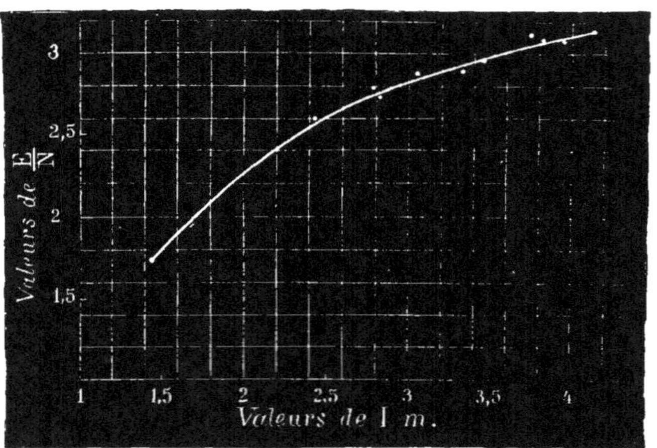

Quant à la réceptrice, on aurait pu employer le même procédé pour déterminer sa force électromotrice e et chercher les valeurs de $\dfrac{e}{n}$ correspondant aux diverses intensités. Mais il faut remarquer que l'on peut déduire e de E, si on connait la résistance totale A du circuit ;

on a en effet, d'après la loi de Ohm : $E - e = AIm$, d'où : $e = E - AIm$.

Les nombres contenus dans le tableau n° 4 comprennent l'ensemble des mesures électriques : les intensités déterminées à Vizille et à Grenoble par le galvanomètre d'où on a déduit l'intensité moyenne Im ; la valeur de $\frac{E}{N}$ mesurée sur l'épure (fig. 47), qui a permis de déterminer E et e et ensuite le rendement électrique $\frac{e}{E} \times 100$.

Enfin on a calculé les différences de potentiel aux bornes de la génératrice par la relation $U = E - RIm$, qui est une conséquence des lois de Kirchhoff. Pour la réceptrice, cette relation devient : $u = e + rIm$.

DISCUSSION DES RÉSULTATS

Les tableaux n° 1 et n° 4 renferment toutes les mesures dynamométriques et électriques prises par la Commission. Si on considère seulement le rendement mécanique, on peut voir que, pour une même charge au frein de la réceptrice, ce rendement augmente avec la vitesse de la génératrice. Il eût été intéressant de pousser plus loin cette vitesse, de manière à faire augmenter encore à la fois, le rendement et le travail reçu ; malheureusement, on ne put dépasser 1;140 tours, le travail disponible sur la turbine s'abaissant à mesure qu'on augmentait sa vitesse.

Il résulte de cette remarque qu'on serait limité, pour le travail transmis, uniquement par la vitesse maxima que peuvent supporter les machines. Cette vitesse est à déterminer pratiquement, il est certain qu'on ne pourrait pas adopter, comme vitesse de régime, celle des dernières expériences.

Tableau n° 4.

DATES des expériences.	NUMÉROS des expériences.		DÉVIATIONS des galvanomètres		INTENSITÉS		INTENSITÉS MOYENNES $\frac{I+i}{2}=Im$.	VALEURS DE $\frac{E}{N}$	NOMBRE DE TOURS par minute de la génératrice N.	FORCES électromotrices de la génératrice E.	FORCES électromotrices de la réceptrice e.	DIFFÉRENCES de potentiel aux bornes		RENDEMENT ÉLECTRIQUE $100 \times \frac{e}{E}$	OBSERVATIONS
			N° 2 Vizille.	N° 3 Grenoble.	Vizille I.	Grenoble i.						Génératrice E − Rlm = U.	Réceptrice e + rlm = u.		
					Amp.	Amp.	Amp.			Volts.	Volts.	Volts.	Volts.		
	A	1	8 75	8 75	2 28	2 22	2 25	2 47	724	1788	1066	1660	1284	59 6	
		2	9 50	9 40	2 47	2 39	2 43	2 58	726	1873	1093	1734	1329	58 3	
		3	11 25	11 34	2 93	2 88	2 90	2 78	726	2018	1087	1853	1368	53 8	
22 août 1883.	B	1	10 00	10 15	2 60	2 58	2 59	2 67	810	2163	1332	2015	1583	61 5	
		2	10 70	10 90	2 78	2 77	2 77	2 74	817	2239	1350	2081	1619	60 3	
		3	11 80	12 10	3 07	3 07	3 07	2 84	807	2292	1307	2117	1605	57 0	
		4	12 50	12 90	3 25	3 28	3 26	2 90	832	2413	1367	2227	1683	56 6	
	C	1	9 50	9 60	2 47	2 44	2 45	2 59	936	2424	1638	2285	1401	67 5	
		2	10 30	10 70	2 69	2 72	2 70	2 71	915	2480	1613	2326	1875	65 0	
		3	11 30	11 90	2 94	3 02	2 98	2 82	906	2555	1598	2385	1887	62 5	
		4	12 50	12 85	3 25	3 26	3 25	2 90	906	2627	1584	2442	1899	60 3	
	D	1	12 25	12 60	3 19	3 20	3 20	2 88	950	2736	1709	2554	2019	62 4	
		2	13 25	13 70	3 45	3 48	3 46	2 96	962	2848	1737	2651	2073	60 9	

Date		N°												
28 août.	E	1	11 25	12 30	2 93	3 12	3 02	2 83	890	2530	1367	2304	1860	61 7
		2	11 25	12 20	2 93	3 10	3 01	2 83	980	2773	1807	2601	2099	65 1
		3	12 75	12 30	3 32	3 12	3 22	2 89	990	2861	1828	2677	2140	63 8
		4	13 50	13 50	3 51	3 43	3 47	2 96	1000	2960	1846	2762	2183	62 3
		5	14 50	14 50	3 77	3 68	3 72	3 03	985	2985	1791	2773	2152	60 0
		6	11 75	12 00	3 06	3 05	3 05	2 84	1040	2954	1975	2780	2271	66 8
		7	12 75	13 20	3 32	3 35	3 33	2 93	1060	3106	2037	2916	2360	65 2
		8	13 50	14 00	3 51	3 56	3 53	2 98	1056	3147	2014	2946	2356	63 9
		9	14 75	14 70	3 84	3 73	3 78	3 04	1014	3083	1870	2868	2237	60 6
29 août.	G	1	8 50	8 55	2 21	2 17	2 19	2 43	772	1876	1173	1751	1385	62 4
		2	9 80	9 60	2 55	2 44	2 50	2 62	777	2036	1233	1893	1476	60 5
		3	10 83	10 65	2 82	2 71	2 76	2 73	731	1996	1110	1839	1377	55 6
		4	11 90	11 80	3 09	3 00	3 05	2 84	764	2170	1191	1996	1487	54 8
		5	12 20	12 70	3 17	3 23	3 20	2 88	723	2082	1055	1900	1365	50 6
		6	13 88	13 80	3 61	3 51	3 56	2 99	735	2198	1045	1995	1390	47 5
1er septembre.	H	1	10 00	10 20	2 60	2 59	2 60	2 67	720	1922	1087	1774	1339	56 5
		2	11 30	10 90	2 94	2 77	2 85	2 77	730	2022	1107	1860	1383	54 7
		3	12 25	11 80	3 19	3 00	3 10	2 86	732	2094	1099	1917	1400	52 5
	K	1	10 25	9 80	2 67	2 49	2 58	2 66	865	2301	1473	2154	1723	64 0
		2	11 25	10 70	2 93	2 72	2 82	2 76	865	2387	1482	2226	1756	62 0
		3	12 20	11 80	3 17	3 00	3 08	2 85	875	2494	1505	2318	1804	60 3
	L	1	10 40	9 90	2 70	2 51	2 60	2 66	946	2516	1681	2368	1933	66 8
		2	11 00	11 10	2 86	2 82	2 84	2 76	954	2633	1721	2471	1996	65 3
		3	12 10	12 20	3 14	3 10	3 12	2 86	970	2774	1772	2596	2074	63 8
	M	1	10 25	10 30	2 67	2 62	2 64	2 71	1040	2787	1940	2637	2196	69 5
		2	11 00	11 30	2 86	2 87	2 86	2 78	1040	2891	1973	2728	2250	68 2
		3	12 42	12 70	3 24	3 23	3 15	2 90	1050	2992	1981	2812	2287	66 2
	N	1	11 10	11 10	2 88	2 82	2 85	2 76	1140	3146	2231	2984	2507	70 8

Autant qu'on a pu en juger, notamment par les expériences publiques qui avaient une durée de deux heures par jour, la marche normale des machines parait correspondre à un travail reçu, compris entre 5 et 6 chevaux. Dans ces conditions, on peut avoir un rendement de 54 pour 100, la vitesse à la génératrice étant d'environ 950 tours. (Expérience L, 2.)

Du reste, cette limite serait imposée d'abord par la réceptrice qui, aux vitesses extrêmes, se trouvait dans l'état de saturation électrique dont il est question dans le rapport de M. Cornu.

Quant à la génératrice, elle pourrait supporter, sans inconvénient, des vitesses plus considérables. Ce n'est qu'au delà de 1,000 tours par minute que l'on voit de faibles étincelles aux balais. Ce qui prouve, d'ailleurs, la valeur de cette machine, c'est la manière dont elle s'est comportée lors de l'accident survenu le 23 août. Les deux fils de la ligne destinée au transport de la force communiquaient entre eux auprès de Vizille [1], de sorte qu'au moment de la mise en marche, la génératrice fonctionnant en court circuit, absorba brusquement une quantité de travail assez considérable pour faire tomber la courroie. Il en résulta un extra-courant qui n'eut d'autre effet que de percer l'isolement dans une des galettes constituant les inducteurs, mais l'anneau resta intact, et la galette avariée ayant été supprimée, la machine fonctionna aussi bien qu'auparavant.

A la vérité, les seuls résultats intéressants, au point de vue industriel, sont la quantité de travail transportée et le rendement mécanique. Il semble donc qu'on aurait pu se dispenser de faire des mesures électriques et se

---

1. Un conducteur de voitures avait laissé, enroulée autour des fils, une mèche de fouet qui établissait la communication.

contenter des mesures dynamométriques qui présentent déjà, à elles seules, une série de résultats nombreux et concluants.

En réalité, les mesures électriques présentent un inté-rêt tout aussi grand que les autres, car elles permettent seules de se rendre compte du mode de fonctionnement des machines, et en même temps nous trouverons dans les phénomènes électriques des vérifications qui montreront l'accord existant entre la théorie et les expériences et, par suite, le degré de confiance que l'on peut accorder aux mesures dynamométriques.

Commençons par rappeler les principes sur lesquels s'est appuyé M. Marcel Deprez pour arriver à ce résultat.

L'équation fondamentale du transport de la force par l'électricité est : $EI = eI + AI^2$, qui exprime que le travail fourni par la génératrice est égal au travail transmis à la réceptrice, augmenté du travail disséminé sous forme de chaleur dans tout le circuit de résistance $A = R + r + \rho$. Ainsi que l'indique le rapport sur les expériences des ateliers du chemin du fer du Nord l'idée de l'auteur a consisté à remarquer que la perte d'énergie AI^2 est proportionnelle au carré de I, tandis que les autres quantités de travail sont proportionnelles à la première puissance de I, de sorte que le rapport $\dfrac{AI^2}{eI} = \dfrac{AI}{e}$ peut devenir aussi petit qu'on veut, à la condition de diminuer I et d'augmenter e.

M. Deprez s'est donc attaché à construire des machines produisant des courants faibles, tout en ayant des forces électromotrices considérables. Mais, pour avoir de grandes forces électromotrices, il faut des machines très résistantes, ce qui augmente R et r, et par suite A.

« Les variables du problème, ajoute M. Cornu, ne sont donc pas pratiquement indépendantes, et c'est dans le choix judicieux des éléments disponibles que l'ingénieur peut arriver à des progrès notables. »

Ce sont ces principes qui ont été appliqués dans les machines expérimentées, en même temps que la puissance des inducteurs était notablement augmentée. Le tableau n° 4 montre que l'intensité du courant n'atteignait pas 3 ampères, lorsque la force électromotrice de la génératrice dépassait 3,000 volts.

On a souvent avancé qu'avec des forces électromotrices aussi grandes, les pertes par la ligne devaient être considérables, En réalité, les pertes dépendent surtout de l'intensité du courant : néanmoins, il était indispensable de vérifier le fait par l'expérience. Le tableau n° 4, qui donne les valeurs de I et de i, montre que ces valeurs diffèrent peu l'une de l'autre, et même, dans certains cas, i est supérieur à I. Ces anomalies proviennent uniquement des erreurs de lecture. Dans les galvanomètres employés, l'aiguille formée d'un brin de paille est à une certaine distance du cadran, ce qui occasionne une parallaxe assez forte, de sorte que toutes les lectures sont légèrement altérées dans un sens ou dans l'autre, suivant les observateurs.

Ces observations sont d'ailleurs très suffisantes pour le calcul de l'intensité moyenne et elles montrent, en outre, que les pertes ne sont pas considérables, puisqu'elles sont du même ordre que les erreurs de lecture. Cependant, pour en déterminer la valeur exacte, était-il nécessaire d'avoir recours à un procédé plus précis.

C'est alors que furent faites, avec les voltamètres à azotate d'argent, les deux expériences qui servirent non seulement à tarer les galvanomètres, mais encore à évaluer exactement les différences d'intensité aux deux extrémités de la ligne.

Dans la première, l'intensité étant de 3 amp. 268 à Vizille, fut trouvée égale à 3 amp. 099 à Grenoble (tableau n° 2), soit une perte de 5.1 pour 100. Dans ce cas, on a : $\frac{E}{N} = 2.88$, et comme la vitesse de la machine était de 975 tours, E $=$ 2808 volts, la différence de potentiel aux bornes étant de 2627 volts.

Dans la seconde expérience, l'intensité était de 3 amp. 514 à Vizille et de 3 amp. 282 à Grenoble, soit une perte de 6.6 pour 100. On avait alors : $\frac{E}{N} -$ 2,94. La vitesse de la machine étant de 1,064 tours on a : E $=$ 3128 volts, et pour la différence de potentiel aux bornes : 2934 volts.

On voit par ces expériences que, même avec des potentiels élevés, les pertes par la ligne sont relativement faibles, surtout si on tient compte de ce fait que l'installation était toute provisoire.

Si maintenant on compare les dernières colonnes des tableaux n° 1 et n° 4, on peut remarquer que le rendement électrique est toujours supérieur au rendement mécanique. Il est évident qu'il en doit être ainsi, puisque la transformation d'énergie mécanique en énergie électrique, ou inversement, doit toujours occasionner une perte de travail. On peut cependant constater que l'écart entre les deux rendements est faible, ce qui indique que cette perte de travail est peu considérable.

Afin de nous rendre compte de sa valeur, cherchons le travail électrique dans les deux machines. On sait que pour la génératrice, le travail électrique est représenté en chevaux-vapeur par l'expression : $\frac{EIm}{75\,g}$, E étant la force électromotrice de la machine exprimée en volts, Im l'intensité moyenne en ampères et $g = 9,81$ l'accélération due à la pesanteur. De même pour la réceptrice, le travail électrique qui lui est transmis est : $\dfrac{elm}{75\,g}$.

Le tableau n° 5 permet de comparer ces travaux aux travaux mécaniques correspondants pour les expériences du 1er septembre.

On voit que, pour la génératrice, le travail électrique diffère très peu du travail mécanique : on trouve même pour les dernières expériences un nombre plus élevé pour la valeur de $\dfrac{Eim}{75\,g}$. Cette anomalie peut s'expliquer, d'abord par l'évaluation des vitesses de la machine qui devient de plus en plus difficile à mesure que ces vitesses augmentent, ensuite par les intensités qui ne sont pas déterminées en valeur absolue d'une manière suffisamment précise, soit par les lectures des déviations, soit même par le tarage des galvanomètres [1].

Quoi qu'il en soit, l'examen du tableau n° 5 montre que, pour la génératrice, le coefficient de transformation pratique, c'est-à-dire le nombre par lequel il faudrait multiplier le travail mécanique pour obtenir le travail électrique, est très voisin de l'unité.

Il n'en est pas de même pour la réceptrice, et le travail électrique absorbé par cette machine paraît toujours notablement supérieur au travail mécanique qu'elle restitue.

---

1. On a pris pour le tarage des galvanomètres le nombre o gr. 0011248 comme étant le poids d'argent déposé par ampère et par seconde. Or, on trouve dans le *Traité d'Électricité* de Gordon (t. II, p. 315), le nombre 0 gr. 0011363. Il serait dès lors possible que le nombre adopté fût un peu faible.

Tableau n° 5.

NUMÉRO des expériences.	INTENSITÉ moyenne $Im.$	GÉNÉRATRICE			RÉCPTRICE			RENDEMENT		ORSERVATIONS.
		Force électro-motrice E	Travail électrique $\dfrac{EIm}{75g}$	Travail mécanique Tm	Force électro-motrice E	Travail électrique $\dfrac{eIm}{75g}$	Travail mécanique Tu	Électrique	Mécanique	
	Amp.	Volts	Chev. vap.	Chev. vap.	Volts	Chev. vap.	Chev. vap.			
H 1	2 60	1922	6 79	6 97	1087	3 84	3 30	56 5	47 3	
H 2	2 85	2022	7 83	8 20	1107	4 29	3 55	54 7	43 2	
H 3	3 10	2094	8 82	8 96	1099	4 63	3 69	52 5	41 1	
K 1	2 58	2301	8 06	8 33	1473	5 16	4 19	64 0	50 3	
K 2	2 82	2387	9 15	9 82	1482	5 67	4 66	62 0	47 4	
K 3	3 08	2494	10 44	11 05	1505	6 29	5 08	60 3	45 9	
L 1	2 60	2516	8 89	8 42	1681	5 93	4 86	66 8	57 7	
L 2	2 84	2633	10 16	10 10	1721	6 64	5 46	65 3	54 0	
L 3	3 12	2774	11 75	11 46	1772	7 51	6 02	63 8	52 5	
M 1	2 64	2787	9 99	9 69	1940	6 95	5 66	69 5	58,3	
M 2	2 86	2912	11 23	11 08	1973	7 66	6 19	68 2	55 8	
M 3	3 15	2992	12 80	12 33	1981	8 47	6 68	66 2	54 1	
N 1	2 85	3146	12 18	11 18	2231	8 63	6 97	70 8	62 3	

En somme, bien que les expériences ne comportent pas une précision suffisante pour déterminer la valeur numérique des coefficients de transformation des machines, elles permettent cependant de constater la supériorité de la génératrice sur la réceptrice et de supposer, comme l'affirme M. Marcel Deprez, qu'avec deux machines semblables à celle qui était installée à Vizille, on eût obtenu des résultats encore meilleurs.

On peut encore tirer du tableau n° 1 des conséquences qui montreront à quel point les expériences ont justifié les résultats annoncés par la théorie. Il faut remarquer d'abord que lorsqu'on atteint les vitesses obtenues dans les expériences de Grenoble, les champs magnétiques des machines sont voisins de leurs points de saturation et cessent d'être fonction de l'intensité du courant. Nous avons vu d'ailleurs, que les pertes par la ligne sont faibles et qu'on peut, par suite, prendre pour intensité uniforme l'intensité moyenne $Im = \dfrac{I + i}{2}$.

Dans ces conditions, M. Marcel Deprez a montré que la charge du frein est proportionnelle seulement à la première puissance de l'intensité. En effet, pour la réceptrice, par exemple, le travail mécanique Tu est proportionnel à eIm, il est d'ailleurs aussi proportionnel à np. On peut donc écrire : $\dfrac{eIm}{np} =$ constante, et comme dans le cas considéré le rapport : $\dfrac{e}{n}$ est lui-même constant, on a : $p = KIm$, K étant un coefficient constant. Cette relation peut se vérifier au moyen du tableau n° 6, qui est extrait des tableaux n° 1 et n° 4.

Tableau n° 6.

NUMÉROS des expériences.	CHARGES au frein de Grenoble.	INTENSITÉS moyennes.
A — 2 B — 1 C — 1	5 kil.	Ampères. 2,43 2,59 2,45
A — 3 B — 2 C — 2 H — 1 K — 1 L — 1 M — 1	6 kil.	2,90 2,77 2,70 2,60 2,58 2,60 2,64
B — 3 C — 3 H — 2 K — 2 L — 2 M — 2 N — 1	7 kil.	3,07 2,98 2,85 2,82 2,84 2,86 2,85
B — 4 C — 4 D — 1 H — 3 K — 3 L — 3 M — 3	8 kil.	3,26 3,25 3,20 3,10 3,08 3,12 3,15

On aura de même pour la génératrice : $P - P' = K'Im$, ce qui donne avec l'égalité précédente :

$$\frac{P - P'}{P} = \frac{K'}{K} = \text{constante.}$$

Le tableau n° 7 montre qu'en effet ce rapport est constant. Il a été calculé pour les expériences du 1er septembre.

On peut donner une autre forme à cette vérification, et en déduire un moyen de calculer facilement le rendement mécanique.

En effet, dans le tableau n° 1, le rendement a été calculé par la formule $\dfrac{Tu}{Tm} = \dfrac{0,00138 \times np}{0,00349\, N_o\,(P - P')}$, ou, en remplaçant la vitesse N_o de l'arbre de couche par celle de la génératrice : $\dfrac{Tu}{Tm} = \dfrac{0,001138 \times 6,63 \times np}{0,00349 \times N\,(P - P')}$, ou enfin, en prenant : $\dfrac{p}{P - P'} = \dfrac{1}{3}$, comme l'indique le tableau n° 7 : $100 \times \dfrac{Tu}{Tm} = \dfrac{n}{N} \times 72$.

Le tableau n° 7 montre les rendements obtenus de cette manière ; ce sont les nombres contenus dans la colonne des rendements calculés ; ceux qui sont dans la colonne des rendements mesurés sont ceux du tableau n° 1, qui sont déduits directement des expériences.

Ces remarques nous montrent que les expériences de Grenoble ont vérifié les prévisions de la théorie, mais elles sont surtout importantes, parce qu'elles servent de contrôle aux mesures faites par la Commission et montrent le degré de confiance qu'on peut leur accorder.

Tableau n° 7.

NUMÉROS des expériences	VALEURS de p	VALEURS de P	VALEURS de P'	VALEURS de $P - P'$	VALEURS de $\dfrac{P - P'}{p}$	RENDEMENTS calculés $\dfrac{N}{n} \times 7\,2$	RENDEMENTS mesurés $100 \times \dfrac{Tu}{Tm}$	OBSERVATIONS.
	k.	k.	k.	k.				
H 1	6	54 00	35 20	18 8	3 13	48 4	47 8	La moyenne des valeurs de $\dfrac{P - P'}{p}$ peut être prise égale à 3.
H 2	7	54 00	32 00	22 0	3 14	43 9	43 2	
H 3	8	54 00	30 00	24 0	3 00	39 9	41 1	
K 1	6	40 50	21 50	19 0	3 16	51 0	50 3	
K 2	7	40 50	18 20	21 3	3 04	48 7	47 4	
K 3	8	40 50	15 50	25 0	3 12	44 2	45 9	
L 1	6	45 00	27 70	17 3	2 88	54 1	57 7	
L 2	7	45 00	24 20	20 8	2 97	51 8	54 0	
L 3	8	45 00	21 70	23 3	2 91	49 1	52 5	
M 1	6	85 00	17 00	18 0	3 00	57 6	58 3	
M 2	7	35 00	14 50	20 5	2 92	54 0	55 8	
M 3	8	35 00	12 10	22 9	2 86	50 4	54 1	
N 1	7	28 50	9 00	19 5	2 78	55 4	62 8	

II

Distribution de la Force

Ainsi que nous l'avons dit au commencement du chapitre précédent, la question de la distribution de la force est moins avancée, au point de vue expérimental, que celle du transport. En effet, les seules expériences à ce sujet se rapportent à l'installation faite par M. Marcel Deprez à l'exposition d'électricité, en 1881, dans laquelle une machine génératrice distribuait la force à un certain nombre de petits moteurs actionnant des machines à coudre. Le travail distribué était donc peu considérable, et en outre, aucune expérience de mesure ne fut faite à ce moment.

Aussi, bien que les expériences de Grenoble sur la distribution n'aient pas porté sur des quantités de travail aussi grandes que dans le cas du transport, elles présentent cet intérêt particulier, d'avoir été les premières à vérifier les principes sur lesquels repose la distribution de l'énergie par l'électricité.

Avant de donner les résultats de ces expériences et afin de bien faire comprendre l'intérêt qu'ils présentent, il nous a paru utile d'exposer rapidement en quoi consiste la solution trouvée par M. Marcel Deprez au problème de la distribution. Rappelons d'abord les conditions auxquelles doit satisfaire cette solution, conditions énoncées par M. Marcel Deprez lui-même :

1° Tous les appareils récepteurs doivent recevoir chacun leur part d'énergie, fonctionner d'une façon indépendante et sans s'influencer les uns les autres ;

2° La régulation nécessaire pour atteindre ce résultat, doit s'opérer automatiquement et instantanément, par l'action seule de l'appareil et sans l'intervention de surveillants ou d'agents.

3° La régulation doit être telle que le générateur ne produise à chaque instant que la quantité totale d'électricité nécessaire au service des appareils en action.

Lorsque plusieurs appareils doivent être desservis par un même générateur électrique, on peut les grouper de deux manières : en dérivation ou en série. C'est le premier de ces deux modes d'installation qui parait devoir être adopté, car bien que M. Marcel Deprez ait également indiqué une solution théorique pour la disposition en série, il est évident que, dans ce cas, les appareils sont forcément solidaires, en ce sens que la rupture d'un conducteur par l'un d'eux amène l'arrêt de tous les autres.

Nous nous occuperons donc simplement du groupement des appareils récepteurs en dérivation. Supposons d'abord que les circuits dérivés qui renferment chacun un de ces appareils aboutissent tous à deux points déterminés qui seront, soit les bornes du générateur, soit (dans le cas où la force est amenée de loin) les extrémités des deux fils de la ligne destinée au transport. Il est évident que le problème sera résolu si on parvient, quelle que soit la consommation de travail, à maintenir constante la différence de potentiel entre ces deux points.

Pour y arriver, Marcel Deprez s'est servi des propriétés de la courbe qu'il a nommée *caractéristique* et qu'il obtient de la manière suivante :

Si on suppose séparés dans une machine les circuits inducteur et induit, on pourra faire fonctionner la machine en donnant à l'anneau une vitesse déterminée V, pendant que les inducteurs sont actionnés par un courant d'intensité I fourni par une source étrangère. On peut d'ailleurs faire varier I, tout en maintenant constante la vitesse V, et à chaque valeur de I correspondra une valeur de la force électromotrice E. La *caractéristique pour la vitesse V* est la courbe obtenue en prenant pour abscisses les valeurs de I et pour ordonnées celle de E.

Si maintenant on réunit les inducteurs et l'induit et qu'on remette la machine en fonctionnement normal à la vitesse V, à une même valeur de I correspondra le même champ magnétique que précédemment, et la force électromotrice E donnée par la caractéristique sera précisément celle de la machine.

Fig. 48.

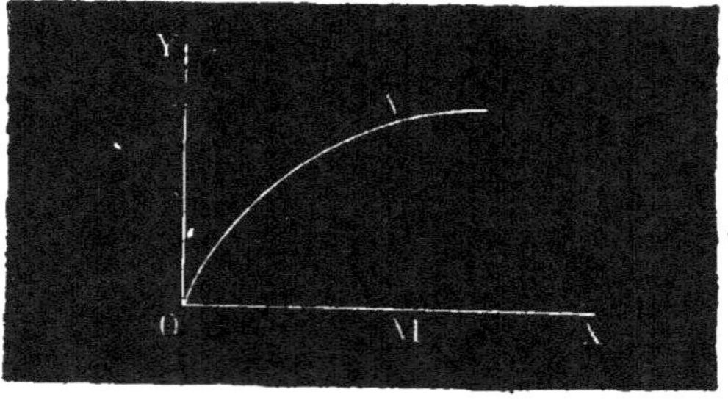

Dans ces conditions, si A (fig. 48) est un point de la courbe, AM représente E, tandis que OM = I, et comme d'après la loi de Ohm la résistance totale du circuit est égale à E, on voit qu'elle sera représentée par : $\dfrac{AM}{OM} =$ tg. AOM.

La caractéristique étant construite pour une vitesse V, il est facile d'en déduire la caractéristique pour une autre vitesse V'; en effet, pour une même intensité, la force électromotrice est proportionnelle à la vitesse; il

suffira donc, pour avoir la nouvelle courbe, de multiplier toutes les ordonnées de la première par $\dfrac{V'}{V}$.

L'étude des caractéristiques des divers types de
machines Gramme montre que chacune de ces courbes
a d'abord une portion à courbure très faible, assimi-
lable à une droite ; la courbe s'infléchit ensuite et tend
à devenir parallèle à l'axe des X, cette dernière portion
correspondant à la saturation des aimants inducteurs.
Il en résulte que si l'on reste dans des limites convenables d'intensité, la caractéristique peut être considérée comme rectiligne.

Fig. 49.

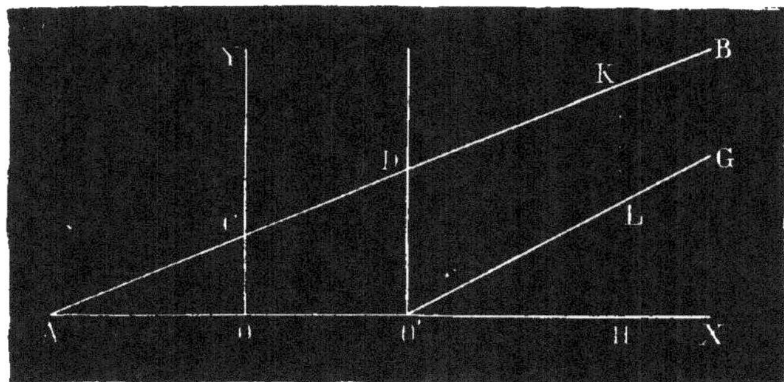

Ceci posé, soit AB (fig. 49), la caractéristique d'une
machine, plaçons sur les inducteurs, en même temps
que le circuit général, un deuxième circuit distinct,
semblable comme enroulement et parcouru par un
courant constant. L'excitation des inducteurs est alors
due à la somme des deux courants.

Si le courant constant existe seul, son intensité étant
OO', la force électromotrice correspondante est O'D. Le
point D est le point de départ de la caractéristique.

A partir de ce moment, les choses se passent comme

si le courant augmentait dans un même circuit inducteur; donc la caractéristique sera représentée par DB. C'est comme si l'origine était reportée en O', les abscisses seront comptées de ce point qui sera aussi l'origine des angles représentant les résistances.

Il est facile alors de déterminer la différence de potentiel U aux bornes de la machine. Soit r sa résistance, et menons O'G telle que $tg.\ GO'X = r$.

Pour une résistance extérieure quelconque correspondant à une intensité $I = O'H$, on a une force électromotrice : $E = KH$.

Or, $LH = O'H\ tg.\ GO'X = Ir$.

Donc : $KL = E - IR = U$.

Il est évident que la différence de potentiel U sera constante, si les lignes O'G et AB sont parallèles. Or, on a vu que si AB est la caractéristique correspondant à la vitesse V , on obtient celle qui est relative à la vitesse V' en multipliant toutes les ordonnées par le rapport $\dfrac{V'}{V}$, c'est-à-dire en faisant tourner la droite AB autour du point A.

Si a est le coefficient angulaire de **AB**, celui de la nouvelle caractéristique sera : $a\ \dfrac{V'}{V}$. Il suffit donc de poser : $a\ \dfrac{V'}{V} = r$, ou $V' = \dfrac{rV}{a}$. En donnant à la machine la vitesse V', la différence de potentiel aux bornes sera constante, quelle que soit la résistance du circuit extérieur. Quant à l'intensité OO' du courant constant, elle dépendra de la différence de potentiel qu'on veut obtenir.

Tels sont les principes qui ont été proposés par M. Marcel Deprez, pour réaliser la distribution de l'énergie, principes qu'il s'agissait de vérifier expérimentalement.

Les appareils récepteurs, mis à la disposition de la Commission, comprenaient trois petites machines Siemens et deux machines Gramme, type d'atelier. Toutes ces machines étant à gros fil, il était impossible de les actionner par le courant venant de Vizille qui avait une très faible intensité. Aussi dut-on avoir recours à une génératrice également à gros fil. La machine employée était une machine Gramme à galvanoplastie, dont les inducteurs avaient été disposés en double enroulement. Ces inducteurs avaient en outre été renforcés dans le but suivant.

D'après ce que nous avons vu plus haut, la théorie de la distribution suppose essentiellement que l'intensité ne dépasse pas la limite pour laquelle la caractéristique peut être considérée comme rectiligne, limite qui dépend elle-même du point de saturation des inducteurs. Elle sera par suite reculée, si on renforce les inducteurs de manière à reculer aussi leur point de saturation.

Le courant constant destiné à parcourir le deuxième enroulement était fourni par une machine Gramme, de petites dimensions, servant d'excitatrice. La génératrice et son excitatrice recevaient toutes deux le mouvement d'une locomobile à vapeur qui avait été amenée sous la Halle de Grenoble. Tous les appareils se trouvaient réunis, ce qui rendait les opérations plus commodes.

Des bornes de la génératrice partaient deux câbles parallèles qui venaient passer devant les cinq réceptrices rangées à côté les uns des autres. En face de chaque machine, les conducteurs secondaires venaient se brancher sur les deux câbles représentant la conduite maîtresse. Comme d'ailleurs les conducteurs-maîtres étaient courts et, en outre, formés de câbles en fils de cuivre doublés, leur résistance pouvait être négligée et tout se passait comme si les dérivations avaient été prises aux bornes de la machine.

Quant aux circuits dérivés, leur résistance comprenait uniquement les résistances des machines réparties de manière suivante :

Réceptrice n° 1. . Machine Gramme. . $r_1 = 1$ ohm 25
—   n° 2. .   —   . . $r_2 = 1$ 09
—   n° 3. . Machine Siemens. . $r_3 = 0$ 622
—   n° 4. .   —   . . $r_4 = 1$ 307
—   n° 5. .   —   . . $r_5 = 0$ 615

Les expériences faites sur ces machines par la Commission ont compris, comme l'avaient fait les expériences relatives au transport, des mesures dynamométriques et des mesures électriques.

Les mesures dynamométriques ont porté seulement sur le travail produit par des machines réceptrices ; chacune d'elles était munie d'un frein de Carpentier. C'est, comme on le sait, un frein de Prony, dans lequel le réglage s'opère automatiquement, en modifiant la surface du frottement qui est proportionnelle à l'arc d'enroulement d'une courroie sur la poulie.

La charge de tous les freins était constamment de 2 kil., de plus leur poulie avait exactement 1 mètre de circonférence, de telle sorte que, pour chacun d'eux, le travail pendant un temps quelconque était égal en kilogrammètres à deux fois le nombre de tours pendant ce temps. Si n est le nombre de tours par minute, le travail en kilogrammètres par seconde est donc égal à :

$$\frac{2n}{60} = \frac{n}{30} \, .$$

Après un certain nombre d'expériences préliminaires, on fit une série de cinq expériences dont les résultats sont indiqués au tableau n° 8.

Tableau n° 8.

NUMÉROS des expériences.	Nombre de tours par minute de la génératrice.	RÉCEPTRICE Nº 1.		RÉCEPTRICE Nº 2.		RÉCEPTRICE Nº 3.		RÉCEPTRICE Nº 4.		RÉCEPTRICE Nº 5.		OBSERVATIONS.
		Nombre de tours par minute.	Travail par seconde.	Nombre de tours par minute.	Travail par seconde.	Nombre de tours par minute.	Travail par seconde.	Nombre de tours par minute.	Travail par seconde.	Nombre de tours par minute.	Travail par seconde.	
			Kgmèt.		Kgmèt.		Kgmèt.		Kgmèt.		Kgmèt.	
1	2230	540	18 0	»	»	»	»	»	»	»	»	Le travail total dans la dernière expérience est égal à 147,2 kilogrammètres.
2	2270	568	18 9	590	19 6	»	»	»	»	»	»	
3	2238	560	18 6	584	19 5	1276	42 5	»	»	»	»	
4	2238	528	17 6	572	19 1	1200	40 0	1184	39 5	»	»	
5	2169	557	18 5	562	18 7	1200	40 0	1031	34 7	1060	35 3	

On voit que la machine n° 1 fut mise en mouvement, d'abord seule, puis en embrayant successivement les autres réceptrices. On put constater ainsi que le travail fourni par la machine n° 1, dans ces diverses conditions, resta sensiblement constant, c'est-à-dire que cette machine était indépendante des autres et qu'il y avait bien par conséquent distribution.

Pendant la durée de ces expériences, la vitesse de la génératrice fut maintenue à peu près constante, à l'aide de la machine à vapeur, cette vitesse étant celle qui convenait à la machine génératrice pour maintenir à ses bornes une même différence de potentiel.

Le tableau n° 8 montre que lorsque les 5 réceptrices marchaient ensemble, elles fournissaient un travail total égal à environ 2 chevaux-vapeur. C'est ce travail qui, pendant les expériences publiques, était transmis à une machine à imprimer, un tour à bois et une scie à ruban.

Les mesures électriques étaient destinées à vérifier directement les principes sur lesquels repose la distribution et elles comprenaient par suite : les mesures des intensités dans les différents circuits dérivés, les mesures des différences de potentiel aux bornes de la génératrice et aux extrémités des conducteurs-maitres.

Pour la mesure des intensités, on fit usage d'un seul galvanomètre (galvanomètre Marcel Deprez, portant le n° 1) qui était à gros fil et qu'on intercalait successivement dans tous les circuits au moyen d'un double commutateur. La résistance du galvanomètre étant très faible, on pouvait admettre que son intercalation dans le circuit n'en changeait pas la résistance d'une manière sensible.

Le galvanomètre n° 1 fut taré par comparaison avec le galvanomètre n° 2. On a vu que la constante de ce dernier est $m_2 = 0{,}26$ avec un shunt $S_2 = 1{,}387$. On a d'ailleurs, pour la résistance du galvanomètre n° 2 : $g_2 = 30$ ohms 7. Pour effectuer la comparaison des deux appareils, on dut remplacer le shunt S_2 par un autre $S' = 0$ ohm 604. Il en résulte que la constante devenait :

$$m'_2 = m_2 \frac{S_2 (g_2 + S')}{S' (g_2 + S_2)} = 0{,}58.$$

Les deux galvanomètres étant placés dans le même circuit, recevaient un courant d'intensité variable. Trois lectures permirent de déterminer pour la constante m_1, les trois valeurs suivantes :

GALV. N° 1.	GALV. N° 2.	VALEURS DE m.
10° 00	12° 00	$0{,}58 \times \dfrac{12}{10} = 0{,}696$
7 25	8 70	$0{,}58 \times \dfrac{8{,}7}{7{,}25} = 0{,}696$
8 30	10 00	$0{,}58 \times \dfrac{10}{8{.}3} = 0{,}699$

On aura une approximation suffisante en prenant $m_1 = 0{,}7$.

Quant aux différences de potentiel, comme elles étaient beaucoup moins considérables que dans les expériences de transport, on les mesura directement en plaçant les galvanomètres n° 2 et n° 3 en dérivation.

Le galvanomètre n° 3 devait donner la différence de potentiel U aux bornes de la machine. Pour cela, on avait intercalé à côté de lui une résistance actionnelle $X_3 = 235$ ohms; sa résistance propre était $g_3 = 35$ ohms 65, et avec un shunt $S_3 = 1$ ohm 395. on a : $m_3 = 0{,}254$. La constante du galvanomètre non shunté est donc :

$\dfrac{S_3}{m_3\, g_3 + S_3}$. Soit maintenant Δ la déviation de l'appareil lorsqu'il est intercalé dans une dérivation de résistance totale $g_3 + X_3$. L'intensité du courant qui parcourt la dérivation est : $m_3 \dfrac{S_3}{g_3 + S_3} \Delta$, et la différence de potentiel U aux extrémités de cette dérivation est donnée par la formule : $U = \dfrac{m_3 S_3 (g_3 + X_3)}{g_3 + S_3} . \Delta = 2,6 \times \Delta$.

Le galvanomètre n° 2 était placé à l'extrémité de la ligne et il portait une résistance additionnelle $X_2 = 569$ ohms. La différence u qu'il était chargé d'indiquer était donnée par la relation $u = \dfrac{m_2 S_2 (g_2 + X_2)}{g_2 + S_2} . \delta = 6,74 + \delta$, δ étant la déviation.

Les mesures électriques furent prises à chacune des expériences du tableau n° 8 et on obtint ainsi les résultats contenus dans le tableau n° 9.

On voit par ce tableau que les mesures électriques n'ont fait que confirmer les résultats donnés par les mesures dynamométriques. Pendant les cinq expériences, la différence de potentiel aux bornes de la machine fut constamment égale à environ 39 volts, quel que fût le nombre des machines embrayées.

En outre, on voit que l'intensité se maintint constante dans chaque circuit dérivé. Il résulte donc de toutes ces expériences que la distribution était réalisée et que chaque machine était pratiquement indépendante des autres.

Dans la disposition adoptée à Grenoble, les conducteurs maîtres avaient une résistance négligeable, de sorte que tous les circuits dérivés pouvaient être considérés comme partant directement des bornes de la machine. Ce qui le prouve, c'est que, comme l'indique le tableau n° 9, les différences de potentiel étaient à peu près les mêmes au commencement et à la fin de la ligne.

Tableau n° 9.

NUMÉROS DES EXPÉRIENCES.	NOMBRE DE TOURS PAR MINUTE de la génératrice	DÉVIATION GALVANOMÉTRIQUE n° 3 Λ	DIFFÉRENCE DE POTENTIEL aux bornes de la génératrice $U=2,6\times\Delta$ (Volts)	DÉVIATION GALVANOMÉTRIQUE n° 2 δ	DIFFÉRENCE DE POTENTIEL à l'extrémité de la ligne $u=6,74\times\delta$ (Volts)	RÉCEPTRICE n° 1 Déviation Galv. n° 1 d_1	RÉCEPTRICE n° 1 Intensité $d_1\times0,7=i_1$ (Amp.)	RÉCEPTRICE n° 2 Déviation Galv. n° 1 d_2	RÉCEPTRICE n° 2 Intensité $d_2\times0,7=i_2$ (Amp.)	RÉCEPTRICE n° 3 Déviation Galv. n° 1 d_3	RÉCEPTRICE n° 3 Intensité $d_3\times0,7=i_3$ (Amp.)	RÉCEPTRICE n° 4 Déviation Galv. n° 1 d_4	RÉCEPTRICE n° 4 Intensité $d_4\times0,7=i_4$ (Amp.)	RÉCEPTRICE n° 5 Déviation Galv. n° 1 d_5	RÉCEPTRICE n° 5 Intensité $d_5\times0,7=i_5$ (Amp.)	INTENSITÉ TOTALE I
1	2230	15°15	39 4	5°80	39 1	13°90	9 7	»	»	»	»	»	»	»	»	9 7
2	2270	15 00	39 0	5 75	38 8	14 10	9 9	16°20	11 3	»	»	»	»	»	»	21 2
3	2238	15 10	39 3	5 85	39 1	14 10	9 9	16 15	11 3	26 15	18 3	»	»	»	»	39 5
4	2238	15 00	39 0	5 75	38 8	14 20	9 9	16 40	11 5	25 00	17 5	27 20	19 0	»	»	57 9
5	2169	15 05	39 1	5 80	39 1	13 60	9 5	15 20	10 6	24 50	17 2	26 50	18 6	27 50	19 3	75 2

OBSERVATIONS. — Galvanomètre n° 1 dévie à gauche. — Galvanomètre n° 2 dévie à droite. — Galvanomètre n° 3 dévie à droite.

Malheureusement, il ne peut pas en être ainsi dans la pratique; si la distribution doit s'effectuer sur une grande surface, il faudra forcément avoir des conducteurs maîtres de résistance sensible, sous peine d'être excessivement coûteux. Par suite, il est évident que, suivant le nombre d'appareils en prise, la distribution de potentiels variera le long de la ligne et les récepteurs ne seront plus indépendants les uns des autres d'une manière absolue.

Il faut remarquer toutefois que cet inconvénient existe pour tout mode de transport de travail : eau, gaz, etc. Supposons, par exemple, qu'il s'agisse de distribuer la force à un certain nombre de récepteurs hydrauliques, au moyen d'un réservoir d'eau unique.

Il est évident que les récepteurs seront indépendants les uns des autres, si on maintient le niveau constant dans le réservoir, à la condition que chaque récepteur soit alimenté par une conduite spéciale partant du réservoir commun. Mais si, par raison d'économie, on établit une conduite maîtresse sur laquelle viennent se brancher les conduites secondaires, il se produira, le long de cette conduite, des pertes de charge qui varieront avec le nombre des récepteurs mis en action, de telle sorte que ces récepteurs ne seront pas absolument indépendants les uns des autres.

On voit, par exemple, que tout système de distribution de force possédera cet inconvénient, car, quel que soit le procédé employé, il sera toujours impossible de transmettre du travail d'un point à un autre, sans en perdre une certaine quantité sur le trajet. Et encore faut-il reconnaître que les lois suivant lesquelles s'effectue cette perte, sont beaucoup plus simples et plus précises pour l'électricité, que ne le sont, par exemple, les lois de la propagation des liquides ou des gaz dans les tuyaux.

CONCLUSIONS

Il résulte de l'exposé qui précède, que les expériences faites par M. Marcel Deprez, à Grenoble, sur le transport et la distribution de la force, ont pleinement réussi, et ont même donné des résultats supérieurs à ceux qui avaient été déjà obtenus avec les mêmes machines. Ainsi que nous l'avons dit en commençant, cette supériorité s'explique par les améliorations apportées aux machines depuis les expériences précédentes.

En outre, les expériences devant le public, faites chaque jour pendant deux heures, ont montré un commencement d'application pratique ; des machines ont été mises en mouvement, et, pendant toute une soirée, la Halle de Grenoble a été éclairée par 108 lampes Edison (type B), actionnées par le courant de la machine génératrice de Vizille.

Il faut remarquer, toutefois, que, s'il a été fait à Grenoble une première tentative pour faire sortir des expériences de laboratoire l'importante question du transport de la force, cet essai a été fait dans des limites encore fort restreintes, et on ne saurait, sans témérité, de ce qu'il a été possible de transporter sept chevaux-vapeur, conclure qu'on transportera avec la même facilité la quantité de travail nécessaire à une ville.

Il est certain que, lorsqu'on voudra passer des appareils d'étude qui viennent d'être expérimentés à Grenoble aux machines industrielles susceptibles de fonctionner régulièrement, il ne suffira pas d'augmenter les dimensions des appareils existants, il faudra créer tout un matériel comprenant, non seulement les machines elles-mêmes, mais une foule d'appareils accessoires : appareils de mesures, appareils de contrôle, appareils de sûreté, etc. L'installation des lignes devra également être étudiée avec soin au point de vue de la sécurité publique. Il serait même à désirer que des expériences physiologiques fussent entreprises, afin de faire connaître où commence le danger que présente l'électricité et en quoi consiste ce danger.

Il n'en est pas moins vrai que l'essai qui vient d'être fait à Grenoble a réussi, et qu'on est en droit d'espérer qu'un essai plus important réussirait aussi. Dans toute application d'un principe scientifique à l'industrie, il faut s'avancer pas à pas et avec circonspection; mais on ne doit s'arrêter que lorsque l'expérience a démontré l'impossibilité d'aller plus loin.

Quant au prix de revient, on ne peut encore partir d'aucune donnée sérieuse pour l'établir. Les appareils employés sont, comme nous venons de le dire, des appareils d'étude. L'installation faite pour les expériences était provisoire; ce n'est donc que dans des expériences ultérieures qu'on pourra commencer à examiner ce côté de la question qui n'est pas le moins important et auquel, il faut bien l'avouer, on est toujours obligé de recourir, dès qu'il s'agit d'applications industrielles.

En résumé, la Commission estime que les expériences de Grenoble ont donné des résultats assez satisfaisants pour justifier l'intérêt que présenteraient des expériences entreprises dans de plus vastes proportions. La partie théorique semble maintenant définitivement acquise, les principes établis par M. Marcel Deprez ont été complètement vérifiés, tant par les mesures dynamométriques, que par les mesures électriques. Il y a donc lieu de pénétrer plus avant dans la voie de la pratique, en étendant les essais et en abordant les questions de détail nécessaires à une application industrielle.

Quel que soit l'avenir réservé au transport de la force par l'électricité, les dernières expériences auront certainement fait faire un pas de plus à la question, en vérifiant certains points de théorie encore controversés, et en indiquant des améliorations à apporter aux machines déjà existantes. Ce sera, dans tous les cas, un honneur pour la ville de Grenoble et pour la municipalité, qui a pris l'initiative des expériences, d'avoir fait progresser une question qui intéresse à un si haut point l'industrie tout entière.

Le président de la Commission, rapporteur,
J. BOULANGER.

Grenoble, le 27 septembre 1883.

Le présent rapport a été approuvé après lecture par les membres soussignés :

PÉRÉMÉ.   VIALLET.   Aug. JORDAN.
Ch. RIVOIRE.   L. KUSS.
LABATUT.

L'expérience de Grenoble est la plus récente qui ait été faite, et celle où l'on se soit le plus approché des véritables conditions dans lesquelles le transport de la force se doit faire pratiquement. Il n'est plus douteux pour personne aujourd'hui, que le rendement de 50 0/0 peut dans toute installation de ce genre être toujours atteint; il n'est plus à démontrer qu'au point de vue économique, l'emploi de hautes tensions est le seul possible, et pour sortir de l'expérience et entrer dans le domaine de l'industrie, il reste à prouver seulement que les forces faibles ne sont pas seules transmissibles mais qu'encore l'on peut transporter de très grandes forces à travers un conducteur d'un faible diamètre et d'un prix relativement peu élevé.

A l'heure où parait ce volume, nous achevons de monter à Creil les grandes machines construites pour pouvoir sur une ligne de 56 kilomètres transmettre un travail de 100 chevaux reçus avec un rendement mécanique d'au moins 50 0/0 à Paris. Au lieu d'une réceptrice, on en doit installer deux montées en dérivation, car grâce à des dispositions nouvelles ce ne sera plus seulement du transport, mais de la distribution qui dans quelques semaines pourra être faite.

Actuellement il m'est impossible de donner des renseignements précis sur cette grande expérience. Dans peu de temps d'ailleurs, les premiers essais commenceront et les résultats diront cette fois définitivement si l'avenir est bien aux hautes tensions et aux grandes machines.

NOTES

Note 1. — Page 51. — Paragraphe 1.

Les considérations développées par MM. W. Siemens
et Uppenborn n'ont en réalité rien d'absolu, et ne constituent pas pour le transport de la force par l'électricité des règles dont on ne puisse se départir dans la
pratique. Le travail à transmettre étant donné ainsi que
le rendement, on peut à volonté choisir les trois éléments
principaux de la question : intensité, force électromotrice et résistance. Avec une ligne très résistante, une
faible intensité et une grande force électromotrice, le
même travail ne peut être en effet transmis qu'avec un
circuit de peu de résistance et un courant de quantité
n'exigeant qu'une tension peu élevée, et ce sont seulement des considérations qui relèvent du prix de revient de l'installation, et de la question commerciale
proprement dite, qui déterminent le choix dès l'abord.
En ce qui concerne le rapport à observer entre la
résistance de la ligne et celle des machines, il n'y a
encore là aucune loi véritable. On peut à volonté donner aux machines des résistances négligeables compa-
rativement à celle de la ligne, ou bien choisir un circuit
de très faible résistance à côté de celui des machines,
cas avantageux où celles-ci se comportent à peu près
comme si elles étaient au contact. Entre ces deux

solutions, il y a naturellement place pour une infinité d'autres, comme le montrent les expériences de transport relatées dans les pages précédentes.

Note 2. — Page 53. — Paragraphe 1.

L'isolation du câble dans une installation de transport avec de grandes forces électromotrices n'est pas une difficulté. Seule l'isolation des différentes parties des machines génératrices et réceptrices demande à être faite avec le plus grand soin. Les ressources de l'industrie actuelle permettent d'ailleurs d'atteindre facilement ce résultat, surtout lorsqu'il s'agit de machines de grandes dimensions. Il s'en suit naturellement que plus le travail à transmettre est grand, plus la force électromotrice est par conséquent élevée, plus aussi la construction de la machine est facilitée.

Note 3. — Page 56. — Paragraphe 4.

Les courants de Foucault dans une machine n'affaiblissent l'action de celle-ci que par la raison qu'ils absorbent une partie du couple mécanique produit par le courant. Leur action sur la résistance intérieure d'une machine est nulle, car le siège de leur action n'est pas dans le fil enroulé, et ce n'est que par l'échauffement modéré des armatures qu'ils pourraient produire, que la résistance intérieure serait augmentée, et encore dans des proportions assez faibles.

Les courants de Foucault peuvent d'ailleurs être évités avec certains dispositifs. Dans les machines Gramme,

notamment où le fer doux de la bobine est constitué
par un enroulement de fils de fer isolés, leur action est
à peu près nulle.

Note 4. — Page 57. — Paragraphe 1.

On ne sait pas exactement à quelles expériences
de MM. Tresca, Gramme, Frœhlich, etc., l'auteur fait
allusion.

Le mot force motrice est assez vague, et ce ne peut
être *couple moteur* qu'il veut dire. Le couple moteur,
en effet, est indépendant de la vitesse, et les résultats
de l'expérience faite à Paris en 1883 au chemin de fer du
Nord le prouvent suffisamment, car les variations consta-
tées sont assez faibles pour être attribuées seulement
aux frottements mécaniques et aux vibrations de la machine.

Note 5. — Page 58. — Paragraphe 1.

Pour une même intensité de courant, la loi de la proportionnalité de la force électromotrice et de la vitesse
est pratiquement rigoureuse. Les expériences que j'ai
faites à ce sujet sont des plus concluantes, comme suffisent à le prouver les résultats suivants qui furent
communiqués à l'Académie des Sciences en sa séance
du 15 janvier 1883.

Ces expériences portaient sur 3 genres de machines.
1° Une machine Hefner Alteneck. 2° Une machine
Gramme type **A** et une machine à haute tension
dont l'anneau contenant 3200 mètres de fil. On com-
mençait par faire tourner la machine à une vitesse faible,

mais aussi constante que possible, de manière que le galvanomètre intercalé dans le circuit éprouvait une déviation invariable d'une amplitude assez grande pour que la lecture pût en être faite avec exactitude. On changeait alors la vitesse, l'intensité du courant augmentait naturellement ; mais on la ramenait autant que possible à la même valeur que dans l'expérience précédente, en intercalant dans le circuit des résistances variables. On notait alors la résistance totale R de la machine et du circuit extérieur, l'intensité I du courant (qui d'ailleurs n'avait que peu varié); le produit RI faisait connaître la force électromotrice et en le divisant par V on devait trouver pour le quotient $\dfrac{RI}{V}$ une valeur constante. Le tableau ci-dessus montre les résultats obtenus pour lesquels tout commentaire est superflu.

	VITESSE en tours par minute.	INTENSITÉ du courant.	RÉSISTANCE totale.	$\dfrac{RI}{V}$		DIFFÉRENCES relatives avec la moyenne.
Machine V. Hefner-Alteneck .	425	13,53	0,84	0,0267		— 1 : 88
	783	12,68	1,62	0,0262	0,0264	+ 1 : 132
	1165	13,65	2,37	0,0278		— 1 : 19
	1660	13,00	3,185	0,0250		+ 1 : 19
Machine Gramme, type A . .	270	8,16	2,15	0,06496		»
	526	8,16	4,15	0,06437		»
	608	8,23	5,00	0,06768		— 1 : 450
	742	8,40	6,00	0,06792		— 1 : 173
	944	8,23	7,70	0,06713	0,06753	+ 1 : 160
	1004	8,23	8,30	0,06803		— 1 : 135
	1160	8,23	9,45	0,06704		+ 1 : 138
	1460	8,23	11,95	0,06736		+ 1 : 397
Machine V. Hefner-Alteneck .	356	5,60	0,84	0,0132		— 1 : 38
	618	5,78	1,49	0,0139		
	1016	5,42	2,37	0,0127		+ 1 : 80
	1236	5,60	2,88	0,0130	0,01286	— 1 : 92
	1470	5,95	3,19	0,0129		— 1 : 320
	1636	5,60	3,70	0,0127		+ 1 : 80
	1662	5,42	3,88	0,0127		+ 1 : 80
Machine à haute pression . .	200	5,60	59,3	1,659		+ 1 : 67
	384	6,30	103,2	1,692		— 1 : 210
	470	6,12	130,4	1,775	1,684	— 1 : 19
	606	5,95	166,4	1,633		+ 1 : 33
	710	5,95	198,4	1,662		+ 1 : 76

Note 6. — Page 59. — Paragraphe 1.

Si ces deux phrases ne paraissent pas suffisamment claires, elles peuvent être remplacées par celles-ci dont le sens est le même : Lorsqu'on lance un courant dans un moteur électrique, les pièces fixes (inducteurs) et les pièces mobiles (anneaux) deviennent le siège d'actions réciproques qui, par suite de la disposition de l'appareil, se réduisent à un couple qui est fonction de l'intensité du courant seulement et qui est indépendant de l'état de mouvement ou de repos de l'anneau. On peut mesurer ce couple en attachant un poids convenable à un frein dynamométrique agissant sur l'anneau.

Note 7. — Page 59. — Paragraphe 2.

Il n'est pas absolument exact de dire que dans une machine le travail par tour est proportionnel à l'intensité du courant. Pour un travail par tour donné, l'intensité est constante, quelle que soit la vitesse de rotation. Tel est l'énoncé véritable de la loi. L'exactitude de cette loi fut d'ailleurs niée par plusieurs savants, notamment par M. Maurice Lévy. Pour convaincre mes contradicteurs, je fis au mois de novembre 1882 une expérience des plus concluantes en présence de MM. Bertrand et du Moncel. Dans cette expérience la source d'électricité étant une machine Gramme et la réceptrice une machine Hefner Alteneck dont le frein était chargé d'un poids de 2 k., 5 appliqué à l'extrémité d'un bras de levier de 0 m. 16. Lorsque le récepteur commença à tourner, le galvanomètre d'intensité marquait 26 divisions. On fit alors augmenter la vitesse de la génératrice et enlever des résistances additionnelles placées dans le circuit ; la vitesse du récepteur s'éleva à 32 tours par seconde, ce qui correspondait à un travail de 80 km. par seconde, et cependant l'aiguille du galvanomètre d'intensité marquait 27 divisions au lieu de 26. Les conclusions de cette expérience s'imposent d'elles-mêmes. L'hypothèse de l'accroissement de résistance de l'anneau avec la vitesse étant universellement rejetée, la constance de l'intensité ne peut avoir lieu que grâce à l'accroissement de la force électromotrice inverse développée par la réceptrice·

En d'autres termes, si l'on désigne par E et e les forces électromotrices de la source et de la réceptrice par R la résistance totale du circuit et par I l'intensité du courant, on a

$$\frac{E - e}{R} = I = \text{constante.}$$

R étant invariable, il faut nécessairement que $E - e$ le soit aussi.

Note 8. — Page 97. — Paragraphe 1.

L'inconvénient principal inhérent au dispositif préconisé par M. Gravier, est l'impossibilité à peu près absolue d'avoir deux machines de même résistance intérieure pour être accouplées en quantité.

Note 9. — Fin du chapitre 8. — Page 145.

Voici les considérations théoriques par lesquelles j'ai démontré qu'une grande machine est plus économiques que plusieurs petites pesant ensemble autant qu'elle. Les formules qui font connaître le travail absolu et le rendement d'un moteur électrique en fonction de l'intensité du courant qui le traverse et de la force électromotrice inverse qu'il développe, ont l'inconvénient de ne pas mettre en relief d'une manière suffisamment explicite le rôle des différents éléments qui influent sur la marche du moteur. Elles contiennent, en outre, des symboles (force électro motrice, intensité d'un courant résistance) dont la signification exacte est encore obscure pour beaucoup de personnes plus versées dans l'étude de la mécanique que dans celle de l'électricité. Il en résulte qu'elles ne sont acceptées qu'avec une certaine défiance par un public spécial qui aurait cependant le plus grand intérêt à les comprendre en raison de l'importance, chaque jour croissante, que prend le transport du travail par l'électricité.

Ces considérations m'ont amenés à chercher s'il était possible d'éliminer des formules relatives aux moteurs électriques les quantités électriques qui y figurent habituellement et de les remplacer par des expressions purement mécaniques. J'y suis arrivé en me servant d'un élément nouveau que j'ai introduit, il y a environ deux ans, dans l'étude des moteurs électriques et auquel j'ai donné le nom de *Prix de l'effort statique*.

Je vais expliquer l'origine et la signification de ce terme.

Lorsqu'on lance un courant dans un moteur électrique [1], les pièces fixes (inducteurs) et les pièces mobiles (anneau) deviennent le siège d'actions réciproques
qui, par suite de la disposition de l'appareil, se réduisent à un couple qu'on peut mesurer en attachant un
poids convenable à un frein dynamométrique agissant
sur l'anneau. Ce couple varie avec l'intensité du courant,
mais l'expérience apprend qu'il est constant, lorsque
le courant est lui-même constant, quelle que soit la
vitesse angulaire de l'anneau. Je définis ce couple par
le poids qu'il faut appliquer à l'extrémité d'un bras de
levier égal à 0 m. 159 (correspondant à une circonférence
de un mètre de développement) pour l'équilibrer.

Si l'on maintient l'anneau à l'état de repos, en lui
appliquant un couple égal et contraire à celui que développe le courant, le travail utile est nul et cependant il
y a dépense d'énergie, sous forme de chaleur produite
par le passage du courant.

Ce fait constitue une différence essentielle entre le
moteur électrique et les moteurs à vapeur dans lesquels
le simple développement d'une pression non accompa-
gné de mouvement du piston n'exige qu'une dépense
d'énergie, insignifiante et sans rapport défini avec l'intensité de cette pression.

Dans le moteur électrique, au contraire, j'ai démontré
qu'il fallait, pour créer un couple d'intensité donnée,
dépenser une certaine quantité d'énergie qui se traduit
sous forme de chaleur et qui, exprimée en kilogrammètres par seconde, est complètement indépendante de
l'état de repos ou de mouvement de l'anneau, ainsi que

---

1. Dans tout ce qui va suivre, je suppose qu'il s'agit d'un moteur
électrique parfait, appartenant à la famille des moteurs dont le
professeur Pacinotti a créé le premier type.

du diamètre du fil enroulé sur les inducteurs et sur l'anneau et par suite de sa résistance, pourvu que la forme extérieure et le poids de ce fil (abstraction faite de la substance isolante qui le recouvre) restent invariables. Elle a d'ailleurs pour expression en kilogrammètres par seconde $\dfrac{r\,\mathrm{I}^2}{g}$, r étant la résistance du moteur exprimée en ohms, I l'intensité du courant exprimée en *ampères* et g l'accélération due à la pesanteur.

La quantité d'énergie développée dans la totalité du circuit est égale à RI^2, R désignant la résistance totale du circuit comprenant la machine génératrice, la machine réceptrice et le fil extérieur.

Mais, sous les conditions exposées plus haut, lorsque le couple développé par le passage du courant a une valeur déterminée, la quantité d'énergie $\dfrac{r\,\mathrm{I}^2}{g}$ engendrée par seconde sous forme de chaleur par ce même courant est parfaitement déterminée, le diamètre du fil enroulé sur les inducteurs et sur l'anneau étant quelconque. On a donc $\dfrac{r\,\mathrm{I}^2}{g} = \varphi\,(\mathrm{F})$, F étant (en kilogrammes) l'effort qu'il faut appliquer à l'extrémité du bras de levier de 0 m. 159 pour équilibrer le couple produit par le courant. Cette fonction $\varphi\,(\mathrm{F})$ varie avec les dispositions et la grandeur absolue des moteurs, elle ne peut être généralement déterminée que par l'expérience, mais (je le répète parce que ce fait a une grande importance), une fois déterminée pour un type donné de moteur, elle est indépendante du diamètre des fils que l'on peut enrouler sur ce moteur pourvu que la forme et le poids de ces fils restent invariables.

De l'expression $\dfrac{r\,\mathrm{I}^2}{g} = \varphi\,(\mathrm{F})$, on tire $\dfrac{\mathrm{I}^2}{g} = \dfrac{\varphi(\mathrm{F})}{r}$, ce qui donne pour la quantité de chaleur $\dfrac{RI^2}{g}$ développée dans la totalité du circuit $\dfrac{R}{r} \varphi$ (F).

Si, à cette quantité de chaleur on ajoute le travail développé dans l'unité de temps par le moteur récepteur on obtiendra l'énergie totale développée par seconde dans l'ensemble du circuit, c'est-à-dire le travail dépensé par la machine génératrice ou par la source d'électricité.

Cela posé, désignons par F_1 et F les couples développés respectivement dans la machine génératrice et dans la machine réceptrice par le passage du courant et par V_1 et V les vitesses angulaires de ces machines; le travail absorbé par la génératrice dans l'unité de temps sera égal à $F_1 V_1$ tandis que l'énergie développée dans l'ensemble du circuit sera égale à $\dfrac{R}{r} \varphi$ (F) $+$ FV. Nous aurons donc l'équation.

$$(1) \qquad F_1 V_1 = FV + \frac{R}{r} \varphi (F).$$

Le travail mécanique récupéré étant égal à FV, le rendement économique K a pour expression

$$(2) \qquad K = \frac{FV}{F_1 V_1} \frac{FV}{FV + \dfrac{R}{r} \varphi (F)} = \frac{V}{V + \dfrac{R}{r} \cdot \dfrac{\varphi (F)}{F}}$$

de l'équation (1) on tire $F_1 V_1 - FV = \dfrac{R}{r} \varphi$ (F).

Cette égalité signifie que : si l'on donne le couple développé par la réceptrice (en langage pratique la charge du frein), la différence des travaux développés par seconde par la génératrice et par la réceptrice (c'est-à-dire le travail perdu) est constante, pourvu que le rapport de la résistance totale du circuit à la réceptrice reste constant (1). *On voit que ce travail perdu ne dépend pas des valeurs absolues de R et de r, mais seulement de leur rapport, il en est de même du rendement économique K ;* c'est là un résultat très important et qui est pour la première fois mis sous une forme aussi explicite. Quand au rendement économique on voit qu'il ne dépend que de trois quantités qui sont :

1° V, la vitesse de la réceptrice. Le rendement tend vers l'unité lorsque V augmente indéfiniment.

2° $\dfrac{R}{r}$. Le rapport de résistance totale du circuit à la résistance de la réceptrice. La valeur de ce rapport est toujours supérieure à 2, si les deux machines sont identiques.

3° $\dfrac{\varphi(F)}{F}$, c'est-à-dire le quotient du travail calorifique développé dans la réceptrice par le couple mécanique résultant du passage du courant. C'est à ce quotient que j'ai donné le nom de *prix de l'effort statique.* Ce quotient a une très grande importance, car le rendement économique à vitesse égale est d'autant plus voisin de l'unité que $\dfrac{\varphi(F)}{F}$ est plus rapproché de zéro. Or, tandis que l'on peut donner à V et $\dfrac{R}{r}$ des valeurs arbitraires indépendantes de la forme et de l'arrangement du mo-

---

1. Si les deux machines étaient identiques on aurait $F_1 = F$ et par suite $V_1 - V = \dfrac{R}{r}\dfrac{\varphi(F)}{F}$ d'où l'on conclut que dans ce cas la différence des vitesses des machines est constante quand la charge du frein et le rapport $\dfrac{R}{r}$ restent invariables.

teur, la valeur de $\dfrac{\varphi\,(F)}{F}$ est au contraire absolument indépendante du diamètre des fils enroulés sur les inducteurs et sur l'induit.

Mais elle varie avec les dimensions relatives des inducteurs et de l'anneau et avec le mode d'enroulement des fils, en un mot avec l'arrangement des masses de fer et de cuivre qui constituent le moteur. Étant donné un poids déterminé de matière (cuivre et fer), il existe donc un mode d'arrangement pour lequel $\dfrac{\varphi(F)}{F}$ est un maximum (la valeur de F étant donnée). L'expérience seule permet de trouver approximativement quel doit être cet arrangement.

Si l'on réunissait n moteurs identiques agissant sur le même arbre et traversés par le même courant, le couple deviendrait $n\,F$ et la dépense d'énergie nécessaire pour produire ce couple $\dfrac{n\,r\,l^{2}}{g}$ le quotient de $\dfrac{n\,r\,l^{2}}{g}$ par $n\,F$, c'est-à-dire $\dfrac{\varphi\,(F)}{F}$, aurait donc la même valeur pour cette collection de moteurs et pour un moteur unique. Si au contraire on prend un moteur unique géométriquement semblable à l'un de ces moteurs, pesant n fois autant que lui et par conséquent plus grand dans le rapport de $\sqrt[3]{n}$ à l'unité, le quotient $\dfrac{\varphi\,(F)}{F}$ décroîtrait dans un rapport plus grand que celui des dimensions homologues, ainsi que je l'ai démontré il y a quelque temps.

Un moteur unique est donc supérieur à un ensemble de moteurs semblables pesant collectivement autant que lui.

Note 10. — Page 199. — Paragraphe 1.

MARTEAU-PILON ÉLECTRIQUE

Je reproduis ici la description de cet appareil donnée dans le journal *La Lumière Électrique*.

Dans la conférence que j'ai faite le 15 juin 1882 dans le grand amphithéâtre du Conservatoire des Arts-et-Métiers, sur l'application de l'électricité à la production, au transport et à la division du travail, j'ai fait fonctionner pour la première fois un marteau-pilon électrique dont je vais donner la description (voir figure 49). Il a pour organe fondamental un solénoïde sectionné que j'ai appliqué également à un moteur électrique, présenté par moi en juillet 1880 à la Société de physique.

Supposons que l'on place les unes sur les autres cent bobines plates de un centimètre d'épaisseur de manière à constituer un solénoïde unique de un mètre de hauteur, et que les fils d'entrée et de sortie de chacune d'elles soient reliés aux fils des bobines voisines exactement de la même manière qu'ils le sont dans les sections consécutives d'un anneau de machine dynamo-électrique. Complétons enfin la ressemblance en faisant aboutir chaque jonction du fil d'une des bobines au fil électrique, dans lequel le courant n'est jamais ni interrompu ni modifié en grandeur ou en direction, non plus d'ailleurs que l'aimantation développée dans le cylindre de fer doux.

Tout se passe comme si le cylindre de fer était suspendu dans un solénoïde de 10 centimètres de longueur,

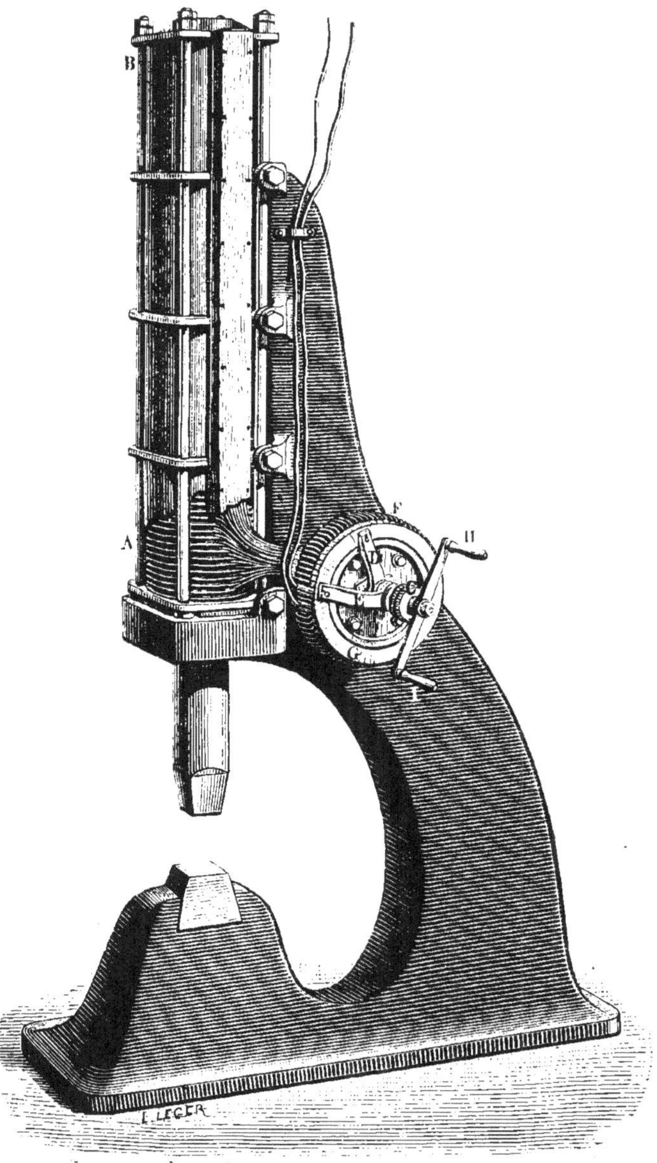

Fig. 49. — Marteau-pilon électrique.

que l'on ferait monter ou descendre, avec cette différence que le poids du cylindre n'exerce aucune action sur
la main de l'opérateur.

Ces explications comprises, il me reste peu de choses
à dire pour faire comprendre complètement le jeu du
marteau.

Les sections élémentaires constituant le cylindre
électrique AB du marteau sont au nombre de 80, formant
une longueur totale de 1 mètre. Leurs fils d'entrée et de
sortie aboutissent à un collecteur de forme circulaire
que l'on voit en FG. Les balais sont remplacés par deux
lames CE, CD, fixées à la double manivelle HCI mobile
autour du centre fixe C; elles peuvent faire entre elles
un angle quelconque de façon que l'on puisse donner
par tâtonnement au solénoïde actif la longueur la plus
convenable. Quand cet angle a été déterminé, on rend
invariable, au moyen d'un vis de pression, l'angle ECD,
et l'on manœuvre l'appareil en imprimant à la double
manivelle HCI un mouvement circulaire alternatif.

Le cylindre en fer pèse 23 kilogrammes, mais lorsque
le courant a une intensité de 43 ampères et qu'il traverse 15 sections, l'effort développé peut atteindre 70
kilogr., c'est-à-dire trois fois le poids du marteau.
Aussi, ce dernier obéit-il avec une docilité absolue aux
mouvements de la main de l'opérateur, ainsi qu'ont pu
le constater les personnes qui assistaient à la conférence.

J'ajouterai incidemment que ce marteau-pilon était
placé en dérivation sur un circuit qui servait à alimenter également trois machines Hefner-Alteneck (modèle Siemens D⁵) et une machine Gramme (modèle Breguet P. L.). Chacune de ces machines faisait 1500 tours
par minute, et développait 25 kilogrammètres par
seconde, mesurés au moyen d'un frein Carpentier.

Tous ces appareils fonctionnaient avec une indépendance absolue, et avaient pour génératrice la machine à double excitation qui figurait à l'Exposition d'électricité.

Dans une expérience faite postérieusement, j'ai réussi à faire développer à chacune des quatre machines 50 kilogrammètres par seconde, quel que fût le nombre de celles qui étaient en marche, et j'ai pu ajouter encore en dérivation le marteau-pilon sans affecter notablement la marche des réceptrices.

Il résulte de là que, avec mon système de machine à double excitation, j'avais pu faire marcher facilement avec une indépendance absolue six machines donnant chacune $\frac{2}{3}$ de cheval. Le rendement économique $\frac{c}{E}$ dépassait d'ailleurs un peu 0,50.

FIN DES NOTES.

LA
LUMIÈRE ÉLECTRIQUE

JOURNAL UNIVERSEL D'ÉLECTRICITÉ

REVUE SCIENTIFIQUE ILLUSTRÉE

PRINCIPAUX COLLABORATEURS

MM. A. ANGOT, D'ARSONVAL, BOUDET DE PARIS, CHABIRAND
CORNU, COSSMANN, CROOKES, P. CLÉMENCEAU
MARCEL DEPREZ, FAYE, GARNIER, GERALDY, Dr GROLLET
GUEROUT, HASKINS, LATCHINOFF, LEBLANC, LIPPMANN,
MELSENS, MERCADIER, AD. MINET, NAPOLI, NOAILLON,
PLANTÉ, POLLARD, PREECE, REGNIER,
C. RESIO, G. RICHARD, J. SARCIA, SARTIAUX, E. SEMOLA
SOULAGES, TCHIKOLEFF, TRESCA,
VASCHY, DE WAHA, WALDORF, WIEDMANN

CONDITIONS D'ABONNEMENT ANNUEL

FRANCE ET ALGÉRIE : 50 fr. — UNION POSTALE, 60 fr.

PRIX DU NUMÉRO : UN FRANC

BUREAUX :

31, BOULEVARD DES ITALIENS. — PARIS

Ce recueil, consacré uniquement à la Science Électrique et surtout à ses applications, paraît tous les samedis par livraisons de 32 pages grand in-4°.

Avec l'année 1885, ce journal commence la 7e année et le 15e volume de sa publication. Dirigé depuis la mort de M. Du Moncel, par M. le Dr Cornélius Herz, avec la collaboration des sommités de la science électrique de tous les pays. Ce journal tient la tête des publications de ce genre au point de vue scientifique, et laisse bien loin derrière lui comme exécution matérielle tous ses confrères de l'Électricité. Nous le recommandons vivement et enverrons à nos clients qui nous en feront la demande, un numéro spécimen.

LA LUMIÈRE?

Grande Médaille à l'Exposition d'Électricité de 1881

UNE MÉDAILLE D'OR ET QUATRE EN ARGENT

LUMIÈRE ÉLECTRIQUE DOMESTIQUE

PAR LA PILE IMPOLARISABLE

ET PAR LES MACHINES DYNAMO-ÉLECTRIQUES DE

CLORIS BAUDET

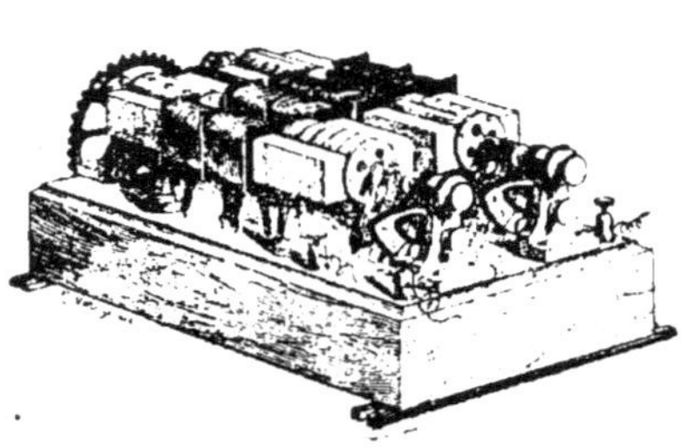

Moteur électrique réversible.

PRIX DES PILES

N° 1, **10** fr. ; N° 2, **15** fr. ; N° 3, **17** fr. ; N° 4, **12** fr. ; N° 5, **17** fr. ; N° 6, **20** fr.

PRIX DES PILES POUR LUMIÈRE :	N°	N°	N°
2 éléments donnant 1 bougie	24 fr.	34 fr.	40 fr
3 — — 2 à 3 —	36	51	60
Une batterie de 6 éléments, donnant 4 à 6 bougies	90	120	135
Deux — — 10 à 15 —	180	240	270
Trois — — 15 à 25 —	270	360	405
Quatre — — 25 à 35 —	360	480	540

et ainsi de suite, en augmentant dans ces mêmes proportions.

MACHINES A LUMIÈRE (RÉVERSIBLES)

Type A, pour démonstration, mesure 35/15/15 centimètres........... **160** fr.
id. **B**, pour lumière, — 49/17/16 id. .... **320** fr.
Cette machine **B**, actionnée par une force de 1/3 de cheval, alimente 8 à 10 lampes à incandescence de 8 bougies

MOTEURS ÉLECTRIQUES (RÉVERSIBLES) de C. BAUDET

Modèle A, pour Machines à coudre, Tours. etc., mesure 35/15/15 c... **150** fr.
id. **B**, pour Machines-Outils. etc,, — 49/17/16 c... **320** fr.

TOUS LES JOURS, A TOUTE HEURE, EXPÉRIENCE COMPARATIVE DE TOUS APPAREILS

SALON OBSCUR POUR LUMIÈRE

CLORIS BAUDET

PARIS, 14, rue St-Victor, ancien **90** (PRÈS LE SQUARE MONGE) **PARIS**

Avis très important. — Nous avons l'honneur de vous faire savoir que nos appareils se recommandent d'eux-mêmes et que nous ne faisons partie *d'aucune des coteries électriques.*

ANGERS, IMPRIMERIE BURDIN ET Cⁱᵉ, RUE GARNIER.

* 9 7 8 2 3 2 9 4 1 8 7 6 6 *